Clemens Hüffel / Anton Reiter (Hrsg.)

Handbuch - Neue Medien

Autoren
Michael Derbort
Josef Enzenebner
Harald Gutzelnig
Christian Schmid
Bernhard Steinmaurer
Karl Strasser
Christian Wögerbauer

CDA Verlag

Bibliografische Information der Deutschen Bibliothek
Die Deutsche Bibliothek verzeichnet diese Publikation in der Deutschen Nationalbibliografie. Die genauen Daten findet man im Internet (***http://dnb.ddb.de***)

Der Verlag ist dankbar für Hinweise auf Fehler und Verbesserungsvorschläge. Diese können dem Verlag via e-Mail (***redaktion@cda-verlag.com***) mitgeteilt werden.

Informationen zu der Opensource-CD
Diese CD enthält OpenSource Software. Bitte beachten Sie die jeweiligen Lizenzbestimmungen. Eine Gewährleistung auf Funktionsfähigkeit der auf der CD enthaltenen Software kann nicht gegeben werden.

1. Auflage 2006

Buchidee/Buchkonzept: Anton Reiter
Lektorat: Harald Gutzelnig
Einbandgestaltung: Andreas Gutzelnig
Layout: Alexander Feiglstorfer
Druck und Verarbeitung: Gutenberg-Werbering Gesellschaft m.b.H., Linz
Titelfoto: Shuttle Deutschland

Gedruckt mit freundlicher Unterstützung des Bundesministeriums für Bildung, Wissenschaft und Kultur.

Printed in Austria

ISBN-10: 3-200-00602-1
ISBN-13: 978-3-200-00602-7

Inhaltsverzeichnis

Vorwort der Herausgeber

Clemens Hüffel, Anton Reiter

Im Anschluss an die Beschlüsse der EU-Kommission in Feira im Jahre 2000, zukünftig die Informations- und Kommunikationstechnologien (IKT) umfassend in allen Bereichen des Bildungswesen zu integrieren, startete das Bundesministerium für Bildung, Wissenschaft und Kultur eine Vielzahl an Projekten, um Computer und neue Medien als didaktische Lehr- und Lernbehelfe einzubinden. Die Bandbreite dieser IKT-Offensive erstreckte sich über viele Aktivitäten: von der Bereitstellung einer Computermilliarde für schulische IT-Projekte, der Durchführung von Evaluationsprojekten wie den Einsatz von Notebooks in der Oberstufe, über den Ausbau spezifischer Zusatz-IT-Ausbildungen in den unterschiedlichen Formen des berufsbildenden höheren Schulbereiches, den Siegeszug des Europäischen Computerführerscheins (ECDL), - den längst auch die 10-14-Jährigen als Qualifikationsnachweis sehr zahlreich anstreben und auf dessen Erwerb schon in den Informatikhauptschulen und der gymnasialen Unterstufe curricular vorbereitet wird, - bis hin zum flächendeckenden Ausbau des Austrian School Networks (ASN), zur Nutzung des Internet und der Ermöglichung von e-Learning-Aktivitäten. Damit nimmt Österreich im Ranking der OECD-Staaten einen vorderen Platz ein.

Eine Atempause ist allerdings wegen der Dynamik und angesichts der Vielfalt der neuen Medien, die in immer kürzeren Abständen die Consumer- und Unterhaltungselektronik beleben, nicht möglich. War als externes, portables Speichermedium die einmal oder mehrfach beschreibbare CD-ROM in den 1990-er Jahren ein bewährtes Medium, größere Datenmengen auszulagern oder multimediale Inhalte abzurufen, so trat die DVD-ROM mit der mehr als vierfachen Speicherkapazität an deren Stelle – und schon in Bälde wird die HD-DVD und Blue-Ray-Disc die Datenmenge um eine weitere Potenz erhöhen. Für viele Jugendliche ist der Besitz eines MP3-Sticks oder -Players wie der inzwischen kultige iPod von Apple genauso selbstverständlich wie die Verfügbarkeit eines Multimedia-Handys mit 1,3 Megapixel-Kamera, Radioempfang, Sprachaufzeichnung und MP3-Tauglichkeit.

Doch nicht jeder Erwachsene findet auf die leichte, spielerische Art Zugang zu den neuesten Medien und behält den Überblick. Gerade im Bildungsbereich sind klare Orientierungshilfen unumgänglich, um die mediale Trends zu erkennen und Entwicklungen nachvollziehen zu können. Das vorliegende Handbuch Neue Medien schafft nicht nur Klarheit durch seine Systematik, sondern bietet auch inhaltliche Anknüpfungspunkte und anschauliche Beispiele aus der Medienpraxis. In einem eigenen für die Lehrerschaft erstellten Praxisteil werden aktuelle Medienprojekte an österreichischen Schulstandorten näher gebracht.
In der Kombination Buch, Datenträger und Webseite wird damit allen interessierten Pädagogen eine wertvolle pädagogische Handreichung geboten, die auch außerhalb des Unterrichts und privat von Schülern und Eltern genutzt werden kann.

Wir danken der CDA Verlags- und Handels GesmbH. für die Initiative und allen Autoren für deren aufwändige Redaktionsarbeit, ein derartiges, im deutschen Sprachraum einzigartiges kompaktes Medienhandbuch gestaltet zu haben.

Zum Geleit

Peter Weibel

Für eine zeitgemäße Bildung in der Wissensgesellschaft des 21. Jahrhunderts spielt der Umgang mit neuen Medien, sowohl als eigener Lerngegenstand, als auch als potenziell höchst effizientes Lernwerkzeug, eine entscheidende Rolle. Die ständig steigenden Bildungsanforderungen, die die sich schnell entwickelnden Technologien, insbesondere im Informations- und Kommunikationstechnologiesektor, nach sich ziehen, sind in den Lehrplänen der verschiedenen Schularten und -stufen, aber auch in der betrieblichen Weiterbildung entsprechend zu berücksichtigen.

Unter Zugrundelegung eines breiten Nutzenaspektes multimedialer Werkzeuge sind neue Inhalte und Strategien bei der gegenwärtigen und zukünftigen Gestaltung der Lern- oder Wissensgesellschaft zu finden. Grundsätzlich müssen innovative Wege erschlossen werden, wie mit möglichst geringem zeitlichen, finanziellen und intellektuellen Aufwand möglichst schnell möglichst erfolgreiche Lernprozesse in Gang gebracht werden können.

Im Hinblick auf Bildung und Lernen in Verbindung mit Multimedia und Internet, z.B. zu Hause, am Arbeitsplatz, in der Freizeit bzw. bei der Unterhaltung, sind auch Informationsquellen von Interesse, die sich mit medienintegrativen Konzepten beschäftigen, z.B. Integration von Computertechnik in das häusliche Umfeld, von Kommunikations- und Informationsgeräten in die Arbeitskleidung oder in Fortbewegungsmittel wie Auto, Bahn, Flugzeug.

Eine umfassende, über den Schul- und Bildungsbereich hinausgehende Kategorisierung der Medientechnologien könnte wie folgt strukturiert sein:

A) Klassische analoge und digitale Bildmedien, Fotografie, Film/Fernseher, Video/DVD

- Digitales und interaktives Fernsehen, Internet-TV
- Analoge und digitale Klangmedien, Radio, CD/Minidisk, Soundsysteme
- Computertechniken, PC/Mac, Laptops, Workstations/Großrechner
- Virtual Reality, Augmented Reality, Mixed Reality, computerbasierte Verbindungen von realem und virtuellem Raum
- Intelligente Kleidung
- Intelligentes Haus
- Mobile Kommunikation/Mobiles Computing/Navigation, Mobilfon, GPS, Taschencomputer
- Vernetzung, Internet, lokale Netzwerke (LAN), Bluetooth - drahtlose Datenübertragung, Wireless Networks
- Computerspiele/Games
- Software, Text-/Spracherkennung, Soundsampling, Bilderkennung/Motion Tracking, Material-/Content Management
- Printmedien, Zeitschriften/Zeitungen/Buch

Die einzelnen Entwicklungen lassen sich aufgrund der Tendenz zur gegenseitigen Integration und Konvergenz oft nicht eindeutig kategorisieren, allerdings lassen sich basierend auf der bisherigen Recherche dominante Entwicklungen herausheben:

- Mobile Computer (PDAs, Handhelds) in Verknüpfung mit anderen klassischen Medien wie Fotoapparat, Videokamera, Telefon
- Interaktives Fernsehen: digitale Kommunikationsmöglichkeiten neben dem klassischen Empfang der Sendungen
- Kombination von Objekt- und Informationsströmen: dynamischer Austausch von Daten in Verkehrströmen
- Integration von Kommunikation und geografischer Navigation
- Ubiquitous Computing, Pervasive Computing: intelligente Haushalte und Kleidung.

B) Klassische analoge und digitale Bildmedien

Im Bereich der klassischen Bildmedien wie Fotografie, Film, Fernsehen, Video werden zunehmend Computertechniken in Geräte integriert, deren Oberflächen computerartige Funktionalität aufweisen. Dies äußert sich in Form einer zunehmenden Anzahl an Hardwareschnittstellen zu anderen Geräten (Firewire, USB, serielle Schnittstelle, Netzwerkfähigkeit) oder durch Softwarefunktionen innerhalb der Geräte (jpg-Bildkomprimierung, Webbrowser, digitale Bildverarbeitung), wie man sie bisher nur aus dem klassischen Computerbereich kennt. Die Geräte werden also um Funktionen erweitert, die ihren Einsatzbereich flexibler machen. Durch ihre Programmierbarkeit, die bisher noch nicht dem Endverbraucher zugänglich ist, entwickeln sie sich potenziell zu anpassbaren Werkzeugen. Dabei werden sie als Endverbraucherprodukte designed, die in der einfachsten Benutzungsform automatisierte easy-to-use-Medien sind, aber vielfache Zusatzfunktionen besitzen. Sie bewahren so bestimmte zweckorientierte Funktionalitäten im Gegensatz zum Computer, der als Universalwerkzeug zunächst ohne Zweckbestimmung ist.

Bei der Beurteilung der Lernwirkungen von neuen Medien ist Zurückhaltung angebracht, denn streng wissenschaftliche Befunde liegen kaum vor. So stellt sich z.B. die Frage, ob ein Hypertext den auf lineare Abfolge ausgerichteten kognitiven Prozessen des Lernenden nicht zuviel zumutet und zu Überlastung, Desorientierung führt („lost in cyberspace") und demotivierend wirkt. Oder beim Spracherwerb gilt als erwiesen, dass die reine „Ausgesetztheit" und rezeptive Aufnahme von Sprache in Medien, beispielsweise im Fernsehen, bei Kindern keineswegs sprachförderlich wirkt. Ebensowenig sind es die Inhalte und das bloße Zuhören einer vorgelesenen Geschichte. Die aktive Interaktion zwischen Mutter und Kind, das Sprechen über die vorgelesene Geschichte oder über das im Fernsehen Gesehene, sind der eigentliche Motor der Sprachentwicklung. Die Frage stellt sich also hier, inwieweit die neuen Medien mit ihren sich rasant erweiternden interaktiven Möglichkeiten ähnliche Kommunikations- und Interaktionschancen bieten können wie direkt anwesende Bezugspersonen. Die interaktiven Multimedia-Technologien erlauben vielschichtige Arten der Signalübertragung, mehrere Kodes können simultan und sehr schnell übermittelt werden. Informationen werden genauer und vollständiger als bei den klassischen Massenmedien reproduziert und signalspezifischer umgewandelt. Dabei ist das wichtigste Merkmal dieser Entwicklung das quantitativ und qualitativ wachsende Interaktivitätspotenzial.

Der Umgang, die Veralltäglichung der neuen multimedialen Kommunikations- und Repräsentationswerkzeuge wird vielleicht ganz ähnlich wie das Autofahren erlernt werden. Es ist zu erwarten, dass diese Technologien zuerst meist gezielt und absichtsvoll, im Verlauf dann immer mehr routiniert und automatisiert gehandhabt werden. Ähnlich auch wie der Siegeszug und die universelle Durchsetzung des Automobils, nur in sehr viel kürzerem Zeitablauf, werden sich die neuen Werkzeuge schichtenübergreifend durchsetzen, – die von verschiedenen Seiten heraufbeschworene Gefahr einer „digitalen Spaltung" (digital divide) der Gesellschaft, die sich nach den neuesten Untersuchungen direkt an die üblichen Schicht- und Milieuunterschiede anlehnt, besteht mittel- und langfristig nicht. Ähnlich der umfassenden Verfügbarkeit des Automobiles nach Überwindung der anfänglichen reinen Verfügbarkeit für die Oberschichten (was man die Anfänge eines „mobility- divide" hätte nennen können) werden auch die digitalen Technologien als Gebrauchsgegenstände zum selbstverständlichen Inventar jedes Haushaltes und jeder Lebensaktivität gehören.

Was das Auto für die physische Mobilität, ist das „Handy", die mobilie Telefonie, für die virtuelle Mobilität. Es erlaubt den Zugang zu einem ubiquitous computerbased learning environment. Durch drahtlose Kommunikations- und Informationstechnologie wird nicht mehr an einem fixen Ort gelernt, sondern immer und überall. Das Klassenzimmer wird zu einem navigierbaren, virtuellen Raum, der verschiedene audiovisuelle Formate enthält und Zugang zu TV-Sendungen, Filmarchiven, Bibliotheken, universitären Curricula etc. in Echtzeit bietet. Das „Universal Mobile Telecommunications System" (UMTS), Mobilfunk der dritten Generation, kann dank der hohen Datenübertragungsraten von 2 Megabit pro Sekunde auch Filme übertragen. UMTS ist mehr als 200 Mal schneller als GSM (Global System for Mobile Communication). Digital distribuierte Netzwerke, Computer und mobile Konnektionen, eine unsichtbare mobile IKT (Informations- und Kommunikationstechnologie) werden das Lernenvironment der Zukunft für das Lernlabor Gesellschaft bilden.

1

PC-Systeme

Foto: Sony

1.1 Desktop-PC

1.1.1 Computer für den Schreibtisch

Hinter dem englischen Begriff Desktop verbirgt sich das deutsche Wort Schreibtischoberfläche. Als IBM Anfang der 80er-Jahre den ersten Desktop-PC auf den Markt brachte, war genau dies das hervorstechende Merkmal. Computer der vorangegangenen Generationen waren unhandliche Boliden, die ganze Schrankwände oder gar ganze Räume beanspruchten. Mit dem Desktop-PC wurden nicht nur die Platzprobleme gelöst, vielmehr war das die Geburtsstunde des heimischen **P**ersonal **C**omputers (PC).

Abbildung 1.1.1
Ein Personal Computer der ersten Stunde (Foto: IBM)

Die ersten Modelle waren freilich nur sehr zahlungskräftigen Heimanwendern vorbehalten. Auch die Leistung dieser Modelle war eher als bescheiden einzustufen. Die wirklichen Heim-Computer, die wenige Jahre später folgen sollten, waren zunächst im Begriff, in Sachen Leistungsmerkmalen für Grafik und Sound den IBM-Modellen den Rang abzulaufen.

Doch im Laufe der Jahre konnten sich die IBM-Modelle mehr und mehr durchsetzen. Zum einen schaffte es der Software-Riese Microsoft, dank einer geschickten Marketingstrategie sein Betriebssystem MS-DOS als Standard durchzusetzen und zum anderen wurde auch die Hardware immer weiter entwickelt. Die einzelnen Komponenten wurden leistungsfähiger und mit der Zeit auch billiger. Schon bald waren IBM-kompatible PCs auch für Privatanwender bezahlbar.

Die ersten Betriebssysteme, allen voran MS-DOS, glänzten zunächst wegen der kryptischen Kommandozeilen-Befehle nicht gerade durch Benutzerfreundlichkeit. Abhilfe schaffte Microsoft, indem das Unternehmen ein Programm entwickelte, dessen Aufgabe vornehmlich darin bestand, die Arbeitsvorgänge am PC leicht verständlich zu visualisieren. Dieses Programm hieß Windows ↻. Damit stand dem Siegeszug des Desktop-PCs nichts mehr im Wege.

↻ s. Kapitel 2.1

1.1.2 Bauformen

Desktop-Computer kamen zu Beginn in der klassischen Bauform heraus: Ein handliches Gehäuse, das so flach war, dass man gegebenenfalls noch den Monitor platzsparend darauf abstellen konnte. Diese Gehäuseform ist zwischenzeitlich so gut wie ausgestorben. Durchgesetzt haben sich indessen die so genannten Tower-Gehäuse, die im Allgemeinen nicht mehr auf den Schreibtisch, sondern eher daneben gestellt wurden. Je nach Größe spricht man von Mini-, Midi- oder Big-Tower-Gehäuse.

Abbildung 1.1.2 Tower-Gehäuse in verschiedenen Größen und Ausführungen (Foto: Dell)

Abbildung 1.1.3 Ein typischer Modding-PC (Foto: Revoltec)

Während die PC-Gehäuse anfangs noch auf ihren Zweck reduziert waren und optisch nur wenig mehr als ein hellgraues Gehäuse zu bieten hatten, haben sich später immer ausgefallenere Designs durchgesetzt und mittlerweile gilt ein PC nur noch dann als chic, wenn er besondere optische Features, wie etwa neonbunt beleuchtetes Acrylglas aufzuweisen hat. Dieses optische Tuning – gewissermaßen ein PC-Äquivalent des beliebten PKW-Tunings – wird Modding genannt und findet immer mehr Anhänger.

Die neueste Bauform für Desktop-Computer sind die so genannten Barebones. Hinter diesem Begriff verbergen sich Gehäuse, die sich durch besondere Kompaktheit auszeichnen. Auf den ersten Blick unterscheiden sie sich kaum noch von einer Micro-Stereoanlage und auch die Bedienung ist mitunter identisch. Dank einer mitgelieferten Fernbedienung lässt sich unabhängig vom Computer Musik über Radio oder CD hören, und eine TV-Karte ist in vielen Modellen standardmäßig bereits eingebaut. Damit ist der PC auf dem Weg vom klassischen Desktop-Computer hin zu einer multifunktionalen Multimedia- und Kommunikationsstation ein ganzes Stück weiter gekommen. CPU, Festplatte, Speicher und optische Laufwerke müssen bei Barebones erst eingebaut werden!

Abbildung 1.1.4
Barebone PCs zeichnen sich durch besondere Kompaktheit aus
(Foto: Shuttle)

1.1.3 Schnittstellen

In Fachkreisen spricht man gerne vom EVA-Prinzip. Dahinter verbirgt sich entgegen ersten Vermutungen allerdings wenig Biblisches, sondern vielmehr das technische Akronym „**E**ingabe, **V**erarbeitung, **A**usgabe“. Dies impliziert im Groben das, was ständig während der Arbeit mit dem PC vonstatten geht: Der Anwender füttert den Computer mit Daten in jedweder Form (Eingabe), die entsprechende Software berechnet die eingegebenen Daten in adäquater Form (Verarbeitung) und das Ergebnis wird dem Anwender interpretierbar zur Kenntnis gebracht (Ausgabe).

Bereits eine simple Mausbewegung folgt diesem Prinzip. Die veränderten Koordinaten, die man durch die Bewegung neu definiert hat, werden im PC durch die Treibersoftware neu berechnet und dann auf dem Monitor durch die veränderte Position des Mauszeigers angezeigt. Um all diese Vorgänge realisieren zu können, bedarf es einer Vielzahl von Schnittstellen, die es erlauben, beliebige Ein- und Ausgabegeräte an den PC anzuschließen.

1.1.3.1 Serielle und parallele Schnittstellen

Alte Schnittstellennormen gehören mittlerweile einer aussterbenden Gattung an. So werden parallele und serielle Schnittstellen aus Gründen der Abwärtskompatibilität zwar immer noch in PCs eingebaut, sie werden aber nur noch selten verwendet. Die parallele Schnittstelle diente früher dazu, einen Drucker an den PC anzuschließen, die serielle Schnittstelle war indessen für den Anschluss einer Maus oder eines Modems vorgesehen.

Abbildung 1.1.5
Parallele und serielle Schnittstellen gehören der Vergangenheit an
(Foto: CDA Verlag)

Die vergleichsweise großen und teuren Anschlüsse mit einer Vielzahl an Pins waren wenig benutzerfreundlich. Wie leicht war ein Pin durch unsachgemäßes Anschließen verbogen und abgebrochen!

1.1.3.2 Die PS2-Schnittstelle

Als weitaus benutzerfreundlichere Lösung kam einige Jahre später der PS2-Anschluss auf den Markt. Der kleine runde Stecker war rasch in die Rückseite eingesteckt und vereinfachte den Anschluss von Mäusen und Tastaturen. Alte Tastatur-Anschlüsse verlangten bis dahin nach einem Stecker, der wie eine erweiterte Form eines alten HiFi-DIN-Steckers aussah. Auch diese Schnittstellenform ist heute ein Relikt der Vergangenheit.

Abbildung 1.1.6
Zwei PS2 Anschlüsse für Maus und Tastatur
(Foto: CDA Verlag)

Hinzu kam, dass bestimmte Hersteller für ihre Peripherie-Geräte besondere Anschlussnormen definierten, die dann dank zusätzlicher Erweiterungskarten bereit zu stellen waren. Es dauerte nicht lange und die Vielfalt möglicher Anschlüsse war unüberschaubar.

1.1.3.3 USB (Universal Serial Bus)

Ein Ende dieses Wirrwarrs kam in Sicht, als der neue USB-Standard eingeführt wurde. Mit einem Mal war es möglich, Geräte ungeachtet ihrer Art an den PC anzuschließen, ohne dass langwierige Vor- und Nachbereitungen zu treffen waren. Mit dem USB-Standard war es dann auch möglich, das von Microsoft favorisierte Plug&Play-Prinzip zu perfektionieren. Dieser Plug&Play-Mechanismus war zwar auch schon in früheren Windows-Versionen enthalten, aber nicht zuletzt aufgrund der wenig standardisierten Schnittstellen war das Ergebnis sehr oft ein reines Zufallsprodukt. Humorige Zeitgenossen sprachen dann auch nicht mehr von „Plug&Play" (Einstecken und Spielen), sondern von „Plug&Pray" (Einstecken und Beten).

Mittlerweile werden sowohl Drucker, Scanner, Digitalkameras, als auch Mäuse und Tastaturen und noch vieles mehr an die USB-Schnittstelle angeschlossen. Das System erkennt im Allgemeinen die eingesteckte Hardware und wenig später, oft sogar ohne Neustart, kann der Anwender mit der neuen Hardware arbeiten.

Abbildung 1.1.7
Zwei USB und eine Firewire-Schnittstelle
(Foto: CDA Verlag)

Daneben gibt es noch den Monitor-Anschluss und die Firewire-Schnittstelle. Letztere ist vor allem in der Lage, große Datenmengen zu transportieren. So können etwa die Aufnahmen einer digitalen Videokamera auf den PC übertragen werden.

1.1.3.4 Innenansichten

Aber auch im Inneren eines Computers kann noch vieles angeschlossen werden. Dies ist ein weiterer großer Vorteil eines modernen PCs. Wenn etwa die Grafikkarte nicht mehr den eigenen Ansprüchen genügt, ist es oft nicht nötig, gleich einen neuen PC zu kaufen, sondern es genügt, wenn für viel weniger Geld einfach die Grafikkarte ausgetauscht wird.

Alte Systeme verfügen noch über die so genannten ISA-Ports. Das sind sehr lange vielpolige Steckplätze für Erweiterungskarten. Diese Schnittstelle wurde mittlerweile fast vollständig durch den kompakteren und schnelleren PCI-Bus ersetzt. Dort werden Erweiterungen wie beispielsweise Soundkarten eingesetzt.

Eine besondere Schnittstelle ist noch AGP (**A**ccelerated **G**raphics **P**ort). Dieser ist von einem PCI-Steckplatz nur zu unterscheiden, da er ein Stück weiter in die Mainboardmitte eingerückt ist. Dort wird vor allem die Grafikkarte ihren Platz finden. Schnelle Grafikkarten profitieren spürbar von dem Performance-Vorteil, den der AGP-Port bietet. Moderne Grafikkarten werden allerdings vielfach über den so genannten PCI Express Port eingebunden.

1.1.4 Komponenten eines Desktop-PCs

Ein PC besteht aus einer Reihe an Komponenten, deren perfektes Zusammenspiel einen ungestörten PC-Betrieb ermöglicht. Dank genormter Schnittstellen und Anschlüsse gibt es heutzutage kaum noch Probleme mit unterschiedlicher Hardware. Genau genommen kann solch ein PC auch vom Anwender selbst zusammengebaut und gewartet werden – ein gewisses technisches Grundverständnis und manuelles Geschick vorausgesetzt.

1.1.4.1 Das Mainboard (Motherboard)

Das Mainboard oder die Hauptplatine ist das Herzstück eines Computers. Dort befindet sich die gesamte Elektronik zur Steuerung der einzelnen Schnittstellen und Busse. Ein Bus ist stark vereinfacht ausgedrückt eine Leitung, über die sämtliche Daten transportiert werden.

Ferner befinden sich auf dem Mainboard sämtliche Steckplätze für Erweiterungskarten, Arbeitsspeicher, Prozessor und auch die von außen zugänglichen Anschlüsse.

Wer sich ein Mainboard neu kauft, findet in der Schachtel neben dem Mainboard selbst noch eine Reihe an Flachbandkabeln, Handbuch und eine CD-ROM mit Treibern und Software vor. Nichts davon sollte achtlos beiseite gelegt werden, denn zur Montage eines Mainboards wird oft jede verfügbare Information benötigt.

Abbildung 1.1.8
Das Mainboard enthält Erweiterungssteckplätze, Arbeitsspeicher und Prozessor (Foto: Intel)

Besonderes Augenmerk beim Kauf eines Mainboards sollte auf den Prozessorsockel gelegt werden. Nicht jeder Prozessor passt auf jeden Sockel. Oft sind auch die Preisklassen der Prozessoren vom Sockel abhängig. Die Auswahl sollte schlussendlich nach Maßgabe der Ansprüche und des eigenen Geldbeutels erfolgen. Neben vielen anderen Normen sind Sockel 775 und 478 (Intel), sowie Sockel 939, 754 und Sockel A (AMD) am weitesten verbreitet.

Mittlerweile Standard sind die DD-RAM-Sockel zur Aufnahme des Arbeitsspeichers. Die Chips lassen sich dort ohne nennenswerte Probleme einsetzen, vorhandener Arbeitsspeicher lässt sich auf diese Weise erweitern. Wichtig beim Kauf von weiteren Speicherchips ist der Bustakt, auf den die Chips abgestimmt werden müssen. Bei einem Bustakt von 266 MHz werden PC266-RAM-Bausteine benötigt, PC333 bei einem Bustakt von 333 MHz und bei 400-MHz-Bussen sollte ein PC400-Chip zum Einsatz kommen. Informationen zum Bustakt findet man im Handbuch des Mainboards.

Abbildung 1.1.9
Ein DD-RAM mit 400 MHz Bustakt (Foto: Kingston)

1.1.4.2 Der Prozessor

Der Hauptprozessor wird auch CPU genannt. Die Abkürzung steht für „**C**entral **P**rocessing **U**nit", was so viel wie „Hauptrecheneinheit" bedeutet. Der Prozessor übernimmt gewissermaßen jede Berechnung, die der Computer während einer Sitzung durchführen muss. Auch im Ruhezustand muss der Prozessor Unmengen von Rechenanweisungen abarbeiten. Daher war die Taktfrequenz eines Prozessors lange Zeit ein wichtiges Kriterium für die Leistungsfähigkeit eines Computers. Da die Geschwindigkeiten der Prozessoren heutzutage Schwindel erregende Höhen erreicht haben, liegt das Augenmerk der Poweruser auf anderen Parametern, die dazu geeignet sind, aus einem PC das Maximum an Leistung herauszuholen.

Abbildung 1.1.10
Prozessor mit Kühlung
(Foto: CDA Verlag)

Die CPU wird während des Betriebs sehr heiß. Damit der teure Chip nicht unversehens in Rauch aufgeht, ist es notwendig, ihn zu kühlen. Hierzu dient ein Kühlkörper, der die Wärme vom Prozessor ableitet und ein Ventilator, der zusätzlich für Kühlung sorgt. Es gibt mittlerweile auch Wasserkühlungen zum Nachrüsten, aber die meist sehr hohen Anschaffungspreise lassen erhebliche Zweifel am Sinn einer solchen Umrüstung zumindest für Heimanwender aufkommen.

1.1.4.3 Der Arbeitsspeicher

Neben dem Hauptprozessor ist der Arbeitsspeicher für den Betrieb eines Computers unabdingbar. Ein anderer Begriff, der für den Arbeitsspeicher oft verwendet wird, lautet RAM, eine Abkürzung, die ausgesprochen „**R**andom **A**ccess **M**emory", also so viel wie „frei belegbarer Speicher" bedeutet.

Im Laufe der Jahre waren schon viele Speichertypen auf dem Markt, aber schlussendlich hat sich für moderne Systeme der DD-RAM durchgesetzt.

Der Arbeitsspeicher wird benötigt, um laufende Programme bereitzuhalten, Berechnungsschritte bei komplexen Operationen zwischenzuspeichern und vieles mehr. Folglich ist die Größe des Arbeitsspeichers ein wichtiges Kriterium für die Leistungsfähigkeit des PCs. Wenn der vorhandene Arbeitsspeicher nicht ausreicht, werden zu speichernde Informationen auf der Festplatte ausgelagert. Das Ergebnis ist ein deutlicher Performance-Einbruch.

Noch vor wenigen Jahren waren PCs mit einem wohlbestückten Arbeitsspeicher großer Luxus. Doch der deutliche Preisverfall macht heutzutage selbst Speicherreserven im Gigabyte-Bereich bezahlbar. Vor nur wenig mehr als zehn Jahren war ein Speicherchip mit vier Megabyte teurer als heutzutage ein 512-Megabyte-Speicherbaustein.

Daher ist bei der Größe des Arbeitsspeichers sicherlich am falschen Ende gespart. Eine gute Speicherreserve sichert die Leistungsfähigkeit eines Computers bei der Verwendung speicherhungriger moderner Anwendungsprogramme und Spiele.

1.1.4.4 Grafik

Um das, was der Computer berechnet, für den Anwender sichtbar zu machen, benötigt man eine Grafikkarte, die mit dem Monitor verbunden ist. Grafikkarten sind Bestandteil eines Desktop-Computers seit dessen Geburt.

Allerdings sind die alten Grafikkarten, die gerade mal sechzehn Farben darstellen konnten, mittlerweile ein Fall für das Museum. Aktuelle Grafikkarten verfügen über eigenen Grafikspeicher in einer Größe, die noch vor einigen Jahren bei einem PC sensationell gewesen wäre. Es fallen Begriffe, wie 3D-Beschleunigung und der Grafikprozessor selbst ist so leistungsfähig, dass er ebenfalls gekühlt werden muss.

Abbildung 1.1.11
Eine moderne Grafikkarte (Foto: ATI)

Die Vielfalt der Grafikkarten schlägt sich auch in einer sehr großen Preisspanne im Bereich von etwa 50 Euro bis 500 Euro nieder. Daher ist beim Kauf einer Grafikkarte zuvor zu überlegen, wofür man sie benötigt. Anwender, die nur mit Office-Programmen und ähnlichem arbeiten, werden keine teure Karte mit 3D-Beschleuniger brauchen, Spieler, die rasend schnelle Actionspiele mit 3D-Umgebung spielen, werden indessen mit einer Standard-Grafikkarte wenig Freude haben und sollten etwas tiefer in die Tasche greifen.

Grafikkarten werden mittlerweile fast nur noch für den AGP- und PCI Express-Port gebaut, da diese Schnittstellen die schnellstmögliche Grafikverarbeitung gewährleisten. Vielfach werden aber schon Mainboards angeboten, die bereits über einen eingebauten Grafikprozessor verfügen. Wer keine besonderen Ansprüche an die Grafikkarte hat, kann diese verwenden, andere können hingegen die Onboard-Grafik abschalten und eine zusätzliche Karte einbauen.

1.1.4.5 Sound

Das einzige, was die ersten PCs von sich gaben, waren Piepstöne. Kreative Zeitgenossen schafften es seinerzeit, den Computer dazu zu bringen, Liedchen zu pfeifen, aber damit erschöpfte sich die Klangvielfalt eines Computers.

Andere Hersteller waren da schon weiter. Die legendären Atari und Amiga-Computer lieferten einen beachtlichen Sound und waren damit den IBM-kompatiblen PCs haushoch überlegen.

Es dauerte daher nicht lange, bis Abhilfe geschaffen wurde. Die ersten Soundkarten waren nach heutigen Maßstäben eher ärmlich ausgestattet, aber in Sachen Klang vollzog sich seinerzeit ein Quantensprung. Moderne Soundkarten sind indessen so vielfältig ausgestattet, dass kaum noch Wünsche offen bleiben.

Fast schon Standard ist ein Dolby 5.1-Ausgang, der zusammen mit einem DVD-Laufwerk Filmgenuss wie im Kino ermöglicht. Ein sogenannter Wavetable-Zusatz verwandelt den Computer gar in ein Musikinstrument. Authentische Klänge können mit Hilfe einer angeschlossenen Keyboard-Tastatur oder dank einer vorhandenen Musik-Software in perfekter CD-Qualität zu Gehör gebracht werden. Diese Features werden oft eingesetzt, um Spiele akustisch noch authentischer zu machen. Doch auch der Hörgenuss eingelegter Audio-CDs wird dank der guten Leistung der Soundkarten immer ungetrübter.

Auch Soundchips sind auf vielen Mainboards bereits mit eingebaut. Diese genügen oftmals normalen Ansprüchen, zumal auch diese fast nur noch über einen Dolby 5.1-Ausgang verfügen.

Abbildung 1.1.12 Moderne Soundkarten sind so vielfältig, dass kaum noch Wünsche offenbleiben (Foto: Terratec)

1.1.4.6 Laufwerke

Daten, die bei einem Neustart des Computers wieder verfügbar sein sollen, müssen gespeichert werden. Zu diesem Zweck sind in einem Computer gleich mehrere Laufwerke eingebaut. Auf Festplatten werden das Betriebssystem, installierte Programme und häufig verwendete Daten gespeichert. So genannte Wechseldatenträger, wie etwa CD-ROM, Disketten, Datensticks etc. haben den Vorteil, dass gespeicherte Daten von einem Computer zum anderen übertragen werden können.

Im vierten Kapitel dieses Buches werden Speichermedien ↻ einer genaueren Betrachtung unterzogen, sodass es an dieser Stelle nur bei einer Erwähnung im Rahmen der Aufzählung wichtiger Komponenten eines PCs bleiben sollte.

↻ s. Kapitel 4

1.1.4.7 Sonstige Erweiterungen

Dank mehrerer PCI-Schnittstellen auf dem Mainboard ist es möglich, den PC entsprechend den eigenen Erfordernissen noch weiter aufzurüsten.

Eine Netzwerkkarte verbindet den Computer mit anderen Computern. In einem Netzwerk können Daten zwischen mehreren Rechnern direkt ausgetauscht werden. In Firmen ist dies eine große Erleichterung, wenn Kollegen unabhängig voneinander auf gemeinsame Datenpools zugreifen können.

Auch im Heimbereich hat die Netzwerkkarte an Bedeutung hinzugewonnen, da daran ein eventuell vorhandenes DSL-Modem angeschlossen wird. Dank schneller Grafikkarten ist es mittlerweile auch möglich, auf dem PC fernzusehen. Eine TV-Karte könnte demnach ebenfalls im heimischen PC ihren Platz finden. Schnelle und große Festplatten sind in der Lage, Sendungen in Echtzeit aufzunehmen, damit diese abschließend auf DVD gebrannt werden. Mit zunehmender Leistungsfähigkeit werden also auch bald solche TV-Karten zum Standard in einem PC werden.

↻ s. Kapitel 5.1

Auch ISDN- ↻ und Modem-Karten werden heutzutage immer noch verwendet, auch wenn sie dank wesentlich schnellerer Hochgeschwindigkeitsverbindungen mehr und mehr an Bedeutung verlieren. Wer sich lediglich auf den Empfang von e-Mails beschränkt und keine großen Datenmengen aus dem Internet ziehen möchte, ist mit einer solchen Karte, die auf der anderen Seite direkt mit einem Telefonanschluss verbunden wird, gut bedient.

Abbildung 1.1.13
Das Mainboard eines PCs mit seinen Komponenten (Foto: CDA Verlag)

1.1.5 Ausblick

↻ s. Kapitel 1.1.2

Bereits heute verfügt der PC über Leistungsmerkmale, die ihn von einer reinen Arbeitsmaschine zu einem multimedialen Kommunikationszentrum mutieren lassen. Auch die Gehäuseformen, wie etwa die Barebones ↻, passen sich mehr und mehr einer Wohnkultur statt einer Arbeitskultur an. Mit einem PC können Sie fernsehen, DVDs anschauen, Musik hören, im Internet surfen und vieles mehr. Wo heute noch eine Vielzahl einzelner Geräte vonnöten ist, könnte bald nur noch ein Computer im Wohnzimmer stehen, der alle Aufgaben übernimmt.

Bereits jetzt arbeiten die Hersteller an dem Haupthindernis: Aufgrund der vielen Kühlsysteme und Ventilatoren ist ein moderner PC recht laut und daher für den dauerhaften Einsatz im heimischen Wohnzimmer eher ungeeignet. Auf verschiedenen Messen wurden bereits viel versprechende Ergebnisse präsentiert, so dass es nur noch eine Frage der Zeit zu sein scheint, ehe der Computer endgültig zu einem Hauptbestandteil unseres täglichen Lebens wird.

1.2 Notebook

Das „Notebook“ (oder auch „Laptop“) ist ein flacher, tragbarer PC mit klappbarem Bildschirm und Akku-Stromversorgung.

Abbildung 1.2.1
Notebooks befreien den PC-Anwender von der Steckdose (Foto: Sony)

Notebooks sind für die ortsunabhängige Computerarbeit konstruiert (mobil). Durch sinkende Preise und leistungsstarke Komponenten halten sich die Nachteile gegenüber dem Desktop-PC mittlerweile in Grenzen, so dass sie eine gute Alternative abgeben. Der Absatz von Notebooks nimmt stetig zu, die Wachstumsraten in diesem Segment liegen gegenwärtig über jenem der Desktop-Varianten.

Rein auf Leistung ausgelegte Notebooks sind allerdings mit sehr kurzen Akku-Laufzeiten, großer Hitzeentwicklung und daraus resultierend mit störender Geräuschentwicklung verbunden. Spezielle Stromspar-Technologien und besondere Bauweisen für mobile Geräte gleichen dies jedoch teilweise aus.

1.2.1 Typen

Je nach Verwendung sind folgende Notebook-Typen am Markt:

1.2.1.1 Desknote und Desktop Replacement (DTR)

Ausstattung:	mit Standard-Desktop-PC-Komponenten bestückt
Gewicht:	ab 3 bis zu 5 kg (Desknotes)
Charakteristik:	wenig mobil, da großer Stromverbrauch und daher nur äußerst kurze Akkulaufzeiten. Es sind auch Modelle ohne Akku erhältlich, die ausschließlich für die Versorgung über das Stromnetz konzipiert sind.
Einsatzgebiet:	eher für den Einsatz an einem fixen Ort geeignet.
Performance:	in der Regel leistungsstark
Display-Größen:	ab 15 Zoll

1.2.1.2 Standard-Notebook

Abbildung 1.2.2
Standard-Bauformen bieten einen guten Kompromiss zwischen Leistung, Akkulaufzeiten, Größe, Gewicht und Ergonomie
(Foto: Sony)

Ausstattung:	Komponenten speziell für den mobilen Betrieb konzipiert.
Gewicht:	mittelschwer bis leicht (1,8 bis 3 kg)
Charakteristik:	hohe Mobilität, mit moderner Stromspar-Technologie ausgestattet (z.B. bei Centrino oder Turion), erreichen die Akkulaufzeiten bis zu 6 Stunden. Steigerung der Leistungswerte ist durch Verwendung von Grafikkarten anstatt von Onboard-Chips und durch hohe Taktraten möglich, was aber wiederum die Akkulaufzeit verkürzt.
Einsatzgebiet:	für Office-Anwendungen sehr gut, Centrino- oder Turion-Modelle eignen sich für mobiles Arbeiten besser.
Performance:	alle Leistungskategorien
Display-Größen:	14 oder 15 Zoll, seltener auch 17 Zoll.

1.2.1.3 Sub-Notebook

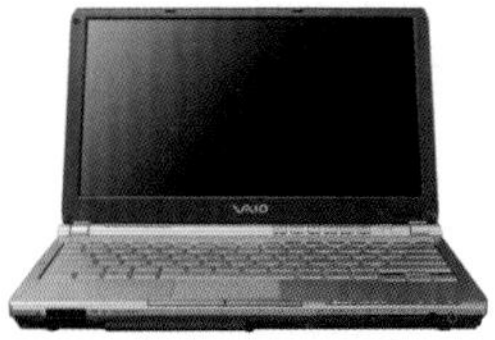

Abbildung 1.2.3
Sub-Notebooks sind kleiner, flacher und leichter gebaut; Einschränkungen sind bei Tastatur und Ausstattung möglich
(Foto: Sony)

Ausstattung:	aufgrund der geringen Abmessungen sind Abstriche bei der Tastatur unumgänglich, wobei meist die einzelnen Tasten enger aneinander liegen. Häufig fehlt auch ein fix eingebautes optisches Laufwerk, alternativ kann ein externes CD/DVD-Laufwerk über die USB- oder Firewire-Schnittstelle verwendet werden. Ein Docking-Modul enthält manchmal die ausgelagerten Komponenten.
Gewicht:	zwischen 1 und 2 kg.
Charakteristik:	verkleinerte, kompakte und flache Bauform mit kleinen Displays, teilweise mit Komponenten in besonders kleiner Bauweise.
Einsatzgebiet:	aufgrund von Gewicht, Abmessungen und Akkulaufzeiten ideal für den mobilen Einsatz.
Performance:	meist in der mittleren Leistungskategorie vertreten.
Display-Größen:	meist zwischen 10 und 12 Zoll

1.2.1.4 Tablet-PC

Ein Tablet-PC ist ein tragbarer PC mit druckempfindlichem Bildschirm, der sich mit einem Stift bedienen lässt und mittels spezieller Erkennungstechnologie handschriftliche Notizen digitalisiert.

Zur Zeit werden zwei Typen favorisiert. Die „Convertibles" sind mit einer Tastatur ausgestattet und können wie ein Notebook verwendet werden. Das Display kann gedreht und mit der Bildschirmseite nach oben auf die Tastatur geklappt werden, was die Arbeit mit dem Stift auf dem Monitor ermöglicht. Das Gewicht ist mit einem Notebook gleicher Größe vergleichbar.

Abbildung 1.2.4
Tablet PC von HP in der Convertible-Bauform mit Tastatur (Foto: HP)

Leichter sind wiederum die „Slates", die ohne Tastatur ausgeführt sind, alternativ ist eine Spezialtastatur als Zubehör erhältlich oder in einer Docking-Station untergebracht, wo sich auch die Laufwerke befinden. Über das Display wird jedoch eine virtuelle Tastatur bereitgestellt.

1.2.1.5 Notebooks für Extrembeanspruchung (Rugged Notebooks)

Einzelne Modelle werden speziell für den Outdoor-Einsatz unter Extrembeanspruchung konzipiert. Eine gummigelagerte Festplatte, ein speziell gehärtetes und hitzebeständiges Gehäuse, Schutz gegen Spritzwasser und gummierte Ecken sind einige der Ausstattungsmerkmale. Gewisse Abstriche bei der Leistung und bei den Schnittstellen machen diese Modelle eher für das Militär oder die Polizei interessant, weniger für den Normalverbraucher.

Abbildung 1.2.5
Rugged-Notebook von HP für extreme Beanspruchung (Foto: HP)

1.2.2 Bildschirm (Display)

1.2.2.1 Bildauflösung und Größe

Die übliche Bildschirmgröße der TFT-Flachbildschirme von Notebooks liegt heute zwischen 12 und 17 Zoll. Für einen 15 Zoll-Monitor ist eine Auflösung von 1.024 x 768 Pixel (XGA-Standard) gängig. Vor allem bei der Arbeit mit Grafikanwendungen kann dies auf Dauer zu wenig sein, bessere Auflösungen wie etwa SXGA+ (1.400 x 1.050 Bildpunkte) bleiben jedoch meist höheren Preisklassen vorbehalten. Zunehmende Verbreitung erfahren Breitbild-Displays mit einem Seitenverhältnis von 16:9 bzw. 16:10.

1.2.2.2 Helligkeit und Kontrast

Die Display-Helligkeit spielt vor allem bei der Nutzung im Freien oder bei direkter Sonneneinstrahlung eine Rolle. Diese Anforderungen erfüllen heute sogar Modelle aus niedrigeren Preisklassen. Allerdings benötigt eine helle Monitor-Ausleuchtung besonders viel Strom. Daher sollte man diese je nach Umgebung anpassen und reduzieren. Häufig sorgt auch das Energie-Management dafür, dass im Akku-Betrieb die Display-Helligkeit automatisch reduziert wird.

1.2.2.3 Glare-Type-Displays

Weitere Bezeichnungen: Crystal Clear, x-black, Crystal Bright
Zunehmend werden so genannte Glare-Type-Displays in Notebooks verbaut. Diese Bildschirme verwenden spezielle Filter für die Oberfläche und zeichnen sich durch ein brillantes, farbintensives Bild mit hohem Kontrast und satten Schwarztönen aus, also Eigenschaften, wie sie sonst nur Röhrenmonitore bieten können. Die Vorzüge werden vor allem bei Spielen, Fotos oder Filmen deutlich. Die stark spiegelnde Oberfläche kann die Arbeit im Freien allerdings beeinträchtigen.

1.2.3 Grafikkarten

Vor allem bei Office-Notebooks mit weniger Leistungsanforderungen werden häufig Onboard-Grafik-Chips verwendet, die keinen eigenen Speicher mitbringen und dafür den Hauptspeicher des Systems nutzen. Der große Vorteil liegt im geringeren Stromverbrauch und somit auch in längeren Akkulaufzeiten. Auch das Kühlsystem wird weniger beansprucht und das Notebook arbeitet leiser. Leistungsfähigere Grafikchips mit eigenem Speicher eigenen sich für Spiele und 3D-Anwendungen. Sie benötigen allerdings mehr Energie.

Abbildung 1.2.6
Notebooks mit externen Grafikchips stellen auch PC-Spieler zufrieden (Foto: ATI)

1.2.4 Notebook-Prozessoren

In Notebooks werden meist spezielle Prozessoren ↻ verwendet. Teilweise kommen aber immer noch reine Desktop-Chips zum Einsatz, die zwar billiger, für die kompakte Bauweise und den Mobilitäts-Anspruch jedoch weniger geeignet sind.

↻ s. Kapitel 1.1.4.2

Für einen Mobile-Prozessor hingegen werden Chips verwendet, die mit besonders geringer Kernspannung arbeiten können und so deutlich weniger Strom benötigen. Spezielle Funktionen ermöglichen es darüber hinaus, dass die Taktrate des Prozessors laufend an das Leistungsbedürfnis der gerade laufenden Anwendung und des Systems angepasst wird.

Neue Notebook-Technologien erhöhen und drosseln die Kernspannung ständig. Dies geschieht blitzschnell, sogar zwischen Tastaturanschlägen. Diese Methode ist bei allen Herstellern ähnlich, Intel nennt sie „(Enhanced) SpeedStep", AMD „PowerNow!", bei Transmeta heißt sie „Longrun" und bei VIA „PowerSaver" bzw. „LongHaul". Alle diese Techniken versuchen möglichst alle Ruhephasen optimal auszunützen und die Kernspannung zu senken, was in deutlich geringerem Stromverbrauch und längeren Akkulaufzeiten resultiert. Gleichzeitig wird weniger Abwärme entwickelt, der Lüfter schaltet sich seltener ein und der Geräuschpegel hält sich in Grenzen.

Prozessor-Typen für Notebooks (Auswahl)

Generell nur für den Notebook-Einsatz entwickelte Prozessoren:

- Intel Pentium M - wird in Centrino-Modellen verwendet
- Intel Celeron M
- AMD Turion 64
- VIA C7-M
- VIA C3-M
- Apple G4
- Transmeta Efficeon
- Transmeta Crusoe

Low-Voltage-Prozessoren, die sich durch niedrige Kernspannung, Taktrate und Stromverbrauch auszeichnen. Geeignet für sehr schmale Notebooks, aber generell nicht so leistungsfähig.

- Intel Pentium M LV bzw. ULV
- Intel Celeron (M) LV bzw. ULV
- Low Voltage Athlon XP-M

Prozessoren, die nicht nur für mobilen Einsatz konzipiert wurden, aber mit geeigneten Eigenschaften ausgestattet sind.

- AMD Mobile Athlon 64
- AMD Mobile Sempron
- AMD Duron Mobile
- Intel Pentium III M
- Intel Mobile Celeron

Prozessoren für Desktop-Replacement-Notebooks (DTR)

- Intel Mobile Pentium 4
- AMD Mobile Athlon 64 DTR
- AMD Athlon XP-M DTR

Desktop-Prozessoren

- Pentium IV
- Pentium III
- AMD Athlon 64
- AMD Athlon XP
- Intel Celeron
- AMD Sempron

1.2.5 Akku

Bis vor wenigen Jahren waren Nickel-Cadmium-Akkumulatoren verbreitet, danach Akkus mit Nickel-Metall-Hybrid-Technik. Heute werden meist Lithium-Ionen-(Li-Io)Akkumulatoren eingesetzt, seltener ist auch die Lithium-Polymer-Technik zu finden.

Abbildung 1.2.7
Li-Io-Akku von HP (Foto: HP)

Ein Akku besteht aus mehreren Li-Io-Zellen, typischerweise sind es neun, die für vier Stunden Laufzeit ausreichen. Mehr Leistung bringen Akkus mit zwölf dieser Zellen. Insgesamt liegen die Laufzeiten heute zwischen zwei und sechs Stunden, je nach Energieverbrauch und Anwendungstyp.

Forschung und Theorien beschäftigen sich mit Akkus aus Brennstoffzellen. Ein besonders beliebtes Zukunfts-Szenario ist auch der Betrieb mit Solarzellen nach dem Prinzip, wie es von den Taschenrechnern bekannt ist. Doch nach heutigem Stand der Technik reicht normales Tageslicht nicht aus, um mit den Solarzellen genügend Strom für den Betrieb eines Notebooks zu gewinnen. Aus diesem Grund werden diesem Konzept nur geringe Chancen auf Verwirklichung eingeräumt.

Eine Kurbel zum Aufladen des Akkus könnte tatsächlich eine Lösung sein, vor allem wenn es sich um weniger leistungsstarke Notebooks mit Grundfunktionen handelt. Das vom MIT (**M**assachusetts **I**nstitute of **T**echnology) in Boston entwickelte Billig-Notebook soll diese Alternative zusätzlich zur Stromversorgung bieten, ist aber derzeit noch nicht in Produktion.

Abbildung 1.2.8
Das Billig-Notebook des MIT soll nur 100 Dollar kosten, eine Kurbel sorgt auch dann für Energie, wenn einmal keine Steckdose verfügbar ist
(Foto: Crank)

Methoden zur Verlängerung der Lebensdauer des Akkus

- Hitze schädigt Lithium-Ionen-Akkus, daher sollten sie möglichst kühl gelagert werden.
- Das ständige Vollladen des Akkus, auch wenn er noch gar nicht entleert ist, verringert die Lebensdauer drastisch. Eine brauchbare Ladekontroll-Funktion ist selten eingebaut, daher sollte der Akku während des Netzbetriebs idealerweise entfernt werden. Für die Lagerung des Akkus gilt ein Lade-Wert von um die 40% als ideal.

1.2.6 Tastatur

Aus Platzmangel sind für Notebook-Tastaturen immer bestimmte Kompromisse nötigt. Der Ziffernblock etwa fehlt in der Regel völlig, Ausnahmen gibt es bei bestimmten 17-Zoll-Widescreen-Notebooks, die sich dann aber weniger für die mobile Arbeit eignen.

Bestimmte Steuer- und Funktionstasten finden sich häufig anderswo, als man es von Desktop-Tastaturen gewöhnt ist. Manchmal fehlen einzelne davon auch völlig oder sind nur über die Funktionstaste Fn in Kombination mit einer weiteren Taste verfügbar. Diese für Notebooks konzipierten Tastenkombinationen bezeichnet man als „Überladene Tasten".

Schmale Tasten und geringe Abstände können den Schreibkomfort beeinträchtigen. Dies betrifft vor allem Sub-Notebooks mit kompakten Abmessungen. Bei Notebooks in Standard-Größen (15 Zoll) halten sich diese Nachteile heute meist in Grenzen und vor allem die zunehmend verbreiteten Widescreen-Displays mit einem Seitenverhältnis von 16:9 und 16:10 bieten ausreichend Platz.

Abbildung 1.2.9 Notebook-Tastatur in Standard-Größe (Foto: HP)

1.2.7 Speicher und Laufwerke

Abbildung 1.2.10 SO-DIMM-Speichermodule für Notebooks (Foto: Kingston)

Für den Arbeitsspeicher wird eine spezielle Speicherbank-Bauform verwendet (SO-DIMM). Diese Komponenten sind relativ leicht zugänglich und zählen meist zu den einzigen Bauteilen in einem Notebook, die auch außerhalb der Fachwerkstatt selbst ein- oder ausgebaut werden können.

Festplatten-Laufwerke kommen in der verkleinerten Normgröße von 2,5 oder 1,8 Zoll zum Einsatz. Sind sie mit einer Flüssigkeitslagerung ausgestattet, verringert sich die Empfindlichkeit gegen Stöße und die Geräuschentwicklung. Die Mindestkapazität für günstige Modelle liegt aktuell bei 40 GB, am häufigsten findet man aber derzeit 60 oder 80 GB, Tendenz steigend.

↻ s. Kapitel 4.3.3.3

Bei den optischen Laufwerken sind heute CD/DVD-Brenner-Kombinationen mit Multinorm-Brenner für DVD+/ und DVD-/R/RW ↻ Standard. Sie beherrschen großteils auch die Double-Layer-Technik, was die Kapazität eines DVD-Rohlings von 4,7 GB auf 8,5 GB erhöht. Verwendet werden besonders flache Bauweisen. In vielen Sub-Notebooks wird aus Platzgründen auf das optische Laufwerk verzichtet; es muss extern angeschlossen werden. Diskettenlaufwerke finden sich in neueren Modellen kaum mehr.

1.2.8 Anschlüsse und Schnittstellen

USB-Anschlüsse ↻ haben sich generell als zentrale und universelle Anschluss-Schnittstelle für Geräte durchgesetzt und sind vor allem bei Notebooks auch für Erweiterungen unabdingbar. Neue Notebooks sind mit dem schnelleren Standard 2.0 ausgerüstet. Modem- und LAN-Netzwerk-Buchse sowie ein Firewire-Anschluss und ein VGA-Port für einen externen Monitor zählen ebenfalls zur Grundausstattung, nur bestimmte Spezialmodelle verzichten vereinzelt auf den Monitorausgang.

↻ s. Kapitel 1.1.3.3

Für den Audio-Bereich finden sich Aus- und Eingang für den Anschluss von Kopfhörer/Lautsprecher bzw. Mikrofon, dazu kommt häufig ein Videoausgang (meist für S-Videokabel). Nicht mehr alle Modelle sind mit einer PS2-Buchse für Maus- oder Tastatur-Anschluss ausgestattet, wie sie seit Jahren auf jedem Desktop-PC zu finden sind. Ebenso zählt ein Parallel-Port fast schon zur Rarität. Ein älterer Drucker ohne USB-Schnittstelle kann dann nur mehr mit einem kostspieligen Adapter genutzt werden, was auch nicht immer funktioniert.

Abbildung 1.2.11
Auf den PS2-Anschluss wird oft verzichtet
(Foto: CDA Verlag)

Typische Schnittstellen eines Mittelklasse-Notebooks (2005)

- Einsteckplatz für CardBus-Karte vom Typ II
- RJ-45-Buchse (Ethernet 10/100)
- RJ-11-Telefonanschlussbuchse (V.92)
- Netzstromversorgungsbuchse (Gleichstrom)
- Paralleler Anschluss (optional)
- VGA Anschluss für Anschluss eines externen Monitors
- Lautsprecher-/Kopfhörerausgang (3,5mm Mini-Buchse)
- Mikrofonbuchse
- IEEE 1394-Anschluss
- Eine S-Video-TV-Out-Buchse (optional)
- Drei bis vier USB 2.0-Schnittstellen ↻
- Ein Infrarot-Anschluss (IrDA) (optional) ↻
- WLAN-Modul IEEE-802.11b/g ↻
- Optional: Bluetooth ↻

↻ s. Kapitel 4.3.3.3
↻ s. Kapitel 1.2.9.2
↻ s. Seite 36
↻ s. Kapitel 5.5

1.2.9 Drahtlose Datenübertragung und mobiler Internetzugang

1.2.9.1 WLAN (Wireless LAN)

Gerade bei der mobilen Nutzung von Notebooks sind kabelgebundene Netzwerke nur mäßig ideal, daher ist die Datenübertragung über Funksignale besonders wichtig. Die meisten Notebooks im Handel sind für WLAN gerüstet. WLAN eignet sich bestens für kabellose Heim- oder Büronetzwerke, in mobilen Klein- oder Peripherie-Geräten wird es aber mit Ausnahme von PDAs kaum verwendet.

Was ist LAN

Abk. für „**L**ocal **A**rea **N**etwork", dt: lokales Netzwerk.
Ein Computernetzwerk, dessen Rechnereinheiten in räumlicher Nähe zueinander stehen. Die Computer sind meist über Kabel direkt miteinander verbunden, WLAN („Wireless-LAN") hingegen stellt die Verbindung über Funk her. Die maximale Entfernung zwischen den angeschlossenen Einheiten eines LANs liegt bei ungefähr 1 km. Netzwerke über größere Distanzen werden als WAN bezeichnet (**W**ide **A**rea **N**etwork). Zum LAN gehören nicht nur die Hardware und die Verkabelung, sondern auch Netzwerk-Software.

Über Hotspots wird WLAN auch für den Internet-Zugang von unterwegs verwendet. Allerdings ist die Dichte der öffentlichen Hotspots derzeit noch relativ gering und WLAN daher als alleiniger mobiler Internet-Zugang weniger geeignet. Nur Stadtzentren, Cafés, Bahnhöfe oder Flughäfen sind einigermaßen versorgt. Einzelne kommunale Initiativen stellen Hotspots für kostenlosen Internetzugang bereit. Ein Vorreiter ist die Stadt Linz in Oberösterreich, die im Herbst 2005 14 frei zugängliche und kostenlose Hotspots an öffentlichen Plätzen und Gebäuden eröffnet hat und das Netz bis zum Jahr 2008 auf 120 Standorte ausbauen will.

1.2.9.2 Infrarot (IrDA)

Infrarot wird schon seit längerem in Notebooks eingebaut. Da auch viele Handys über diese Schnittstelle verfügen, war dies bisher ein gängiger Weg über das Mobiltelefon-Netz Daten zu versenden oder zu empfangen, allerdings nur in begrenztem Umfang.

Infrarot ist universell einsetzbar, die Reichweite des Funksignals aber auf wenige Meter beschränkt. Außerdem muss zwischen den Geräten Sichtkontakt bestehen und die Transferrate ist gering; für große Datenmengen oder Multimedia-Dateien ist die Infrarot-Technik daher ungeeignet.

↻ s. Kapitel 5.5

1.2.9.3 Bluetooth ↻

Bluetooth ist ein Industriestandard für die drahtlose Vernetzung von Geräten mit Reichweiten von ca. 10 m bis 100 m. Ein Notebook mit Bluetooth-Schnittstelle kann mobile Kleingeräte wie etwa Mobiltelefone bzw. PDAs, aber auch Peripheriegeräte und andere Computer ansprechen. Wie bei WLAN sind auch hier die Fragen zur Sicherheit noch nicht restlos geklärt.

1.2.9.4 Surfen mit UMTS ↻

↻ s. Kapitel 5.4.3

Der neue Mobilfunkstandard UMTS ermöglicht Internet-Zugang über jenes Netz, das auch UMTS-Handys ↻ verwenden. Sollte UMTS einmal flächendeckend verfügbar sein, würde der Zugang zum Breitband-Internet beinahe völlig ortsunabhängig werden.

↻ s. Kapitel 9.1.2.3

Die Mobilfunk-Betreiber haben UMTS in Kombination mit PCMCIA-Karten im Angebot. Mit diesen Steckkarten kann das Notebook für deren Dienste und für Internet-Zugang via UMTS nachgerüstet werden.

Abbildung 1.2.12
UMTS-Steckkarte für Notebooks
(Foto: Navini)

1.2.9.5 Vision WiMAX

WiMAX (**W**orldwide **I**nteroperability for **M**icrowave **A**ccess) ist ein noch relativ neuer Funkübertragungs-Standard, der aber Strecken von bis zu 50 km abdecken und Bandbreiten im Bereich zwischen 70 und 110 Mbit/s ermöglichen soll. Damit wäre WiMAX auch in punkto Bandbreite dem heute verbreiteten WLAN-Standard (bis maximal 54 Mbit/s) überlegen, bei der Reichweite ohnehin.

Kommerziell spielt WiMAX derzeit jedoch keine Rolle; es bleibt vorerst noch eine vage Vision für den mobilen Internetzugang.

1.2.10 Stromspartechnologien

Die Stromversorgung über den Akku zählt zu den wesentlichen Eigenschaften eines Notebooks. Doch die Laufzeit vieler Notebooks ohne Netzkabel ist beschränkt und überdauert oft nicht einmal eine zweistündige Bahnfahrt.

Einige Bauteile entziehen dem Akku besonders viel Energie. Dazu gehören das Display, Desktop-Prozessoren oder besonders leistungsfähige Grafikkarten, wie sie oft in Spiele-Notebooks verbaut werden. Die Laufzeit hängt auch von der Art der Anwendung ab. Office-Programme benötigen relativ wenig Energie, Videos, Präsentationen oder Spiele hingegen entladen den Akku deutlich schneller.

Mobilität, die ihren Namen auch verdient, erreichen nur Notebooks mit speziellen Komponenten und Technologien. Intel zum Beispiel ermöglicht in der Praxis mit seinem Centrino-Konzept Akkulaufzeiten von etwa vier Stunden bei Office-Anwendungen. Mitbewerber AMD steuert mit der Turion 64-Technologie ähnliche Werte an. Es werden spezielle Notebook-Prozessoren verwendet, die in der Regel mit geringerer Kernspannung arbeiten.

1.2.10.1 Intel Centrino

Hinter dem Centrino-Konzept (auch Centrino Mobile Technology) von Chiphersteller Intel verbirgt sich eine Kombination von speziellen Bauteilen und Technologien, die auf mobiles Arbeiten zugeschnitten sind. Als Basis dient der Pentium M Prozessor (aktuelles Modell: Dothan), ein Intel 855-Chipsatz bzw. in neueren Versionen der Intel 915-Chipsatz sowie das WLAN-Modul Intel Pro/Wireless.

WLAN ist mittlerweile in vielen Notebooks auf dem Markt eingebaut. Die ersten Centrino-Geräte unterstützten den WLAN-Standard 802.11b, mittlerweile ist der schnellere Standard 802.11g üblich und künftig könnte noch der universellere 802.11a hinzukommen.

Abbildung 1.2.13
Links: Intel Pentium M-Prozessor
Rechts: Die Komponenten der Centrino-Initiative von Intel
(Foto: Intel)

Bei der Akku-Laufzeit hat die Centrino-Technologie tatsächlich einen Vorteil gegenüber der Konkurrenz gebracht. Das System verbraucht deutlich weniger Strom, ohne dass man auf Leistung in großem Ausmaß verzichten muss. Dies ist unter anderem auf die so genannte SpeedStep-Technologie zurückzuführen, die die Leistung des Prozessors sofort reduziert, sobald sich der PC im Leerlauf befindet. Außerdem lassen sich Prozessor-Takt und Bildschirm-Helligkeit im Akkubetrieb senken und an die individuelle Nutzung anpassen. Wer z.B. nur Office-Arbeiten durchführt, benötigt keinesfalls die höchstmögliche Leistung des Notebooks. Die entsprechende Reduktion spart Strom und verlängert die Laufzeit des Akkus. Sogar Schnittstellen wie das relativ energiehungrige WLAN-Modul können auf diese Weise im Batteriebetrieb automatisch oder manuell deaktiviert werden, was die Laufzeit ohne Netzkabelanschluss weiter verlängert.

Die aktuelle Technologie mit dem Markennamen „Sonoma" unterstützt künftige Bus-Standards wie PCI Express und ist mit dem Chipsatz i915 bzw. i915 GM bzw. GSM ausgestattet, der eine bessere Leistung als die erste Centrino-Baureihe bietet. Die **Local Bus Speed** ist von 100 Megahertz auf 133 erhöht worden.

Was ist Local Bus Speed

Das Local Bus System stellt eine Verbindung zwischen einzelnen Hardware-Komponenten des Computers her und organisiert die Signalübertragung. Local Bus Speed gibt die Taktfrequenz beim Datenaustausch und damit die Übertragungsgeschwindigkeit an.

1.2.10.2 AMD Turion 64

Die Nummer Zwei am Chip-Markt, AMD, hat auf den Erfolg der Centrino-Marktoffensive reagiert und setzt ihrerseits auf das Turion 64 Konzept. Dieses betrifft allerdings nur den Prozessor selbst und keine anderen Komponenten. Die 64-Bit-Chips von AMD heben und senken ebenfalls die Prozessor-Taktrate je nach Bedarf und erreichen damit beträchtliche Stromeinsparungen.

Abbildung 1.2.14
AMD Turion 64 für Notebooks (Foto: AMD)

1.2.11 Geräuschentwicklung

Der Geräuschpegel eines Notebooks hängt eng mit der Kühlung zusammen. Aufgrund der kompakten Bauweise kann weniger Luft und damit Hitze abgeleitet werden, dadurch schaltet sich der Kühl-Ventilator häufiger ein und der Betriebslärm steigt.

Im Gegenzug bewirken die Stromspar-Funktionen der Notebook-Prozessoren eine Geräusch-Minderung. Durch das stetige Absenken der Prozessor-Taktrate auf ein Minimum produziert die CPU auch deutlich weniger Hitze. Wieder wirkt sich der Effekt auf das Lüftersystem und damit direkt auf die Geräuschentwicklung aus. Office-Notebooks können außerdem auf Grafikkarten mit hoher Leistung verzichten, die verwendeten Onboard-Grafikchips entlasten dann ebenfalls das Kühlungssystem und vermindern Betriebsgeräusche.

1.2.12 Ausblick

Für künftige Notebooks wird man weiterhin höhere Leistungen und im Verhältnis dazu längere Akkulaufzeiten erwarten können. Die neuesten Notebooks unterstützen bereits das leistungsstärkere PCI-Express-Bus-System, womit bald auch die neue Steckkarten-Schnittstelle „Express Card" Einzug halten wird.

Schwere Geräte mit großen Displays werden ebenso nachgefragt wie schlanke, mobile Office-Dauerläufer. Der Tablet-PC hat sich bisher noch wenig durchsetzen können, ob sich das künftig ändern wird, bleibt abzuwarten.

Zusatzdisplays

Mit Hilfe von Zusatzdisplays auf der Oberseite eines Notebooks soll es künftig möglich sein, bestimmte wesentliche Informationen ohne Systemstart abzurufen. Diese Displays zeigen dann zum Beispiel Adressen oder Terminfunktionen ohne Aufklappen bzw. Hochfahren des Betriebssystems an. Microsoft propagiert diese neue Methode eifrig und Windows Vista wird dafür ab Ende 2006 gerüstet sein.

Abbildung 1.2.15
Mit Zusatzdisplays sollen bestimmte Informationen auch ohne Systemstart abrufbar sein (Foto: Microsoft)

1.3 Handheld und PDA

1.3.1 Computer für die Hosentasche

Wer die Entwicklung der Computer genau beobachtet hat, wundert sich schlussendlich auch nicht mehr über die Entwicklung der Handheld-PCs. Während vor vierzig Jahren der geneigte Computer-User noch mehrere unhandliche Lagerhallen mit sich herum schleppen musste, sorgte im Laufe der Zeit die Fortentwicklung dieser Geräte für eine anhaltende Verkleinerung. Als die Notebooks marktreif wurden, freute man sich bereits über die Möglichkeit, zu jeder Lebenslage einen Computer griffbereit zu haben, aber es sollte noch weiter gehen. Es wurden spezielle Systeme entwickelt, die es erlaubten, einen PC so klein zu bauen, dass er in eine Handfläche passte. Der so genannte Palmtop wurde geboren.

1.3.2 Geräte und Systeme

Der Software-Riese Microsoft hat schon recht früh das Potenzial, das hinter den Handheld-Geräten steckt, erkannt und rasch reagiert. So kam es, dass auch das für diese Geräte speziell angepasste Betriebssystem Windows CE bald eine marktbeherrschende Stellung innehatte. Es gab nur noch wenige nennenswerte Konkurrenzprodukte, von denen lediglich der Palm-Pilot zu nennen wäre, der mit einem eigenen Betriebssystem namens Palm-OS aufwartete.

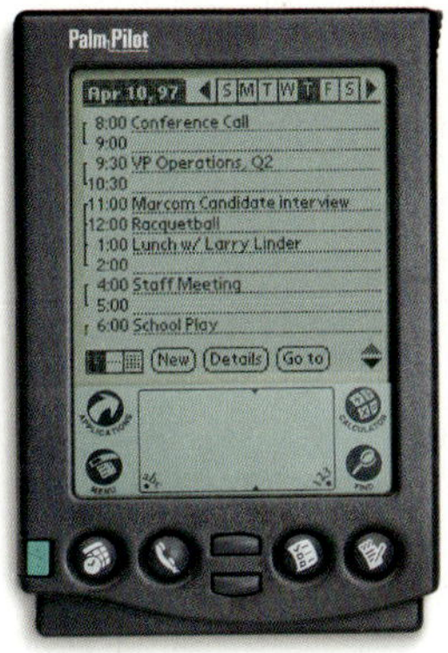

Abbildung 1.3.1
Der Palm Pilot verfügt über ein eigenes Betriebssystem (Palm OS) (Foto: Palm)

Je nach persönlichen Anforderungen konnte man sich zwischen einem Palmtop oder einem PDA (**P**ersonal **D**igital **A**ssistant) entscheiden. Ein Palmtop sah aus, wie ein extrem kleiner Laptop. Die Geräte konnte man aufklappen, im Deckel befand sich das Display und im unteren Segment war eine Tastatur angebracht. Die Tastatur besaß etwa die Größe einer Taschenrechner-Tastatur. Es war kaum möglich, damit rasch längere Texte zu tippen. Daher sind diese Geräte auch wieder vom Markt verschwunden.

Was bis heute erhalten geblieben ist, ist das berührungssensitive Display. Mit Hilfe eines kleinen Stiftes lassen sich Bereiche innerhalb des Fensters antippen – zum Beispiel eine Schaltfläche – um eine gewünschte Aktion durchzuführen. Diese so genannten Touchscreens ersetzen Eingabegeräte wie Mäuse.

Erhalten geblieben sind heute hauptsächlich PDA-Geräte wie der mittlerweile legendäre Casiopeia von Casio. Diese Computer sind mit Windows CE ausgestattet und können nach kurzer Einarbeitungszeit leicht bedient werden.

1.3.3 Möglichkeiten und Einschränkungen

Ein PDA ist ein kleiner Computer, der überall mit hingenommen werden kann. Insofern erfüllt er Anforderungen, die bei einem Notebook ähnlich sind. Ein Notebook ist im Vergleich zu einem PDA noch recht schwer und sperrig, ein PDA findet indessen in der Jackentasche Platz. Dank moderner Schnittstellennormen und Techniken, ist ein PDA vielseitig einsetzbar. Sogar eine speziell für PDA-Computer zugeschneiderte Office-Version kann Microsoft anbieten. Allerdings ist im Gegensatz zu einem Notebook ein PDA kaum als eigenständiger Computer verwendbar. Da wiegen die Einschränkungen, die durch die Größe gegeben sind, doch zu stark. Mehr noch: Ein PDA benötigt einen Desktop-Computer oder ein Notebook, um über die mitgelieferte Schnittstelle Daten synchronisieren zu können.

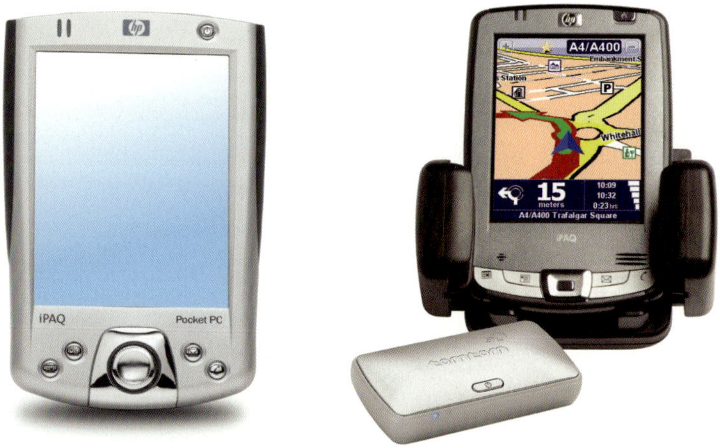

Abbildung 1.3.2
Links: Die iPAQ Pocket PCs bieten umfassende PDA-Funktionalität (Foto: HP)
Rechts: Auch zur Navigation werden PDAs immer öfter eingesetzt (Foto: tomtom)

1.3.4 Verwendungsmöglichkeiten für PDAs

1.3.4.1 Der PDA als mobiles Büro

Ein moderner PDA übernimmt zunehmend die Aufgaben von Notizbüchern und Terminkalendern. Die meist vorhandene Office-Suite erlaubt es, Notizen, Termine, Adressen und vieles mehr zu speichern. Mit Hilfe spezieller Software ist es auch möglich, mit dem mitgelieferten Stift, der eigentlich zum Antippen der Bedienelemente gedacht ist, handschriftliche Notizen zu machen. Jede Software, die man sich für die tägliche Büroarbeit wünscht, ist bereits vorhanden bzw. kann noch nachträglich installiert werden.

1.3.4.2 Der PDA als Kommunikationsschnittstelle

↻ s. Kapitel 1.2.9.2

Ein WLAN-Adapter ist bei den neuen PDAs bereits gang und gäbe. Infrarot-Schnittstellen ↻ und andere kabellose Schnittstellensysteme erlauben es, zum Beispiel Handys als Modems anzuschließen. Somit ist es auch möglich quasi überall e-Mails abzufragen und ähnliches mehr.

Mittlerweile gibt es auch schon die ersten Handys, die als PDA organisiert sind und sogar mit Windows CE arbeiten. Man kann sie also gleichzeitig als Telefon und als PDA nutzen. Der Zugriff auf Online-Daten ist dank des vorhandenen Mobiltelefons kein Problem mehr.

1.3.4.3 Der PDA als Multimedia-Gerät

Die Zeiten, wo man peinlich genau auf jedes Byte freien Speicher achten musste, sind vorbei. Zum einen sind PDAs mit ausreichend Speicher ausgerüstet und zum anderen gibt es meist auch integrierte Kartenslots, die es erlauben, CF-, SD- oder andere Karten ↻ einzuführen. Die Speicherkapazitäten haben längst die Gigabyte-Grenze überschritten. MP3-Musikdateien und Videodateien finden reichlich Platz auf den Geräten. Eine Kopfhörerbuchse erlaubt es, Musik auch unterwegs zu hören.

↻ s. Kapitel 4.4

1.3.4.4 Der PDA als Navigationssystem

Besonders weit verbreitet ist die Möglichkeit, den PDA als GPS-Navigationssystem zu verwenden. Die mittlerweile recht preiswerten PDAs zusammen mit der notwendigen Hardware haben sich als hervorragende Alternative zu den herkömmlichen spezialisierten GPS-Geräten erwiesen. Mittlerweile ist es häufig so, dass Personen einen PDA nur deswegen besitzen, weil ein preiswertes GPS-System gesucht wurde.

1.3.5 Daten synchronisieren

Bei einem PDA sucht man Laufwerke vergebens. Statt dessen wird oftmals eine Docking-Station mitgeliefert, die an den PC anzuschließen ist. Auf einer CD befindet sich dann auch die benötigte Software zum Synchronisieren der Daten nebst mitgelieferter PDA-Anwendungen.

Bei der Installation der Hard- und Software empfiehlt es sich, genau nach den Installationsanweisungen im beiliegenden Handbuch vorzugehen. Nachdem die Software installiert wurde, kann der PDA in die Dockingstation eingesetzt werden und die Übertragung der Daten kann beginnen.

1.3.6 Software für den PDA

Rund um den PDA ist mittlerweile ein riesiger Software-Markt entstanden. Fast alle namhaften Software-Verlage haben mindestens eine Programmsammlung für PDAs in ihrem Portfolio. Hier ist allerdings ein kritischer Blick auf die Verpackung dringend anzuraten. Nicht selten verbirgt sich hinter einem solchen Paket eine sehr teure Sammlung an Freeware und Shareware-Produkten, gegebenenfalls mit einigen wenigen speziell lizenzierten Vollversionen aufgewertet.

Viel interessanter ist da schon ein Blick ins Internet. Es gibt Download-Anbieter, die sich ausschließlich darauf spezialisiert haben, PDA-Software feilzubieten. Vieles davon ist Freeware, andere Programme hingegen lassen sich für wenig Geld lizenzieren.

Wer einen PDA besitzt, sollte zunächst einen genauen Blick in das Handbuch werfen. PDAs verwenden mitunter verschiedene Prozessoren, die nicht wie beim regulären PC untereinander kompatibel sind. Daher empfiehlt es sich, die Systemvoraussetzungen peinlich genau mit dem gegebenen System zu vergleichen.

Abbildung 1.3.3
Softwaresammlung für Pocket PCs bzw. PDAs
(Foto: GDATA)

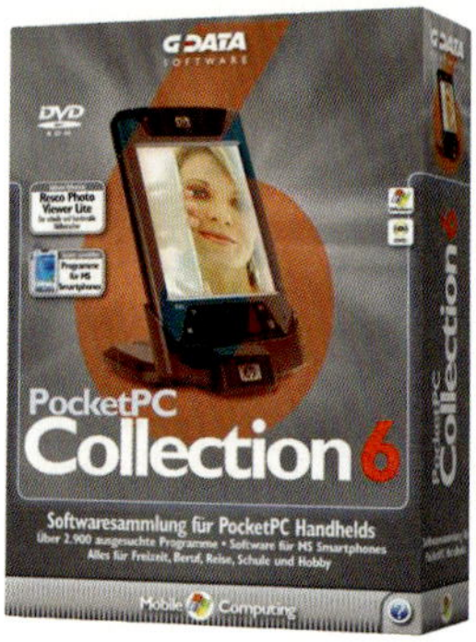

1.3.7 PDA und Office

Es wurde bereits festgestellt, dass PDAs mit Windows CE und MS-Office in einer speziell abgespeckten Version ausgeliefert werden. Auch wenn der PDA kaum dafür geeignet ist, umfassende Texte zu schreiben, so bleibt doch das eine oder andere Mal die Frage offen, ob man diese Daten untereinander synchronisieren kann. Hierzu gibt es ebenfalls entsprechende Synchronisationsmechanismen und die Pocket-Formate der Office-Dateien sind zu den Desktop-Pendants durchaus kompatibel.

E-Mails, die man auf dem PDA empfangen hat, können ohne nennenswerte Probleme auf die auf dem Desktop befindliche Outlook-Version übertragen werden. Für die Übertragung stehen geeignete Tools innerhalb der Software-Suite, die dem PDA beiliegt, zur Verfügung.

↻ s. Kapitel 4.4

1.3.8 Software auf Smartcards ↻

Bestimmte Programme für PDA sind so groß, dass eine Installation nicht sinnvoll ist. Routenplaner für GPS-Anbindungen sind ein solches Beispiel. Die Kartendaten würden den internen Speicher völlig ausfüllen, so dass kaum noch Platz für die normale Arbeit zur Verfügung steht. Von Desktop-Computern kennt man die Lösung, dass nicht direkt benötigte Daten auf CD-ROM verbleiben und das Programm einfach bei Bedarf darauf zugreift.

Ein PDA verfügt über kein CD-ROM-Laufwerk. Dafür steht bei den neueren Geräten mindestens ein Kartenslot zur Verfügung. Auch diese Software wird auf einer solchen Karte geliefert. Durch das einfache Einstecken in den Slot installiert sich die Software automatisch, wobei der interne Speicher nicht nennenswert belastet wird. Eine Installation über das Synchronisationstool ist meist nicht mehr nötig.

1.3.9 Smartphone ↻

↻ s. Kapitel 9.1.2.2

Weiter oben wurde dieses Thema zwar kurz angerissen, aber aufgrund der zunehmenden Bedeutung werden PDAs als Handys nochmals gesondert beleuchtet.

Bereits seit Jahren bekommen Handys immer mehr Organizer-Funktionen spendiert. Es ist bereits üblich, dass Mobiltelefone mit entsprechender Software zum Synchronisieren der Daten ausgeliefert werden.

Spätestens nachdem Mobiltelefone mit Farbdisplays Standard geworden sind, wächst das Interesse potenzieller Käufer für Mobiltelefone mit größtmöglicher Funktionsvielfalt.

Zu Beginn hat sich das Betriebssystem Symbian-OS als Grundlage für Mobiltelefone etabliert. Das Java-gesteuerte System ermöglicht vielfältige Optionen ohne den Speicher über Gebühr zu belasten.

Abbildung 1.3.4
Palm Treo Smartphone: Handheld und Telefon zugleich (Foto: Palm)

Der Schritt, die Fähigkeiten eines Mobiltelefons mit den Fähigkeiten eines PDA zu verbinden, lag daher recht nahe. Die ersten Mobiltelefon-PDA-Kombigeräte sind schon lange auf dem Markt und sie haben sich bereits bewährt. Aufgrund der sehr hohen Preise ist die Käuferschicht noch recht klein, aber erste Prognosen sagen diesem System einen Siegeszug voraus.

1.3.10 Ausblick

Man nehme einen PDA, verknüpfe diesen mit einem Mobiltelefon, einer Digitalkamera, einem MP3-Spieler und einigen weiteren Spielereien... So sehen die Prognosen aus, die rund um den PDA getroffen werden. Viele Hersteller und Entwickler sehen für die nahe Zukunft voraus, dass ehedem so unterschiedliche Geräte zu einer Einheit zusammenschmelzen und mobile Telekommunikation so vielseitig gestalten, wie wir es im Moment bestenfalls erahnen können.

Der PDA wird außerdem als Begleiter in vielen Lebenslagen nicht mehr wegzudenken sein. Seine Vielseitigkeit hat er ja bereits in seinen vielfältigen Anwendungsmöglichkeiten bewiesen. Letztlich obliegt es den Entwicklern dieser Geräte, zu bestimmen, wie umfassend PDAs in Zukunft eingesetzt werden können. Die Grenze des Machbaren ist jedenfalls noch lange nicht erreicht.

2

Betriebssysteme und Applikationen

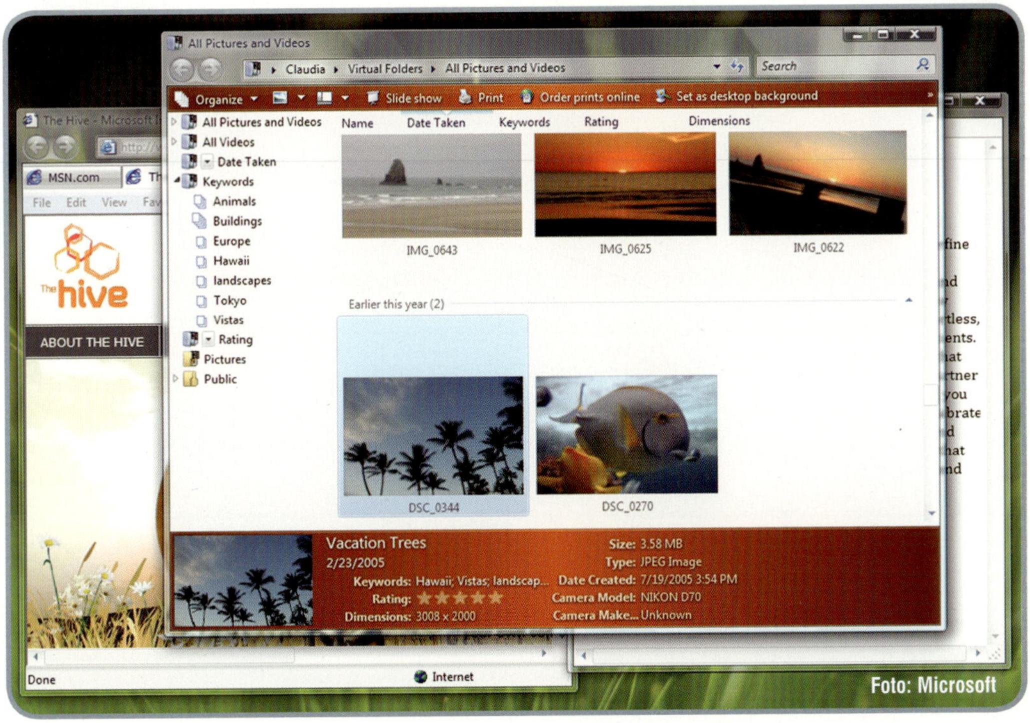

Foto: Microsoft

2.1. Windows

Was ist ein Betriebssystem

Allgemein meint man mit einem Betriebssystem (**o**perating **s**ystem - OS) die Bezeichnung aller Programme einer digitalen Rechenanlage, die in Verbindung mit den entsprechenden Möglichkeiten der Rechenanlage die Basis der anzuwendenden Betriebsart des Rechensystems bilden, weiterhin angeforderte Prozesse zur Verfügung stellen und die Abwicklung von Programmen steuern und überwachen. Betriebssysteme bestehen aus dem zentralen Bestandteil (Kernsystemprogramm / Kernel) und weiteren verschiedenen Systemprogrammen. Das Betriebsystem wird beim Einschalten des Personal-Computers hochgefahren und beim Abschalten beendet.

2.1.1 Geschichtlicher Rückblick

Microsoft begann mit der Entwicklung einer grafische Benutzeroberfläche (GUI) für sein Betriebssystem MS-DOS in der ersten Hälfte der 80er-Jahre. Damals konnte man Computer ausschließlich mit Textbefehlen bedienen, erst Apple führte Anfang 1983 mit dem Modell LISA den ersten kommerziellen Computer mit Maussteuerung und grafischer Benutzerschnittstelle ein, ein Jahr später folgte der erste Macintosh. Damit begann die Ära der Computersteuerung mit Maus und Dropdown-Menüs, wie wir sie heute kennen.

Die Programme Word, Excel und Works zählten zu den frühen Anwendungsprogrammen, die für die revolutionäre Oberfläche von Apple adaptiert wurden. Microsoft war auf diese Weise in die Entwicklung bei Apple bereits eingebunden.

Windows sollte die Vorteile der grafischen Benutzerführung für PCs in Verbindung mit dem damals weit verbreiteten MS-DOS nutzen und damit mit Apple konkurrieren. Windows 1.0 wurde als Aufsatz für MS-DOS konzipiert

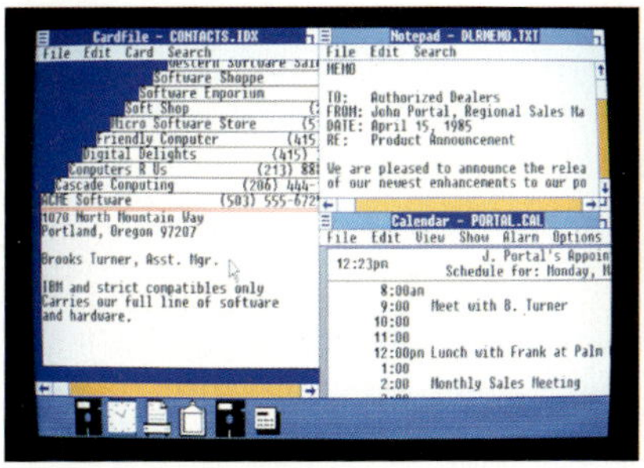

Abbildung 2.1.1
Die erste Version des MS-DOS-Aufsatzes Windows erschien 1985, blieb aber aufgrund fehlender Anwendungen erfolglos. (Foto: Microsoft)

und im Jahr 1985 auf den Markt gebracht. Nicht zuletzt wegen fehlender Anwendungen blieb der Erfolg aus, ebenso wie bei der Version 2 (1988).

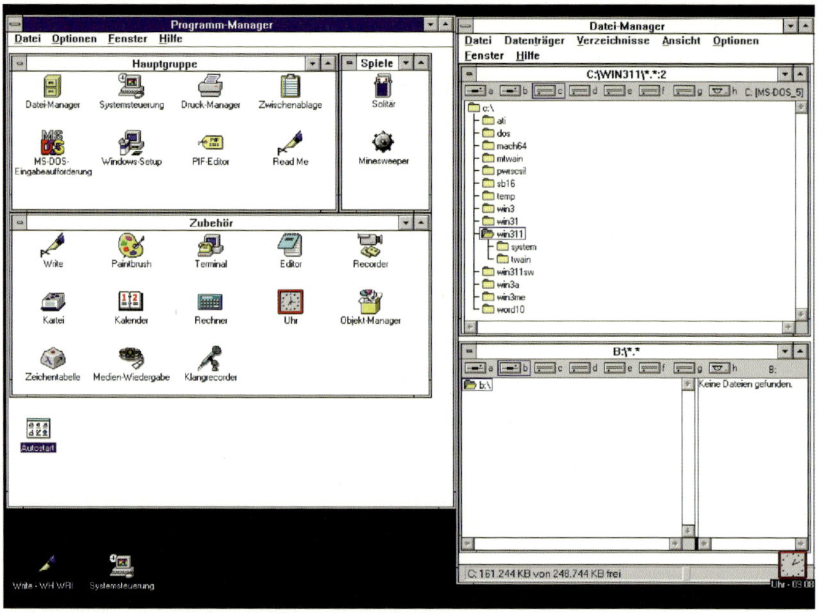

Abbildung 2.1.2
Erst für Windows 3.0 ab 1990 schrieben Programmierer Anwendungen in ausreichender Anzahl. Da auch die Office-Programme von Microsoft äußerst benutzerfreundlich liefen, begann der kommerzielle Aufstieg von Windows (Foto: Microsoft)

Ursprünglich hieß das System „Interface Manager", die Entwickler sprachen aber immer von den „Fenstern" und so entschied sich Microsoft für den Namen „Windows".

Erst Windows 3.0 verkaufte sich ab 1990 gut, vor allem da die Microsoft-Programme Word, Excel und Works bereits sehr benutzerfreundlich liefen und Dritthersteller Programme für Windows schrieben. Zu diesem Zeitpunkt arbeitete Microsoft auch schon an einem völlig neuen Betriebssystem, das die 32-Bit-Technologie und weitere Vorzüge des 80386-Chips nützen sollte: Windows NT.

1993 startete der Verkauf von Windows NT Workstation und Server, und zwar mit der Versionsnummer NT 3.1, da die aktuelle Windows-Version ebenfalls in dieser Version am Markt war. NT lief völlig eigenständig und setzte auch nicht mehr auf MS-DOS auf. Diese Basis ermöglichte es, die Anforderungen an ein modernes Betriebssystem bei Sicherheit, Netzwerktauglichkeit, Stabilität sowie Geschwindigkeit umzusetzen. DOS wurde vom neuen 32-Bit-System trotzdem in einer eigenen Umgebung unterstützt, ebenso ältere Windows-Anwendungen und OS/2.

Windows NT war für Business-Kunden konzipiert. 1996 erschien Windows NT 4.0 mit der Benutzeroberfläche von Windows 95. Eine der wesentlichen Änderungen in der Architektur bestand darin, dass einige Grafikkomponenten von der Benutzerebene (User Mode) in die Windows NT Executive ↻ verlegt wurden. Das erhöhte die Geschwindigkeit dieser wichtigen Funktionen, konnte sich aber nachteilig auf die Zuverlässigkeit auswirken, da diese Grafikfunktionen jetzt auch Zugriff auf Systemdienste einer unteren Ebene erhielten. Die NT-Architektur entwickelte sich schließlich zu Windows 2000 (NT 5.0) und XP (NT 5.1) weiter.

↻ s. Seite 57

Ebenso wie für Multimedia blieb das Windows NT der 90er-Jahre auch für Computerspiele ungeeignet, da zu diesem Zeitpunkt die Codes der Spiele direkt auf die Hardware zugreifen mussten. Genau dies wurde aber von Windows NT 4 aus Sicherheits- und Stabilitäts-Gründen ausgeschlossen und so entwickelte Microsoft parallel eine Endverbraucher-Schiene für Windows weiter.

Windows 95 war nicht zuletzt dank der enormen Marketing-Maßnahmen ein durchschlagender Erfolg. Zu den wichtigsten Vorteilen im Vergleich zur Vorgängerversion zählten die Benutzerführung, die 32-Bit-Architektur, Speicherschutz und in beschränktem Ausmaß das präemptive Multitasking ↻.

↻ s. Seite 57

Die Weiterentwicklung führte zu Windows 98, das Internet-Erweiterungen und Verbesserungen der Multimedia-Funktionalität enthielt. Außerdem war der Browser Internet Explorer 4.0 voll integriert und ließ sich nicht entfernen. Im Mai 1999 folgte eine überarbeitete Version, Windows 98 Second Edition (SE), die mit dem Service Pack 1 weitere Verbesserungen in den Bereichen Internet (Internet Explorer 5.0), Multimedia und USB bot.

Windows Me (Millennium Edition) erschien gegen Ende 2000, brachte aber technisch wenig Neues. Neben optischen Änderungen nahm Microsoft einige Funktionen vorweg, die ein Jahr später in Windows XP einflossen. So enthielt das System bereits ein Tool zur Systemwiederherstellung, das Programm „Komprimierte Ordner" mit ZIP-Funktionalität und einen Schutz der Systemdateien durch das Konzept „System File Protection". Der Windows Media Player war deutlich erweitert worden.

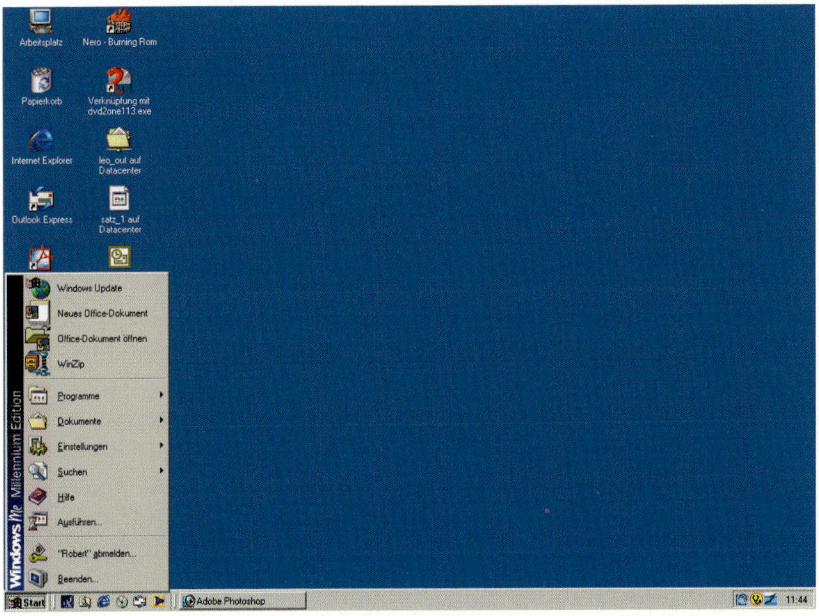

Abbildung 2.1.3
Windows Me kam im selben Jahr wie Windows 2000 Professional auf den Markt
(Foto: CDA Verlag)

Windows Me war nur kurz aktuell und verbrauchte relativ viele Ressourcen, ohne gravierende Vorteile gegenüber Windows 98 bieten zu können. Es wurde vielfach als die „unnötigste" aller Windows-Versionen bezeichnet.

Mit Windows 2000 erreichte die NT-Linie ihre nächste Stufe. Hier waren aber schon Weichen für Consumer-Anwendungen gestellt. Das System bot Unterstützung für Geräte aller Art und lief stabiler als seine Vorgänger. Wie schon NT 4.0 wurden die Versionen für Server und Workstation (Windows 2000 Professional) getrennt verkauft.

Im Herbst 2001 erschien Windows XP, das die interne Versionsnummer NT 5.1 trug, technisch also gegenüber Windows 2000 keine neue Version darstellte. Jetzt verschmolzen die Consumer- und die Business-Schiene von Windows in einem einzigen System. Wie zu erwarten, wurde XP auch das bestverkaufte Betriebssystem aller Zeiten. Zwar verkauft Microsoft immer noch zwei Varianten - eine Home- und eine Professional-Version - doch die Unterschiede halten sich in Grenzen. Bei XP Home fehlen etwa bestimmte Netzwerk-Funktionen und einige Optionen für detaillierte Konfigurationen sowie für die Verwaltung der Benutzerrechte.

Microsoft führte die zwingende Produktaktivierung ein, die eine lizenzwidrige Nutzung verhindern sollte. Neben diesem Punkt sorgten auch die zahlreichen versteckten Datenübertragungen für Diskussion, die Windows XP und hier vor allem der Media Player via Internet durchführten. Lange Zeit legte Microsoft nicht offen, welche Dateien genau übertragen wurden, und zu welchem exakten Zweck. Außerdem waren anfangs keine oder nur versteckte Möglichkeiten zum Abschalten dieser Datenübertragungen vorgesehen.

Anfang 2002 verlautbarte Microsoft-Gründer Bill Gates in einer e-Mail an die Belegschaft den Strategiewechsel hin zu mehr Sicherheit. In Windows selbst flossen wesentliche Resultate Mitte 2004 mit dem Service Pack 2 ein.

Windows Server 2003 (ursprünglich: NET Server) erschien als Server-Variante von Windows XP mit teilweise erneuertem System-Code und Aufbau eineinhalb Jahre nach der Client-Version.

↻ s. Kapitel 2.1.8

Für Ende 2006 ist die Markteinführung der nächsten Windows-Generation geplant. Windows Vista ↻ (Arbeitsname „Longhorn") wird den Code von Server 2003 verwenden, neue Technologien unterstützen und zahlreiche Unzulänglichkeiten von Windows XP beseitigen.

2.1.2 Technik

2.1.2.1 Die MS-DOS-Wurzeln

Die ursprüngliche Windows-Schiene setzte auf MS-DOS auf. Die Verwaltung des Dateisystems und der Dateizuordnung war bei MS-DOS relativ einfach und es konnte immer nur eine Aktion ausgeführt werden. Dies und andere Nachteile widersprachen den Anforderungen an ein modernes Betriebsystem. Zwar wurde parallel zu Windows auch seine Basis, MS-DOS, mit dem Notwendigsten immer weiter aufgerüstet, aber DOS blieb immer hinter den Möglichkeiten zurück, die moderne Prozessor-Architekturen boten. Die Entwicklungsfähigkeit war begrenzt und heute sind MS-DOS sowie die darauf aufbauende Windows-Generation Geschichte.

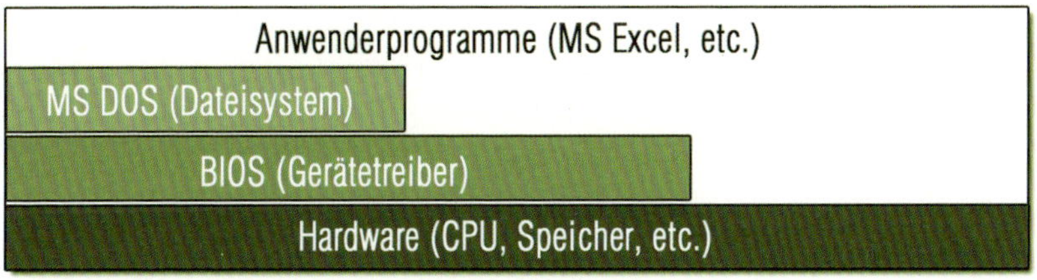

Abbildung 2.1.4 Grundlegender Aufbau der Abstraktionsschichten unter MS-DOS (Grafik: CDA Verlag)

2.1.2.2 Weg von der bremsenden Basis

In den ersten Versionen war Windows nur ein grafischer Aufsatz für das MS-DOS-System. Windows 3.0 setzte ebenfalls direkt auf MS-DOS auf. Die Trennung zwischen User-Mode und Kernel-Mode war zwar vorhanden, aber bei Weitem nicht vollständig. Das wirkte sich direkt auf Sicherheit und Stabilität aus, da der Schutz von wesentlichen Systemkomponenten durchlässig war. Außerdem konnten Programmierer den Code von Anwendungsprogrammen oder Spielen direkt auf die Hardware zugreifen lassen. Einerseits ermöglichte nur dies z.B. leistungsfähige Actionspiele mit aufwändigen Grafiken, andererseits konnte jedes Programm das gesamte System zum Absturz bringen.

↻ s. Seite 57

Was ist ein Kernel

Als Kernel bezeichnet man jene Bereiche und Funktionen des Betriebssystems, die für den Betrieb des Systems besonders wichtig sind. Idealerweise werden diese Software-Komponenten von anderen Programmen und Prozessen abgeschottet, Zugriffe erfolgen nur über streng reglementierte Schnittstellen.

Mit Windows 95 begann die Loslösung von MS-DOS, allerdings nur teilweise. Denn intern setzten Windows 95 und seine direkten Nachfolger immer noch auf MS-DOS auf.

Trotzdem warteten Windows 95 und seine Nachfolger mit deutlichen Systemvorteilen gegenüber den Vorgängern auf. Windows 95 war ein 32-Bit-System und beherrschte Multitasking, konnte also mehrere Anwendungen parallel abarbeiten. Es unterstützte vollständige 32-bit Protected-Mode-Versionen von TCP/IP, IPX/SPX und NetBEUI, womit Windows 9x-Rechner für bestehende Netzwerk-Standards tauglich waren. Anstelle der alten INI-Dateien wurde die Registrierungsdatenbank (Registry) zur Verwaltung von Treibern und Programmeinstellungen eingeführt, wie sie auch heute in Windows-Systemen üblich ist. Weitere Eigenschaften waren ein verbesserter Speicherschutz für Applikationen, die dynamische Cacheverwaltung, die für weniger Festplattenzugriffe sorgte, sowie der geschützte Modus für die Treiber.

Dazu kamen die Unterstützung des Plug and Play-Standards (PnP), der Hardware-Assistent sowie das damals neu eingeführte DFÜ-Netzwerk - alles Errungenschaften, die bis heute fixer Bestandteil von Windows sind.

Windows 98 erweiterte vor allem die Internet- und Multimedia-Funktionalität und fügte einige Zusatztools hinzu, die sich seither eingebürgert haben (Update-Funktion, Assistent zur Datenträgeroptimierung etc.). Technisch ist das FAT 32-Dateisystem zu erwähnen, das in Windows 98 als Standard integriert ist.

Was ist FAT 32 (File Allocation Table)

Dateisystem, das von Windows ab der Version 95b bis zu Me verwendet wird. Auch Windows XP läuft auf Wunsch vollständig unter FAT 32. FAT (**F**ile **A**llocation **T**able) bedeutet zu Deutsch die „Dateizuordnungstabelle". Sie enthält das Inhaltsverzeichnis eines Datenträgers in tabellarischer Form, wo auch die exakte physikalische Adresse einer Datei festgehalten ist. FAT wurde schon unter DOS verwendet. Der ursprüngliche Adressraum wurde allerdings zu knapp, Weiterentwicklungen führten daher über die 16 Bit-Version FAT 16 und deren Variante VFAT für Dateinamen mit maximal 255 Zeichen Länge bis zu FAT 32. Bei Wechseldatenträgern wie USB-Speicher oder Flash-Speicherkarten spielt FAT nach wie vor eine große Rolle, auf der Festplatte hingegen bietet beim Betrieb mit Windows XP das Dateisystem NTFS mehr Vorteile.

2.1.2.3 Windows NT-Linie

Mit Windows NT entwickelte Microsoft ein von Grund auf neues Betriebssystem. Es nutzte die Möglichkeiten moderner Mikroprozessoren und unterstützte Multitasking in Ein- oder Mehrbenutzerumgebungen. Die Entwicklung von NT führte bis zu Windows XP, das die interne Versionsnummer „NT 5.1" trägt.

Zu den wesentlichen Kennzeichen zählte die vollständige Trennung zwischen User- und Kernel-Modus. Nur dem Kernel war es erlaubt kritische, systemnahe Bereiche in einer tieferen Schicht anzusprechen (z.B. Hardware), Prozesse im Benutzermodus mussten dafür immer über den Kernel gehen.

So konnte das Betriebssystem wichtige Bereiche schützen - eine wichtige Voraussetzung also für Sicherheit und Stabilität.

Die Architektur von Windows NT war von Grund auf nach den Regeln moderner Betriebssystem-Technik aufgebaut. Die Gliederung in einzelne Schichten oder Ebenen etwa erfüllte die an sie gestellten Aufgaben besser, als die DOS-Varianten von Windows. Die Schichten erleichterten nicht nur die Austauschbarkeit einzelner Module, sondern vermittelten auch in kontrollierter Weise zwischen höher- und tieferliegenden Schichten, womit sich systemnahe und wichtige Bereiche besser schützen ließen. Dieses Konzept lag auch der Trennung zwischen dem erwähnten Benutzer- und Kernel-Mode zu Grunde.

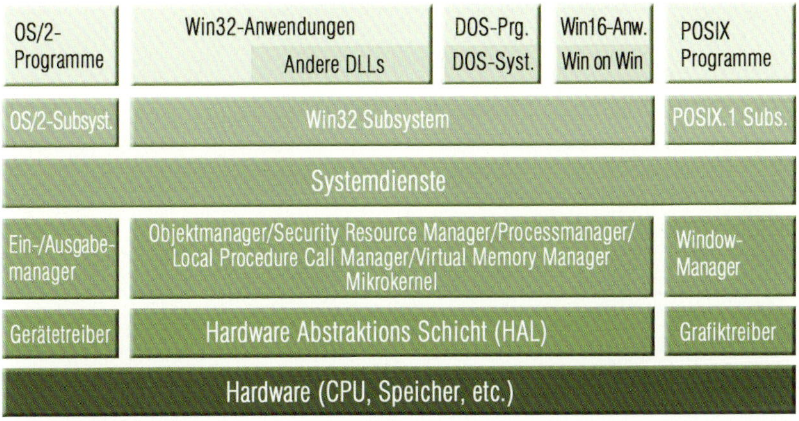

Abbildung 2.1.5
Vereinfachter Aufbau der Abstraktionsschichten unter Windows NT (Grafik: CDA Verlag)

Besonders wichtig war dabei, dass die Hardware vor Konflikten geschützt wurde, wenn verschiedene, voneinander unabhängige Anwendungen auf sie zugriffen. NT und seine Nachfolger waren für diesen Zweck mit einer lückenlosen Hardware-Abstraktions-Schicht (HAL) ausgestattet, über die alle Zugriffe liefen. Diese Kontrolle half bei der Vermeidung von Konflikten, stellte aber gleichzeitig universelle und vereinfachte Möglichkeiten für den Zugriff auf die Hardware bereit, die für alle Anwendungen galten.

2.1.2.4 Windows 2000 (W2K)

Windows 2000 unterschied sich im technischen Kern von den Vorgängerversionen nur in wenigen Aspekten, enthielt jedoch zusätzliche Dienste und Funktionen für die „verteilte Verarbeitung", also für die Verwaltung mehrerer Prozesse auf verteilten Computersystemen (Cluster). Das zentrale Element war dabei der verteilte Verzeichnisdienst „Active Directory". Durch den modularen Aufbau und die HAL (**H**ardware **A**bstraktions **L**ayer) war auch schon NT äußerst flexibel und dafür geeignet, auf einer Vielzahl unterschiedlicher Hardware-Plattformen zu laufen. Windows 2000 war zusätzlich Plug and Play-fähig und konnte mit den neuen Technologien und Geräten umgehen, die zum Teil aus dem Endverbraucher-Bereich stammten.

2.1.2.5 Windows XP

Die Architektur von Windows XP ist mit Windows 2000 weitgehend identisch. Neuerungen betreffen vor allem den optischen Bereich und die Benutzerfreundlichkeit. Dazu sind neue Tools wie etwa die Remote-Steuerung oder der Netzwerk-Assistent hinzugefügt worden.

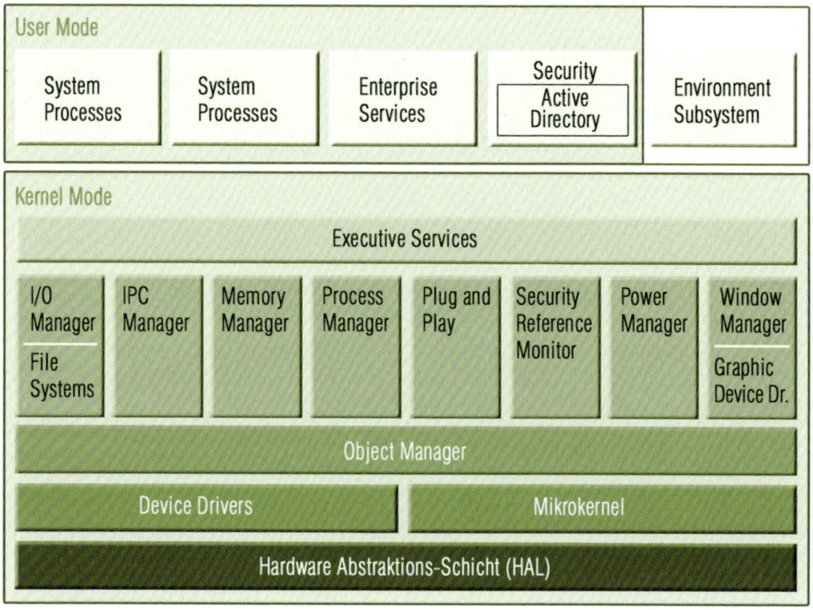

Abbildung 2.1.6
Architektur von Windows XP (Grafik: CDA Verlag)

Wichtige Sicherheitsfunktionen wurden mit dem Service Pack 2 nachgerüstet. Im Wesentlichen wurden dabei zahlreiche bisher offene Kommunikationskanäle innerhalb des Systems beschränkt. Mit diesem Service Pack wurde auch eine Überprüfung der wichtigsten Sicherheits-Komponenten eingeführt, sowie eine neue Speicherschutz-Funktion, die „Datenausführungsverhinderung". Diese schützt den Software-Code im Speicher, so dass bösartige Programme diesen nicht mehr so leicht verändern können. Darüber hinaus wurden zahlreiche weitere Sicherheitslöcher geschlossen.

Auch eine Version von Windows XP für 64-Bit-Prozessoren ist mittlerweile verfügbar.

Glossar Betriebssysteme

Multitasking

Multitasking ist die Fähigkeit eines Betriebssystems, mehrere Anwendungen gleichzeitig abzuarbeiten. Das System muss die Zuteilung mehrerer paralleler Aufgaben (Prozesse) an den Prozessor (CPU) so organisieren, dass möglichst wenig Wartezeit auf Ein- und Ausgabe entsteht und alle aktiven Anwendungen flüssig ablaufen.

Beim „kooperativen Multitasking" gibt ein Prozess die CPU selbstständig frei, der Verwaltungsaufwand für das Betriebssystem selbst ist relativ gering. Es besteht aber die Gefahr, dass ein fehlerhafter Prozess die anderen blockiert.

Beim „präemptiven" oder „verdrängenden Multitasking" sorgt das System selbst - konkret der „Scheduler" - für die Organisation der Prozess-Abarbeitung, er kann also einem Prozess jederzeit die CPU-Zeit entziehen. Dies sorgt in der Regel für mehr Stabilität und flüssigere Abarbeitung paralleler Anwendungen und Prozesse.

Verteilte Systeme

Zentrale Steuerung von mehreren Computersystemen, wie es vor allem in professionellen und spezialisierten Bereichen der Fall ist. Windows 2000 etwa ist für verteilte Systeme geeignet.

Windows-Executive

Dies ist der Block der Systemfunktionen der unteren Schichten des Windows-Betriebssystems (speziell NT/2000/XP). Diese Teile sind in der Regel vor Zugriffen von Anwendungen möglichst abgesichert, da sie für Sicherheit und Stabilität des Systems wesentlich sind. Diese Zugriffe erfolgen nur über klar definierte und kontrollierte Programmier-Schnittstellen. Windows-Executive stellt auch das Verbindungsglied zwischen Hardware und Anwendungsprogrammen dar.

User-Kernel-Mode

Trennung der Funktionsbereiche eines Betriebssystems in zwei verschiedene Bereiche. Auf Funktionen aus dem User-Mode (Benutzer Modus) können Anwendungen und Benutzer relativ frei zugreifen. Der Kernel enthält alle systemkritischen Funktionen (siehe Windows-Executive). Dieser Bereich ist so gut wie möglich abgeschottet, er schützt die Hardware und verhindert direkte Zugriffe oberer Schichten darauf, stellt aber auch Möglichkeiten für organisierte und kontrollierte Zugriffe bereit.

Speicherschutz

Dieses Konzept begrenzt die Kommunikationsfähigkeit zwischen einzelnen Bereichen eines Betriebssystems und soll vor allem systemnahe und für die Stabilität wesentliche Teile schützen. Die Trennung in einzelne Schichten eines Betriebssystems bzw. in User- und Kernel-Modus stellen Methoden des Speicherschutzes dar.

2.1.3 Ein System für alle - Windows XP

Windows XP beendet die Trennung, mit der für Heimanwender- und Profi zwei verschiedene Windows-Betriebssysteme verwendet wurden. Auf Basis des NT/2000-Systems wurden alle Heimanwender-Funktionen integriert.

Home- und Professional-Version unterscheiden sich nur geringfügig, in der Professional-Version stehen jedoch einige zusätzliche Dienste für Netzwerk-Funktionen zur Verfügung, die teilweise auch schon in Windows 2000 enthalten waren.

Zusätzliche Funktionen in der Windows XP Professional Edition

- Backup-Programm wird sofort mitinstalliert
- Arbeiten mit Offline-Dateien
- Integrierte Verschlüsselung auf Dateiebene (EFS=**E**ncryption **F**ile **S**ystem) für NTFS-Dateisystem
- Erweiterte Benutzerverwaltung
- Mehrprozessor-fähig (SMP=**S**ymmetric **M**ulti**p**rocessing)
- Anbindung an eine Domain
- Verwaltung von Benutzerrichtlinien

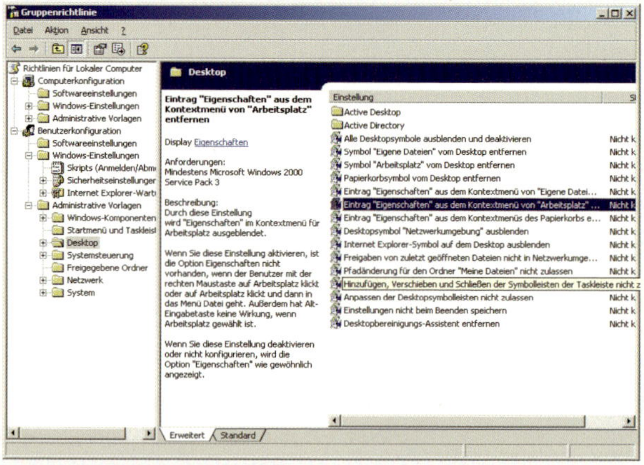

Abbildung 2.1.7
Die Unterschiede zwischen Home- und Professional-Version von Windows XP betreffen vor allem Netzwerk-Funktionen. Außerdem fehlt die Systemverwaltung über Snap-Ins, wie hier z.B. die Gruppenrichtlinien (Foto: CDA Verlag)

- Komplette Fernsteuerung mit Remotedesktop-Funktion

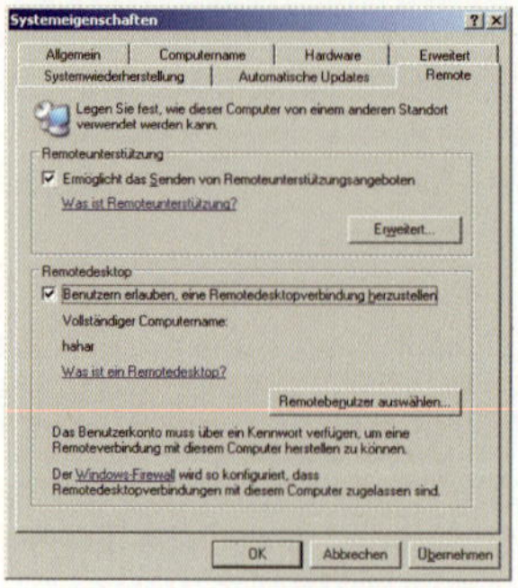

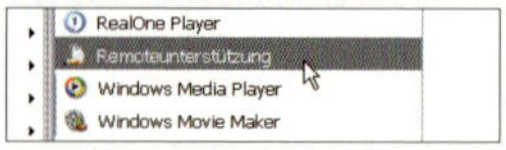

Abbildung 2.1.8
Windows XP Professional ist zusätzlich mit dem kompletten Fernsteuerungs-Programm (Remotedesktop) ausgestattet (Foto: CDA Verlag)

Für Tablet PCs ist mit der Windows XP Tablet PC Edition eine speziell adaptierte Version verfügbar, die vor allem Schrifterkennung und Stifteingabe besser unterstützt.

Eine weitere Spezial-Version von Windows XP wird Media Center PCs ↻ beigelegt. Sie enthält TV- und Radio-Funktionen, bietet komfortable Möglichkeiten zur Aufzeichnung von Sendungen und spielt Musik, Videos bzw. Fotos ab. Diese Features sind für die Anzeige und Steuerung via Fernseher bzw. Fernbedienung konzipiert.

↻ s. Kapitel 9.8

Die Editionen von Windows XP

- Home Edition
- Professional Edition
- Home Edition N (ohne Media Player)
- Professional x64 Edition
- Media Center Edition
- Tablet PC Edition
- Server Edition
- Advanced Server (8 CPU)

Windows XP lässt sich wahlweise auf dem Dateisystem FAT 32 oder NTFS ↻ installieren. NTFS bietet mehr Sicherheit und eine umfangreiche Verwaltung der Benutzerrechte, erlaubt eine einfach zu bedienende Windows-Datenkompression und bietet in der Professional Edition die Dateiverschlüsselung (EFS) und einige weitere kleine Vorteile.

↻ s. Seite 54

Das Schreiben von CD-R/RWs ist mit einer stark vereinfachten Brenn-Funktion möglich. Neu ist seit Windows XP auch die Mehrbenutzerfunktion, die Programme im Hintergrund auch dann weiter ausführt, wenn sich der Benutzer abmeldet oder sich ein neuer Benutzer anmeldet.

Eine Firewall ist seit Beginn in Windows XP enthalten, allerdings war sie vor allem für den Endanwender wenig benutzerfreundlich und nur unzureichend konfigurierbar. Dies änderte sich mit dem Service Pack 2 und die Firewall erfüllt seither zumindest die wichtigsten aktuellen Anforderungen.

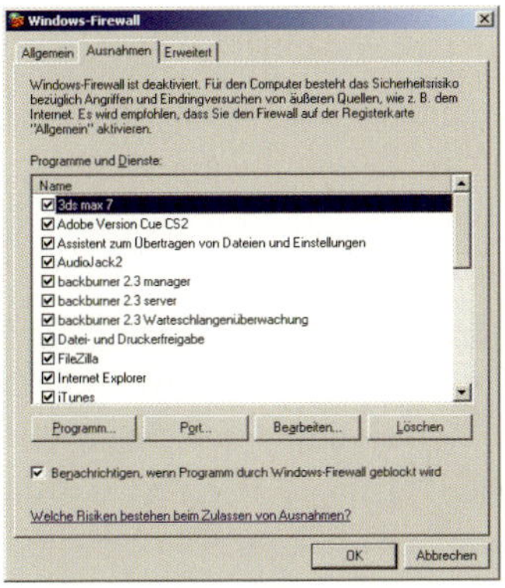

Abbildung 2.1.9
Die Firewall wurde mit Windows XP eingeführt, war aber erst mit dem Service Pack 2 ausreichend benutzerfreundlich (Foto: CDA Verlag)

2.1.4 Bedeutung und Marktstellung

Windows ist seit Mitte der 90er-Jahre das bestimmende Betriebssystem und lief Ende 2005 auf rund 95 Prozent aller Einzelplatzcomputer im Internet. Diese Anzahl sichert Microsoft weitreichende Marktmacht und ein so genanntes Quasimonopol für Betriebssysteme. Jede Entscheidung über Veränderungen in bestehenden und neuen Windows-Versionen betreffen daher nicht nur die meisten Computeranwender, sondern sind auch für die Hard- und Software-Industrie von unmittelbarer Bedeutung. Im positiven Sinn können neue Programme die Möglichkeiten von Windows oder der unterstützten Technologien nützen, im negativen Sinn sind schon einige Software-Firmen oder ihre Produkte aufgrund von Windows-Entwicklungen auf der Strecke geblieben, vor allem wenn Microsoft bisherige Dritthersteller-Funktionen in sein Betriebssystem selbst integriert hat.

Das bekannteste Beispiel lieferte Netscape mit seinem einstmals führenden Internet-Browser. Als Microsoft mit Windows 1998 seinen eigenen Browser, den Internet Explorer, fix mit dem Betriebssystem verwob, so dass ihn der Anwender nicht mehr entfernen konnte, hatte nicht nur Netscape, sondern auch die gesamte Konkurrenz bei Internet Browsern über Nacht keine Chancen mehr. Erst das Open Source-Projekt Mozilla Firefox kann seit 2004 wieder einen relevanten Marktanteil in diesem Bereich für sich verbuchen. Je nach Statistik wird der globale Marktanteil des Internet Explorers heute auf etwa 85 Prozent geschätzt, auf Webseiten mit IT-interessiertem Publikum sinkt dieser Wert allerdings auf 70, 60 oder manchmal gar auf 50 Prozent.

Microsoft wurde häufig Missbrauch der Marktstellung vorgeworfen, was auch zu zahlreichen Gerichtsverfahren mit unterschiedlichem Ausgang führte, unter anderem in den USA. Mit dem Media Player drohte Microsoft eine weitere Schlüsselstelle an sich zu reißen, er wurde ebenfalls fix im Windows-System verankert und ließ zahlreiche Konkurrenzprodukte außen vor. Schnittstellendefinitionen für Server-Systeme von Drittherstellern wurden ebenfalls zurückgehalten.

In einem Urteil des Europäischen Gerichtshofs wurde Microsoft aus diesen Gründen zu einer Geldstrafe von 497 Mio. Euro verurteilt. In einer weiteren Auflage des Urteils musste Microsoft eine Windows-Version ohne Media Player auf den Markt bringen und die exakten Schnittstellendefinitionen veröffentlichen.

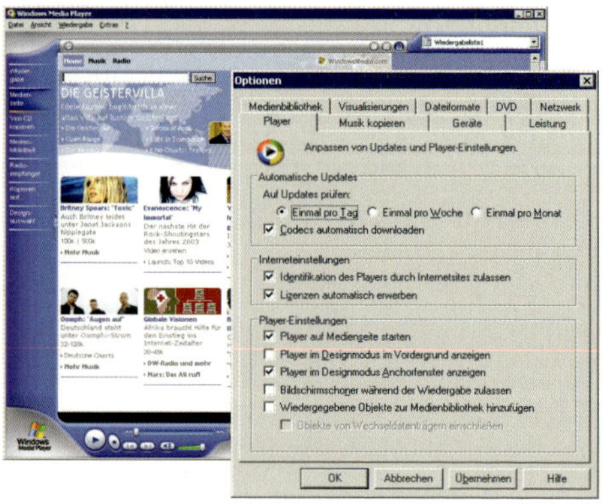

Abbildung 2.1.10 Der Media Player übertrug in der Version 7 eigenmächtig Daten via Internet, erst in späteren Versionen wurden datenschutzrechtliche Bedenken entschärft (Foto: CDA Verlag)

2.1.5 Windows Mobile (Windows CE)

Windows Mobile ist das Microsoft Betriebssystem für Handhelds, PDAs und SmartPhones. Nach wie vor gebräuchlich sind die Bezeichnungen früherer Versionen, wie etwa Pocket-Windows oder Windows CE (**C**ompact **E**dition). Geräte der Kategorie PocketPC sind für Mobile Windows als Betriebssystem konzipiert, Hauptkonkurrent ist Palm bei Handhelds bzw. Symbian bei Smartphones, Microsoft und Palm arbeiten aber seit kurzem bei einigen Projekten zusammen.

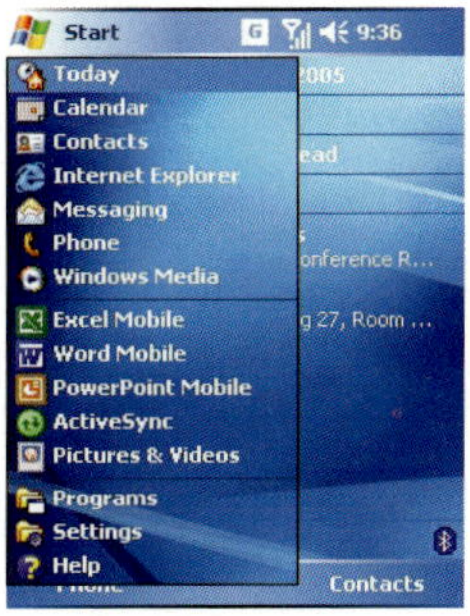

Abbildung 2.1.11
Windows Mobile 5
(Foto: Microsoft)

2.1.6 Schutz persönlicher Daten

Mit Windows XP führte Microsoft 2001 die zwingende Produktaktivierung ein. Das Betriebssystem war nur dann voll lauffähig, wenn es über das Internet oder Telefon freigeschaltet wurde. Diese zwangsweise Kontaktaufnahme sorgte für Kritik. Mittlerweile hat sich das Verfahren aber auch bei anderen Software-Herstellern eingebürgert.

Besonders hoch gingen die Wellen, da Windows XP selbständig Daten über das Internet versendete, und zwar völlig im Hintergrund. Vor allem der Media Player war werkseitig so eingestellt, dass er ständig Nutzerdaten übertrug, aber auch eine Funktion im Internet Explorer namens Alexa sammelte Daten über das Surfverhalten. Mit den üblichen Mitteln war dies nicht abzuschalten und der Anwender wurde auch nicht darauf hingewiesen.

Detaillierte Informationen über die Art der übertragenen Daten und den genauen Zweck bzw. die Weiterverwendung dieser Daten blieben lange Zeit aus. Dies wurde mittlerweile geändert. Die offiziellen Erläuterungen sind weniger vage und bei der Installation des Media Players stellt ein Dialogfenster dem Anwender die Entscheidung frei, ob das Programm Daten übertragen soll oder nicht.

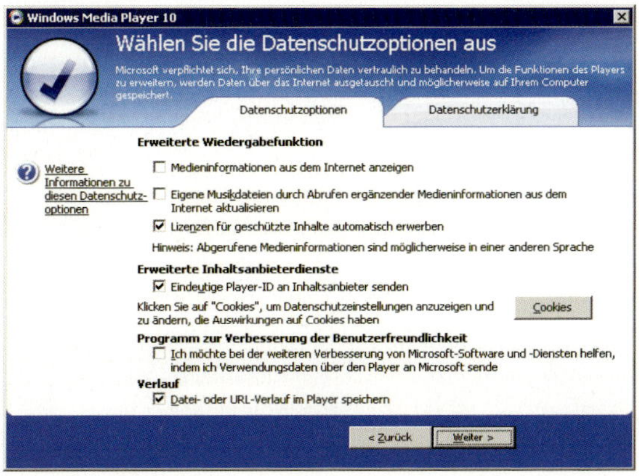

Abbildung 2.1.12
Bei der Installation des Media Player 10 kann der Anwender die automatischen Internet-Verbindungen im Hintergrund weitgehend selbst bestimmen
(Foto: CDA Verlag)

Im Rahmen der Maßnahmen gegen Raubkopien muss sich der Anwender allerdings neben der Produktaktivierung ein weiteres Mal bei Microsoft melden, nur mit einer „Identifizierung" des Betriebssystems sind aktuelle Updates möglich.

2.1.7 Sicherheit

Systembedingt waren die Sicherheitsprobleme bei Windows 95 und seinen Nachfolgern noch enorm. Die standardmäßig aktivierte Datei- und Druckerfreigabe etwa barg als potenzielles Einfallstor ein hohes Sicherheitsrisiko, ebenso wie die fehlende Benutzerverwaltung und damit der Schutz systemkritischer Bereiche. Das Windows NT-System war hingegen seit jeher für die Arbeit in Netzwerken konzipiert und gegen viele Gefahren von Anfang an besser geschützt, womit mit der allgemeinen Umstellung der Consumer-Linie auf Windows XP einige Probleme gelöst waren. Vor allem für Hacker wurde der Zugriff deutlich erschwert.

↺ s. Kapitel 8.2

Trotzdem gelangen weiterhin Viren in die Systeme, Hacker entwickelten neue Methoden und neue Bedrohungen wie Spyware, Spam oder Phishing ↺ entstanden. Mit ein Grund ist und bleibt natürlich die große Verbreitung an Windows-Systemen. Ähnlich wie in einer agrarischen Monokultur kann ein Virus sich auch hier leichter ausbreiten. Im Fall von Windows betrifft eine einzige von einem Virus ausgenützte Schwachstelle um die 90 Prozent aller Computer und 85 Prozent aller Internet Browser, vor allem da Firewall und Virenschutz vielerorts immer noch fehlen.

Windows setzt bei der Absicherung auf drei zentrale Säulen: Eine Firewall, ein Antivirenprogramm mit aktuellen Updates und das Einspielen der Windows-Updates. Firewall und automatische Update-Installation sind in Windows XP mit dem Service Pack 2 enthalten, für das Anti-Virenprogramm muss der Anwender selbst sorgen. Auf fehlenden Schutz in einem dieser Bereiche wird seit dem Service Pack 2 allerdings mit deutlichen Warnmeldungen hingewiesen.

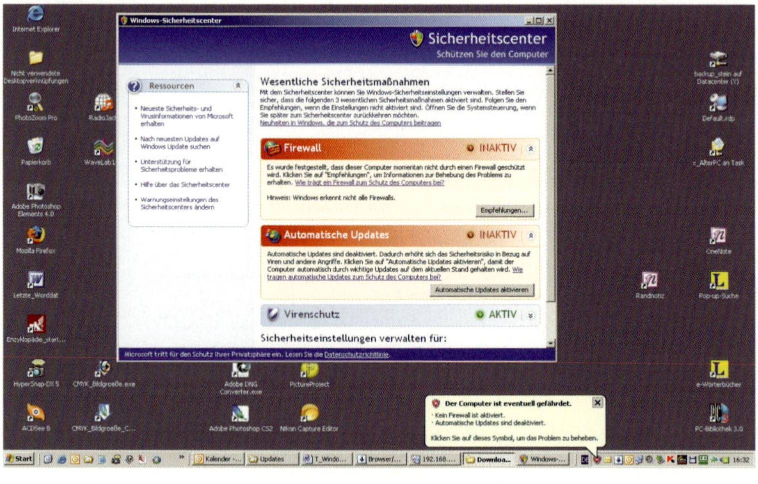

Abbildung 2.1.13
Die Warnmeldungen von Windows XP mit installiertem Service Pack 2 sollen die Anwender auf die drei wesentlichen Schutzmaßnahmen hinweisen
(Foto: CDA Verlag)

Sicherheitsprobleme beim Einfallstor „Internet Explorer" wurden nach und nach abgedichtet. In der Version 7 ist zusätzlich ein Anti-Phishing-Filter enthalten. Er kann in einem „geschützten Modus" verwendet werden, der die meisten Gefahren völlig ausschließt. Ein Antispyware-Programm steht zum kostenlosen Download auf den Microsoft-Webseiten bereit, im neuen Windows Vista wird dieses Tool bereits integriert sein.

Neben der Kombination aus Aufklärung und technischen Vorkehrungen spricht Microsoft von einem Paradigmenwechsel. Vorher war das Ziel, dem Anwender größtmögliche Freiheiten am PC zu gewähren, heute nimmt man ihm wieder einige seiner „Rechte" weg. Windows Vista etwa wird die Befugnisse des Benutzers weiter beschränken. Selbst als Administrator wird man für bestimmte Aufgaben, wie das Installieren von Programmen, immer wieder ein Passwort eingegeben müssen. Kritische Bereiche sollen so besser geschützt und potenziell gefährliche Aktionen noch einmal abgesichert werden.

Microsoft gibt auch zwei Sicherheits-CDs für Privatanwender bzw. für Unternehmen mit Analysetools heraus. Weitere Informationen von Microsoft zur Sicherheit sowie ein Lehrerhandbuch sind unter ***www.microsoft.com/austria/sicherheit/*** zu finden, für Privatanwender und den Bildungsbereich wurde die Seite ***www.sicher-im-internet.at*** eingerichtet. In Deutschland lauten die Adressen ***www.microsoft.com/germany/sicherheit*** bzw. ***www.sicher-im-netz.de***. Unabhängige Informationen über aktuelle Gefahren und Sicherheitslücken findet man auf den Webseiten der Hersteller von Antivirensoftware und von Computermagazinen.

2.1.8 Ausblick

2.1.8.1 Die neue Version

Mit Windows Vista soll Ende 2006 die nächste Generation auf den Markt kommen. Architektur und Codebasis setzen auf Windows 2003 Server auf, womit schon der technische Kern einige Verbesserungen gegenüber Windows 2000/XP-Systemen bieten kann.

2.1.8.2 Vista-Technik

Die „Kommunikationsschicht" besteht aus drei zentralen Komponenten, die auf der Basis (Fundamentals) des Betriebssystems aufsetzen.

- „Avalon" oder „Windows Presentation Foundation" bietet ein vereinheitlichtes Subsystem zur Darstellung. Die Erstellung, Bearbeitung und die Anzeige von Dokumenten, Medien und Benutzeroberflächen sollen damit für möglichst alle Anwendungen vereinheitlicht werden können.
- „Indigo" soll die Einbindung von Webservices für die Anbieter vereinfachen und fördern.

- Die Datenstorage-Lösung „WinFS" soll die Verwaltung von Daten und Metadaten in Windows deutlich verbessern und es mit den Vorzügen einer modernen Datenbank-Lösung ausstatten. Das bedeutet deutlich mehr Möglichkeiten und höhere Geschwindigkeit von Abfragen, Desktop-Suche und Organisation von Daten und Informationen am PC. WinFS soll aber erst 2007 mit der Longhorn Server-Version erscheinen und erst dann als Add-On für Vista zur Verfügung stehen.

Mit „WinFX" wird ein neues Programmiermodell als Weiterentwicklung von .NET und Win32 eingeführt, das die Vorteile von Windows Vista nutzen soll.

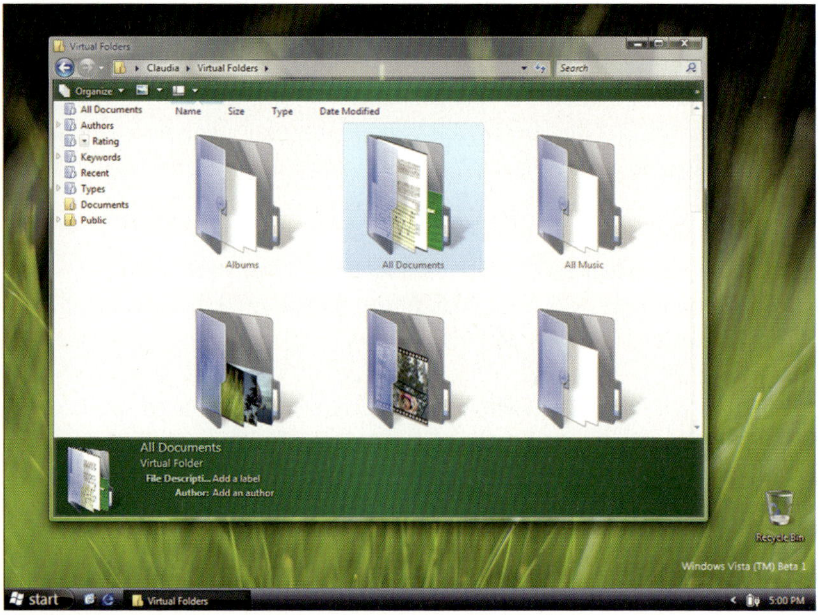

Abbildung 2.1.14
Windows Vista geht neue Wege bei der Dateiorganisation (Foto: Microsoft)

2.1.8.3 Konzept zur Leistungssteigerung

Die Benutzeroberfläche von Vista wird mit echten 3D-Eigenschaften ausgestattet. Um dem PC nicht allzu viel Leistung zu entziehen, teilt Vista die Berechnung der Benutzeroberfläche zwischen Prozessor und Grafikkarte auf. Damit werden die Ressourcen moderner Grafikarten besser ausgenützt, die sonst nur bei Spielen ihre volle Leistung entfalten müssen. Die gesamte Benutzeroberfläche wird außerdem vektorbasiert berechnet, womit ebenfalls Rechenleistung eingespart wird. Von Windows Vista wird also auch ein Geschwindigkeits-Vorteil erwartet.

2.1.8.4 Sicherheit

Zahlreiche neue Funktionen sollen Sicherheitsprobleme entschärfen, dazu entledigt sich das kommende Windows einiger Schwachstellen, die Funktionsweise und Benutzerfreundlichkeit bisher noch beeinträchtigt haben. Vom Windows Server 2003 wird die Snapshot-Funktion für Backup-Zwecke eingeführt, die mit Image-Dateien arbeitet. Von Dokumenten, an denen aktuell gearbeitet wird, kann jederzeit und vollautomatisch eine Sicherheitskopie auf einem geeigneten Backup-Medium abgelegt werden. Die komplette Festplattenverschlüsselung wird Daten vollständig vor unbefugten Zugriffen schützen. Sinnvoll ist dies bei Notebooks, die leichter gestohlen werden können.

Erleichtert wird auch die Verwendung zusätzlicher Sicherheitsmechanismen wie etwa Smartcards oder die biometrische Identifizierung, was den relativ anfälligen Schutz mit Passwörtern verbessert. Die bisher noch recht aufwändige Prozedur für diese Verfahren wird deutlich vereinfacht.

2.1.8.5 Benutzerfreundlichkeit

Zu den Verbesserungen der Benutzerfreundlichkeit zählen unter anderem neu gebündelte Einstellungs- und Verwaltungsdialoge. Das Netzwerk-Center etwa trägt der zunehmenden Zahl an verschiedenen Netzwerk-Anbindungen Rechnung und ist mit einem Synchronisations-Tool ausgestattet. Für die Vereinfachung des Systemstarts werden die Sicherheit des Ruhemodus und die Geschwindigkeit des Standbymodus kombiniert und zusammengefasst.

Das generelle Konzept für die Benutzerführung in Vista sei die „Ergebnis-orientierte Anwendung", wie Microsoft es nennt, im Gegensatz zum früher üblichen „Befehls-orientierten" Schema und zum „Aufgaben-orientierten" in Windows XP. Konkretes Beispiel: aus dem Befehl „Suchen" wurde später „Suchen nach... z.B. Dateien" und schließlich „Finden".

2.1.8.6 Umbruch bei der Dateiorganisation

Grundlegende Neuerungen betreffen die Dateiverwaltung und -organisation. Die Desktop-Suche wird voll integriert, so genannte „virtuelle Ordner" erleichtern die Bündelung von Dateien und Informationen nach bestimmten Kriterien und Metadaten werden besser unterstützt. Noch mehr Möglichkeiten soll die spätere Integration des WinFS-Moduls bringen.

2.1.8.7 Gadgets

In den „Gadgets" soll der Anwender seine persönlich bevorzugten Informationen zusammenfassen können. Wetterdaten oder bestimmte Nachrichten sind nur Beispiele dafür. Diese Gadgets können dann beispielsweise in der Sidebar angezeigt werden. Microsoft rechnet mit regen Aktivitäten bei den Anbietern solcher Informationen.

2.1.8.8 Universelle Metro-Dokumente

Unter dem Codenamen „Metro" wurde ein XML-basiertes Dokumentenformat (XML = **E**xtensible **M**arkup **L**anguage) entwickelt, das Anzeige und Druck der Dokumente auch ohne die Quellsoftware ermöglicht. Metro soll also die Kernaufgaben von PDF übernehmen, plattformübergreifend sein und wesentliche Funktionen für die Arbeit im Team ermöglichen. Die Erstellung von Metrodokumenten soll aus allen Anwendungen möglich sein.

2.1.8.9 Die Versionen

Das neue Windows wird in sieben verschiedenen Versionen erhältlich sein: Die Starter Edition wird mit stark eingeschränkter Funktionalität erscheinen, für Heimanwender sind die Home-Basic-Edition sowie die Home-Premium-Edition konzipiert, wobei letztere die Funktionen für Media Center PCs enthalten wird. Für den Geschäftsbereich wird die Small Business, die Professional und die Enterprise-Edition erhältlich sein. Die Windows Vista Ultimate Edition schließlich wird sämtliche Funktionen in sich vereinen. Features für den TabletPC werden in der Home-Premium und in weiteren Business-Versionen verfügbar sein.

In weiterer Folge:

Das langfristige und übergeordnete Ziel aller Windows-Entwicklungen ist die Umstellung vom 32-Bit-System auf 64-Bit.

An weiteren Windows-Generationen wird schon gearbeitet, die Informationen darüber beschränken sich aber auf wenige Ziele und Absichtserklärungen. Der Vista-Nachfolger trägt den Arbeitsnamen „Vienna". Neue Features könnten z.B. den Einsatz des PCs für die Steuerung im Haus (Heizung, Türöffner etc.) ermöglichen.

2.2 UNIX

2.2.1 Geschichtlicher Rückblick

UNIX kann man allgemein als Betriebssysteme bezeichnen, die entweder ihren Ausgang im Unix-System des nordamerikanischen Telefonkonzerns AT&T (**A**merican **T**elephone & **T**elegraph Corporation, ursprünglich Bell Laboratories) der 70er-Jahre haben oder dessen Konzepte implementieren.

UNIX ist ein eingetragenes Markenzeichen der Open Group, daher dürfen nur zertifizierte Systeme den Namen UNIX führen. Die Open Group bezeichnet den Zusammenschluss von Open Software Foundation und X/Open, um neue Industriestandards für UNIX zu entwickeln, die unabhängig von denen der Firma AT&T entwickelten Systemen sind.

Einige Open Group-Standards

- CDE (**C**ommon **D**esktop **E**nvironment - Desktop-Oberfläche für Unix-Systeme)
- **L**inux **S**tandard **B**ase (LSB) zusammen mit der Free Standards Group
- UNIX 95
- UNIX 98
- UNIX 03

UNIX wurde als ein leistungsfähiges Multitasking- und Multiusersystem in seinen Ursprüngen 1969 von dem US-amerikanischen Informatiker Kenneth Thompson und dem aus New York stammenden Dennis Ritchie entwickelt.

Das Multics-System (**Mult**iplexed **I**nformation and **C**omputing **S**ervice) ist ein für Großrechner entwickeltes Betriebssystem, das zwar als Vorläufer für die Entwicklung von UNIX (vorher Unics) hergenommen wurde, die Weiterentwicklung wurde jedoch eingestellt.

2.2.1.1 Wo lief die erste UNIX-Version?

Die erste Version von UNIX lief auf einer so genannten „DEC PDP-7", einem von der „Digital Equipment Corporation" hergestellten Rechner. Diese UNIX-Version wurde in einer speziellen Programmiersprache geschrieben, der so genannten Assemblersprache.

2.2.1.2 UNIX-Abkömmlinge

Das äußerst übersichtliche und strukturell einfache System war der Anstoß für viele User, eigene Ideen zur Weiterentwicklung einzubringen, und so mutierte UNIX in weiterer Folge zu einem beachtenswerten und konkurrenzfähigen Betriebssystem. Grundsätzlich standen weder Forschungs- und

Entwicklungsaufträge hinter diesem System, noch gaben einschlägige Werbestrategien der schnellen Verbreitung einen Impuls. Allein das Interesse der Benutzer trieb primär den Bekanntheitsgrad und somit die Userzahlen in die Höhe.

2.2.1.3 Übertragung auf nicht kompatible Systeme - Portierung auf C

Um das System **portierbar** zu machen, entschied Kenneth Thompson zusammen mit Dennis Ritchie, anfangs der 70er-Jahre das gesamte UNIX-System in die maschinennahe und damit sehr schnelle Programmiersprache „C" umzuschreiben.

Was ist Portieren

Portieren ist das Übertragen eines Programms auf ein nicht kompatibles System. Mit dem Portieren werden alle notwendigen Änderungen vorgenommen, um z.B. ein Betriebssystem wie UNIX auf neuen Hardwareplattformen lauffähig zu machen.

Nach dieser Entwicklung gestaltete sich die Portierung von UNIX als Quelltext auf verschiedene Hardwareplattformen wesentlich leichter und ließ die Anzahl der UNIX-Installationen stetig anwachsen.

2.2.2 Wesentliche UNIX-Linien

Anfang 1980 entstanden zwei wesentliche Entwicklungslinien, weil das UNIX-System sowohl an der Berkeley University of California als auch bei Bell Laboratories (AT&T) weitere Entwicklungsschritte nahm. Daneben gab es zahlreiche weitere UNIX-Derivate, z.B. die frei erhältlichen Systeme „Free BSD" und diverse Linux-Derivate.

- **„BSD" - Berkeley Software Distribution der Berkeley University of California**
  Da der Name UNIX von AT&T geschützt war, wurde der Name „BSD" verwendet. Diese Version des Betriebssystems UNIX basiert auf UNIX Sixth Edition (V6) und UNIX Seventh Edition (V7), die ab späteren Versionen den Universitäten zum Preis der Datenträger zur Verfügung gestellt wurden. Des Weiteren war aber auch damit die Erlaubnis gegeben, den Quellcode einzusehen und zu modifizieren. In den aktuellen BSD-Distributionen ist kein Quellcode von AT&T mehr vorhanden.
- **„System V" von AT&T**
  Das „System V" wurde erstmals als Nachfolger von UNIX v7 veröffentlicht und liegt in der Version System V Release 4.2 vor.

Das AT&T UNIX „System V", Release 2 brachte viele Verbesserungen gegenüber dem System III und natürlich wurde damit die Attraktivität des Systems bei möglichen Kunden erhöht. Weiterführend wurde Xinu veröffentlicht und

SunOS 1.1 kam auf den Markt. Auf der Basis der Berkeley Software Distribution (BSD) und der Version System V Release 4.2 (SVR4) wurden von mehreren Computer-Herstellern eigene Derivate (abgeleitete UNIX-Versionen) entwickelt.

Abgeleitete UNIX-Versionen einiger bekannter Firmen

Firma	Betriebssystem
DEC (Digital Equipment Corporation)	ULTRIX (1982)
Technologie-Konzern Hewlett-Packard	HPUX (neueste Version HP-UX 11i v2)
IBM (International Business Machines)	AIX
SUN Microsystems	SunOS, Solaris
SGI (Silicon Graphics Incorporated)	IRIX

Richard Matthew Stallman gründet die FSF

Als Gegenbewegung auf die fortschreitende Kommerzialisierung kündigte der US-amerikanische Informatiker Richard Matthew Stallman das GNU-Projekt an (freie Alternative zu UNIX) und gründete 1985 die „**F**ree **S**oftware **F**oundation" (FSF). Stallmann definierte den Ausdruck „**Freie Software**" und das Copyleft (Gegenteil von Copyright) und versuchte damit, die Freiheiten der Softwareentwicklung sicherzustellen.

2.2.3 UNIX Multitaskingsystem

Was ist Freie Software (Open Source)

„Freie Software" kann kopiert, verändert, studiert, benutzt und weitergegeben werden. Der Quellcode (engl. source code) oder Programmcode ist frei zugänglich. Werden diese Freiheiten vor allem durch Lizenzen eingeschränkt, wird die Software als „proprietär" (ähnlich urheberrechtlich geschützt) oder unfrei bezeichnet.

UNIX ist ein Multitaskingsystem, welches das Aufrufen mehrerer Prozesse gleichzeitig auf einem Rechner ermöglicht. Da in den meisten Fällen jedoch nur ein Prozessor als Herzstück (CPU - Abkürzung für „**C**entral **P**rocessing **U**nit") im Rechner arbeitet, teilt dieses System die gesamte Rechenzeit der CPU in Zeiteinheiten (Zeitscheiben) auf.

Bei diesem so genannten Multitasking wird der Zeitraum in Scheiben definierter Zeiteinheiten unterteilt. Deswegen nennt man das Modell einer Zeitscheibenverwaltung präemptives (prä=vor /im Sinne von „vorrangig") Multitasking ↻.

↻ s. Seite 57

Bei dieser Form hat das Betriebssystem die vorrangige Kontrolle über den Prozessor ohne Mitwirkung des angeforderten Prozesses.

Der wesentliche Unterschied zu anderen Multitasking-Systemen besteht darin, dass der Scheduler (quasi eine übergeordnete Instanz) die Kontrolle über die Rechenzeit steuert und dadurch festlegt, welches Programm wann und wie lange ausgeführt wird. Somit ist der Scheduler (engl.: Disponent, Planer) ein grundlegendes Element des Betriebssystems.

Das UNIX-System organisiert die Verteilung der vorhandenen Ressourcen auf mehrere scheinbar gleichzeitig ablaufende Prozesse. Scheinbar deswegen, weil die verschiedenen Prozesse im Millisekundenbereich abwechselnd aktiviert werden. Die Ressourcenverteilung betrifft beispielsweise:

- Prozessorleistung
- Programme
- Hauptspeicher
- Hintergrundspeicher
- externe Speicher
- Drucker
- Scanner usw.

Das Multitasking-System von Microsoft-Windows beispielsweise ermöglicht es einem angeforderten Prozess, die gesamte Rechenleistung eines Systems zu übernehmen und sie erst wieder durch das Ende des Programms zur Verfügung zu stellen. Diese Möglichkeit ist für Einzelanwender durchaus empfehlenswert, in einem System, in dem viele User gleichzeitig Zugriff haben müssen, ist diese Form jedoch nicht denkbar.

2.2.3.1 Multitasking - Zusammenfassung

- Mehrere Aufgaben können zur gleichen Zeit abgearbeitet werden, die Anzahl der Prozessoren (CPUs) spielt dabei keine Rolle. Möglich ist gleichzeitiger Zugriff auf eine Datei, den Arbeitsspeicher, ein Gerät und die Rechenleistung des Prozessors.
- Prozessorleistung und Arbeitsspeicher (RAM) werden entsprechend zugeteilt.
- Der User kommuniziert interaktiv mit dem Rechner.
- Die Aufgaben werden im „Hintergrund" abgearbeitet (Batch-Prozess - engl. „batch" = Stapel). Prozesse werden als „Stapel", d.h. genau nacheinander, abgearbeitet.

2.2.4 UNIX Multiusersystem

UNIX war von Anfang an ein Multiusersystem und bietet daher die Möglichkeit, den gleichzeitigen Zugriff durch mehrere Benutzer am gleichen Computersystem zu gestatten. Multitasking ist eine Voraussetzung für diese Eigenschaft.

Alle User können ihre Daten und Ressourcen frei wählbar für den Zugriff durch andere Benutzer freigeben oder auch sperren.

Somit muss sich der User beim System mit Namen anmelden und mit einem Passwort den Anmeldevorgang bestätigen. Jeder angemeldete User ist somit mit der UserID identifiziert.

Jeder User ist auch Mitglied von mindestens einer Gruppe, wobei die Gruppenanzahl im System beliebig sein kann und intern jeweils wiederum eine GroupID besitzt.

Grundsätzlich bieten Gruppen weitere Möglichkeiten an, um entsprechende nutzereigene Konfigurationen der Zugriffsrechte zu erstellen.

2.2.4.1 Eigenschaften des UNIX Multiusersystems

- Mehrere Benutzer haben gleichzeitigen Zugriff auf den Rechner.
- Durch Sicherheitsmechanismen sind die Benutzer voneinander getrennt.
- Jeder Benutzer besitzt seinen eigenen Arbeitsbereich.
- Der gleichzeitige Zugang wird über mehrere direkt angeschlossene Terminals oder über das Netz ermöglicht.

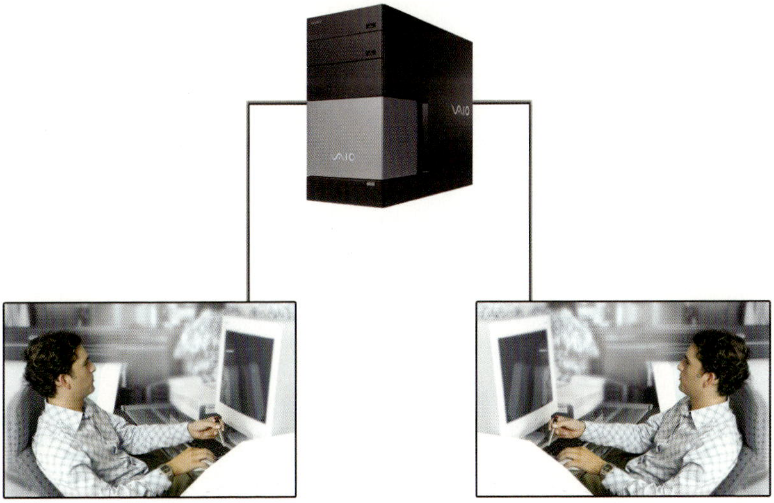

Abbildung 2.2.1
In einem Multiusersystem haben mehrere Benutzer gleichzeitig Zugriff auf den Rechner (Grafik: CDA Verlag)

2.2.4.2 Sicherheit

Um Systemeinschränkungen verwalten zu können, ist es nötig einen Systemverwalter (root) zu integrieren. Dieser besitzt immer eine bestimmte UserID. Root besitzt somit alle Rechte und steht quasi außerhalb des Sicherheitssystems. Er kann auch theoretisch mit einem Befehl das System zerstören.

2.2.5 Die Struktur von UNIX

Zur Verdeutlichung der Zusammenarbeit verschiedener Komponenten in einem Rechnersystem wird allgemein ein Schalen- oder Schichtenmodell verwendet. Dabei werden die einzelnen Komponenten in Form von Schalen oder Schichten dargestellt. Die Grenzen zwischen den einzelnen Schalen werden dabei als Schnittstellen bezeichnet. In der folgenden Abbildung wird das UNIX Schalenmodell gezeigt.

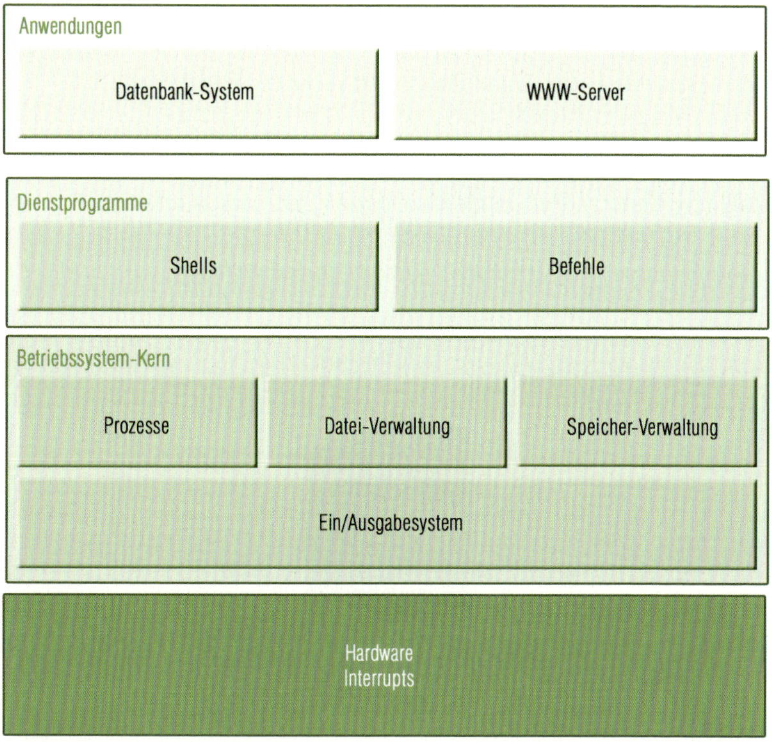

Abbildung 2.2.2
Das UNIX Schalenmodell
(Grafik: CDA Verlag)

2.3 Mac OS

2.3.1 Geschichtlicher Rückblick

Die Entwicklung zum heutigen Betriebssystem von Apple fand ihren Anfang im Jahre 1984. Bevor Steve Jobs die Ära des Macintosh Computers und des Mac Systems einläutete, musste die Firma mit „Lisa" die ersten Flops wegstecken. Obwohl Lisa keinen kommerziellen Erfolg brachte, erwies sich dieser Computer als Meilenstein in der Computergeschichte, da er der erste intuitiv bedienbare PC mit Maus und dem Betriebsystem Lisa OS, das einige integrierte Applikationen mitlieferte, war. Trotz allem war der Anschaffungspreis von rund 15.000 Euro für den Massenmarkt zu hoch.

Der Macintosh übernahm das Konzept von Lisa und passte es an ein leistungsfähiges und zugleich leistbares Gerät an. Mit der Markteinführung des sehr erfolgreichen Rechners Apple Macintosh erschien auch die Systemsoftware 1.0, die nur als System bezeichnet wurde und noch keinen eigenen Namen hatte. Der Speicherplatz dieser Software betrug damals lediglich 216 Kilobyte, wobei wichtige Bestandteile des Systems in einem ROM-Speicher enthalten waren um Arbeitsspeicher zu sparen. Das mitgelieferte Textverarbeitungsprogramm Mac-Write bot mit einem Speicherbedarf von 30 Kilobyte schon eine grafische Oberfläche mit WYSIWYG (**W**hat **y**ou **s**ee **i**s **w**hat **y**ou **g**et).

Nach den Systemen 2.0, 3.0 und 4.0, die hauptsächlich Verbesserungen in der Performance und Bugfixes brachten, kam mit der Version 4.2 im Oktober 1987 eine spektakuläre Neuerung, der Multi-Finder. Er ermöglichte es, mehrere Anwendungen gleichzeitig zu betreiben und zwischen diesen hin- und herwechseln zu können.

Zwei Jahre später erschien das System 6.0.0, das Apple so fortgeschritten erschien, dass man die Version 5.0 ausließ. Aber erst bei dem im Mai 1991 erschienenen System 7 kann man wirklich von einem generalüberholten Betriebssystem reden. Es war zwar leistungshungrig, bot aber eine schnell und einfach zu bedienende Benutzeroberfläche. Das Update 7.1 musste erstmals käuflich erworben werden. Die Begeisterung hielt sich bei der Mac-Gemeinde natürlich in Grenzen.

System 7.6, erstmals mit der Bezeichnung „Mac OS", brachte im Januar 1997 ein schnelleres Hochfahren des Rechners, mehr Stabilität sowie Grafik-Routinen von QuickDraw 3D. Ein Systemprogramm ermöglichte es, sich Hinweise in Dialogfeldern mittels Computerstimme vorlesen zu lassen.

Das System Mac OS 8.0 sollte Apples Antwort auf Windows 95 werden. Die Einführung verschob sich jedoch um einige Jahre und es kam im Sommer 1997 auf den Markt. Die Benutzeroberfläche glänzte in einem modernen 3D Look, zusätzlich war es möglich die Farben von Menüs und Fenstern sowie das Schreibtisch-Hintergrundbild benutzerdefiniert zu gestalten. Das System 8 verkaufte sich mit seinen zahlreichen neuen Funktionen besser als alle vorhergehenden Betriebssysteme von Apple.

Im Herbst 1998 erschien Mac OS 8.5, das unter anderem ein neues Dateisystem namens HFS+ sowie ein nochmals erneuertes Aussehen mit neuen Icons und optimierten Listen-Ansichten bot.

Ein neues Programm zur Verwaltung der Passwörter und eine automatische Software-Aktualisierung bot die letzte Version vor OS X. Erhältlich war die Systemversion 9.0, die auch als letztes klassisches Mac OS bekannt ist, im Oktober 1999. Nach einigen Updates begann dann die Ära des gänzlich neu konzipierten Mac OS X.

2.3.2 Mac OS X

Offiziell wurde das gänzlich erneuerte Mac OS am 24. März 2001 eingeführt. Bis zu diesem fortschrittlichsten Betriebssystem aller Zeiten war es ein langer Weg.

↻ s. Kapitel 2.2

Die Entwicklungsgeschichte von Mac OS X, als UNIX-basiertes Betriebssystem wird erst dann nachvollziehbar, wenn man auch die Geschichte von UNIX ↻ mit einbezieht. Als die Firma AT&T den Code von UNIX frei zugänglich gemacht hatte, kam es zur Entwicklung einer Vielzahl weiterer UNIX-Distributionen (z.B. Linux). UNIX hat sich als Standardsystem für vernetzte Hochleistungs-Rechner fest etabliert. Heute ist Linux (ein UNIX basierendes System) die am weitesten verbreitete Server-Software überhaupt. Ein Beispiel als Hinweis für den UNIX-Ursprung von Mac OS X ist der integrierte Apache Web Server.

Mit Mac OS X hat Apple ein ebenso leistungsfähiges wie universell einsetzbares UNIX-System mit der durchdachten und zugleich kinderleicht zu handhabenden Benutzeroberfläche des früheren Mac OS geschaffen.

2.3.2.1 Das Schichtenmodell von Mac OS X

Mac OS X besitzt ein Schichtenmodell, wobei jede Schicht sich mit der anderen verbinden kann. Die nötigsten Bestandteile (Treiber usw.) sind im Mach-Kernel, dem Hauptmodul des Modells, enthalten. Das Kernel-Environment stellt die Kommunikationsverbindung zur Hardware her, während die anderen Prozesse getrennt ablaufen. Eine Schicht höher liegen die Core-Services, die für die nicht-grafischen Dienste zur Verfügung stehen. Darüber befinden sich die so genannten Application-Services, die für den grafischen Aufbau zuständig sind. Als letzte Schnittstelle gelten die APIs (**A**pplication **P**rogramming **I**nterfaces), die eine Sammlung verschiedener Schnittstellen für Programme beinhalten. Der Vorteil dieses Modells ist, dass zahlreiche Funktionen, die ein Programm benötigt, nicht neu programmiert werden müssen, sondern von einem der Services zur Verfügung gestellt werden. Typische Bestandteile des Betriebssystems, wie Menüs, können zum Beispiel mit einer simplen Anfrage an die Programm-Umgebung erstellt werden und müssen nicht durch einen speziellen Code erzeugt werden.

Abbildung 2.3.1
Das Schichtenmodell von Mac OS X (Grafik: CDA Verlag)

2.3.2.2 Das Grafiksystem von Mac OS X

Zu den Highlights von Mac OS X gehört auch das bislang in seiner Leistung unerreichte Grafiksystem. Die drei fortschrittlichsten Grafik-Technologien Quartz, OpenGL und QuickTime, sind unter anderen dafür verantwortlich, dass Mac OS X zum Lieblingswerkzeug unter Grafikern und Designern gehört.

Quartz bietet einen Window-Server, der einen schnellen Fenster-Aufbau, Multi-Layer-Composing und geräteunabhängige Farb- und Pixeltiefe beinhaltet. Der Window-Server repariert automatisch beschädigte Fenster, indem er sie in den Pufferspeicher lädt. Zusätzlich wird mit Quartz eine Bibliothek zur optimierten Grafik-Aufbereitung für zweidimensionale Bilder zu Verfügung gestellt.

Aufbauend auf dem plattformübergreifenden PDF-Format kann Quartz hochwertige Texte und Grafiken mit Kantenglättung anzeigen und ausdrucken. Somit kann man als Anwender jederzeit PDF-Dokumente generieren und speichern.

Zur Darstellung der in Mac OS X einzigartigen Bildschirm-Effekte verwendet Quartz Multi-Layer-Compositing. Diese Technologie ersetzt das traditionelle Switch-Modell herkömmlicher Fenster-Systeme mit dem Video-Mixer-Modell, das die Nutzung jedes einzelnen Pixels aller Fenster erlaubt.

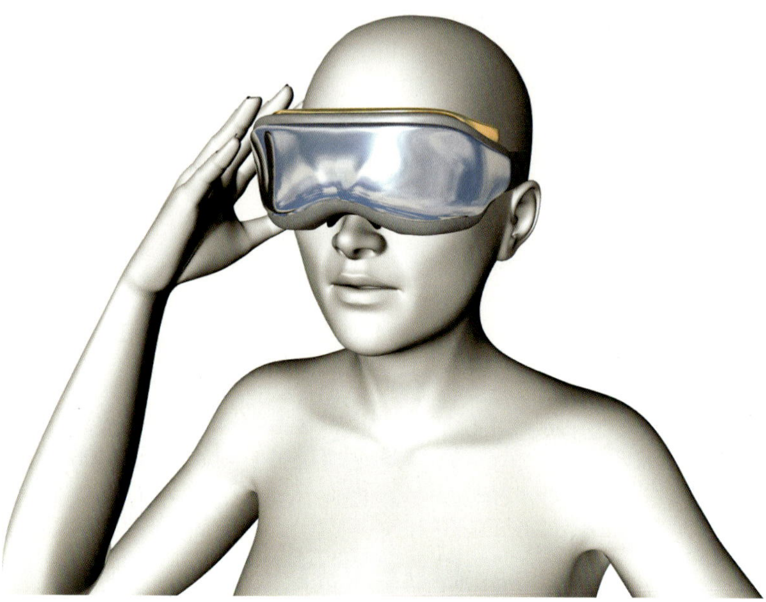

Abbildung 2.3.2
Durch den OpenGL-Standard wird die Darstellung komplexer 3D-Objekte in Echtzeit ermöglicht (Foto: CDA Verlag)

Für die dreidimensionalen Grafiken verwendet das Betriebssystem eine optimierte Version des OpenGL-Grafikstandards, der auch in Microsoft Windows enthalten ist.

Der OpenGL-Standard beschreibt etwa 250 Befehle, welche die Darstellung komplexer 3D-Szenen in Echtzeit erlauben. Der verwendete OpenGL-Code ist sehr portabel und bringt Einheitlichkeit bei der Erzeugung visueller Effekte in allen Programmen. Er stellt somit eine solide Grundlage für die Visualisierung von zwei- und dreidimensionalen Räumen dar, wobei unter dem neuen OS für ein verbessertes Speicher-Management gesorgt wurde.

2.3.2.3 Quicktime

Die von Apple entwickelte Quicktime-Technologie ist natürlich fest in Mac OS X integriert. Quicktime ermöglicht es, einen kompletten Produktionsprozess von der Aufnahme bis zur Ausgabe auf einer Medienplattform durchzuführen. Durch die Allroundfunktionalität kann man damit Ton, Animationen und Grafiken bearbeiten, optimieren und speichern.

Dazu verfügt Quicktime über ein großes Repertoire an Manipulations- und Interaktionsmöglichkeiten wie zum Beispiel bei Quicktime-VR-Panoramen.

Was ist ein Quicktime-VR-Panorama

Quicktime-VR-Panoramen simulieren einen dreidimensionalen Raum, in dem sich der Benutzer interaktiv in alle Richtungen drehen kann.

Bereits über 80 Prozent sämtlicher Inhalte von Internet-Medien werden von dem Quicktime-Plug-In für Webbrowser unterstützt. Natürlich steht Quicktime als plattformübergreifendes Format auch für Microsoft Windows ab Version 95 in vollem Umfang zur Verfügung.

2.3.2.4 Aqua-Benutzeroberfläche

Die neu gestaltete Benutzeroberfläche wurde vor allem mit dem Ziel entwickelt, intuitive Bedienung zu gewährleisten. Die Reflexionen und Schlagschatten auf diversen Oberflächenelementen erinnern an Wassertropfen. Bei Programmen, die in irgendeiner Weise mit der Hardware kommunizieren, verwendet Apple für seine Fenster gebürstetes Metall als grafisches Element.

Abbildung 2.3.3
Praktisch und elegant – die Aqua-Benutzeroberfläche von Mac OS X 10.4 (Foto: Apple)

2.3.3 Bedeutung und Marktstellung

Mac OS ist nach Windows mit einem Marktanteil von ca. 4%, das zweithäufigste Betriebssystem auf dem Consumer Markt. Wegen seiner grafisch herausragenden Anwendungen findet die Software in Verbindung mit Apple Hardware vor allem in der Medien- und Designindustrie Anwendung. Aber Apple will nun auch den Massenmarkt erobern. Mit dem Mac mini wurde erstmals ein ultrakompaktes und preisgünstiges Gerät auf den Markt gebracht, das Windows Benutzer zum Wechsel veranlassen soll.

2.3.4 Ausblick

Am 10. Januar 2006 hat Steve Jobs die ersten Macs mit Intel-Prozessoren vorgestellt. Da Apples Computer vorher mit IBM Prozessoren ausgestattet waren, musste das Betriebsystem 10.4 auf die X86 Architektur umgeschrieben werden. Im Sommer 2006 will man die komplette Produktpalette auf Intel umgestellt haben, wobei einige neue Innovationen enthalten sein werden. Bis die Dritthersteller-Software auf die so genannten Universal Binaries umgeschrieben wird, dauert es wohl noch eine Weile. Ende 2006 soll das neue Apple Mac OS 10.5 (Codename „Leopard") auf dem Markt vorgestellt werden, das mit Universal Binaries, gleichermaßen auf Intel und IBM Macs laufen wird. Eine Installation von Windows auf Apple Rechnern wird aber trotz X86 Architektur, wegen eines auf dem Intel Mainboard verlöteten **T**rusted **P**latform **M**oduls (TPM) nicht möglich sein.

Abbildung 2.3.4
Der im Januar 2006 erschienene Apple iMac besitzt bereits einen Intel-Prozessor (Foto: Apple)

2.4 Office & Co

2.4.1 Geschichtlicher Rückblick

Office-Anwendungen zählten schon in den 80er-Jahren zu den ersten und zentralsten Programmen auf dem PC, sie waren bereits in den Anfängen für die massenhaften Verbreitung des Personal Computers mitverantwortlich. Auch in dieser Sparte hält Microsoft mit seinen Programmen eine Schlüsselstelle besetzt, geschätzte 90 Prozent oder 400 Millionen Anwender nutzen die Microsoft Office-Anwendungen. Vom strategischen Standpunkt aus gesehen ist das Office-Paket beinahe ebenso wichtig wie das Betriebssystem und dazu auch noch äußerst einträglich.

Aufgrund dieser Marktmacht orientieren sich direkte Konkurrenten wie Sun bzw. OpenOffice.org, Lotus oder Corel zwangsweise an den Microsoft Office-Produkten, aber auch die Entwickler von Software aus umgebenden Bereichen kommen kaum daran vorbei.

Die bekanntesten Office-Pakete

- Microsoft Office
- Star Office
- OpenOffice.org
- Lotus SmartSuite
- Corel WordPerfect Office

Die Kernfunktionen haben sich seit etwa 1990 nur bedingt weiterentwickelt, die Benutzerfreundlichkeit wurde hingegen deutlich verbessert. Der Schwerpunkt bei neuen Entwicklungen konzentriert sich seit Jahren beinahe ausschließlich auf den Geschäftsbereich und auf vernetzte Arbeitsgruppen und Teams. Für den Einzelkämpfer am PC halten sich die revolutionären Fortschritte in Grenzen. Die aktuellen Trends gehen in Richtung einer verbesserten Integration zwischen den einzelnen Office-Programmen sowie, in Verbindung mit anderen Anwendungen, Vereinfachung des vernetzten Arbeitens in Teams und Strukturierung der gespeicherten Informationen in den Office-Dateien.

Zu den bedeutenden Entwicklungsschritten bei Office-Programmen zählte in jüngster Zeit die volle Unterstützung des XML-Standards. Star Office und OpenOffice waren die ersten, die ihre Daten in einem XML-Schema speicherten, womit plattform- und anwendungsunabhängiger Datenaustausch grundsätzlich ermöglicht wird. Microsoft Office zog mit der Version 2003 kurz darauf nach.

Eine weitere Hürde auf dem Weg zum zukunftssicheren und flexibel weiterverarbeitbaren Office-Dokument könnte die Bemühung um einen offenen Dokumentenstandard nehmen. Star- und Open-Office setzen ab der Version 2 bzw. 8 auf den universellen Industrie-Standard „OpenDocument Format for Office Applications", Microsoft hat wiederum für die Version Office 12 sein eigenes Format konstruiert, das den Namen „Microsoft Office Open XML" trägt und kostenfrei lizenziert werden soll.

2.4.1 Kern-Bestandteile

Die Basis-Ausstattung eines Office-Pakets enthält heute zumindest eine Textverarbeitung, ein Tabellenkalkulations- und ein Präsentationsprogramm. Je nach Hersteller und Zielgruppe kommen manchmal spezielle Programme für grafische Bearbeitungen und Layouts bzw. mathematische Formeleditoren oder in besser ausgestatteten Suiten auch einfache Datenbankprogramme dazu. Mit „Outlook" ist jede Microsoft Version auch mit einem persönlichen Organisationsprogramm (PIM = **P**ersonal **I**nformation **M**anager) ausgestattet.

2.4.1.2 Textverarbeitung

Textverarbeitungsprogramme waren ursprünglich als Ersatz für die Schreibmaschine gedacht, werden aber auch heute noch großteils dafür eingesetzt. In diesem Fall besteht der Haupt-Vorteil darin, dass sich der Text jederzeit ändern, löschen und ergänzen lässt.

Aktuelle Anwendungen dieser Sparte bieten jedoch wesentlich mehr Möglichkeiten. Zu den zentralen Funktionen zählen etwa die Formatierung von Text, die Arbeit mit Formatvorlagen, die auch zur Strukturierung des Textes dienen, das direkte Erzeugen von HTML-Dateien oder die automatische Erstellung von Inhaltsverzeichnissen, aber auch die Verwaltung von Fußnoten oder Stichwortverzeichnissen sowie individuelle Automatisierung von Arbeitsabläufen mittels Makros. Die Rechtschreibprüfung und die automatische Silbentrennung können individuell angepasst werden. Außerdem sind Funktionen für Serienbriefe, Tabellen, Felder sowie Dokumentvorlagen heute Standard.

Für die Seitengestaltung bringen moderne Textverarbeitungen zahlreiche Fähigkeiten eines DTP- oder Layout-Programms mit und können diese in Einzelfällen ersetzen. Trotzdem bleiben DTP-Anwendungen für diese Aufgaben letztendlich die benutzerfreundlichere Alternative, vor allem für umfangreichere Dokumente und bei häufiger Verwendung.

2.4.1.2 Tabellenkalkulation

Tabellenkalkulationen sind ein wesentlicher Bestandteil einer Office-Suite und dienen zur Sammlung, Verwaltung und Bearbeitung von Daten, vor allem aber von Zahlen. Mit Hilfe von Formel-Funktionen können Berechnungen aller Art durchgeführt werden. Damit ist auch die Automatisierung von sich wiederholenden Schritten möglich, da Änderungen der Ausgangswerte auf Wunsch automatisch in die Ergebnisse einfließen. Eine Diagramm-Funktion bereitet Zahlenreihen grafisch auf, die Grundform der Diagramme kann der Anwender frei auswählen und in bestimmten Grenzen manuell nachbearbeiten.

Der User kann also Listen, Tabellen und Berechnungen individuell gestalten und nach seinen Bedürfnissen erstellen und bleibt dabei äußerst flexibel. Einmal erstellte Vorlagen können für ähnliche Aufgaben immer wieder verwendet und von Fall zu Fall geringfügig adaptiert werden. Man kann mit der Tabellenkalkulation auch Datenbanktabellen verwalten, allerdings sind Möglichkeiten und Umfang beschränkt.

Ausgangspunkt ist das so genannte „Arbeitsblatt" (englisch „spreadsheet"), eine Tabelle mit durch Zeilen und Spalten exakt definierten Feldern (= Zellen), wo die Daten eingegeben und gespeichert werden. Die Datei selbst kann aber auch mehrere Tabellenblätter enthalten, deren Daten untereinander verknüpft sein können.

Beispiele für typische Berechnungsfunktionen sind SUMME, ANZAHL, RUNDEN, TANGENS, SINUS, ZINSEN, MITTELWERT, VARIANZ und zahlreiche weitere. Daneben lasssen sich über die „Funktionen" auch Datumswerte bestimmen (z.B. HEUTE, womit immer das aktuelle Datum eingetragen wird). Besondere Bedeutung haben die „Logik-Funktionen" wie etwa WENN, WAHR, FALSCH usw. Damit lassen sich Bedingungen festlegen, unter denen eine weitere Funktion oder Aktion angewandt wird. Diese Bedingungen bezieht der Anwender auf andere Zellen, die er durch Zeilennummer und Spaltenbezeichnung definiert.

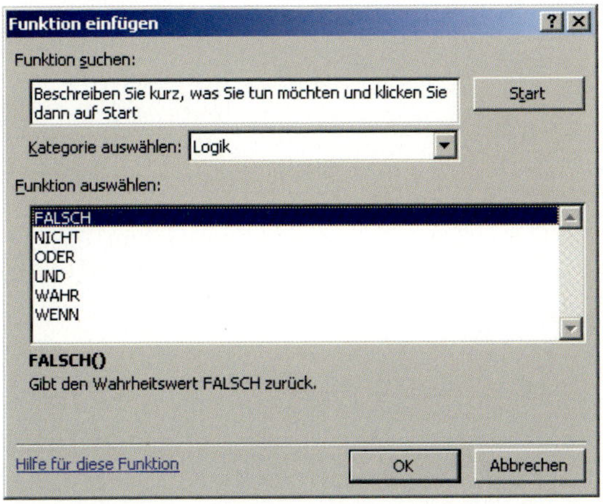

Abbildung 2.4.1
Die logischen Bedingungen zählen zu den wichtigsten Funktionen einer Tabellenkalkulation (Foto: CDA Verlag)

Für das Kopieren und Verschieben von Formeln und Funktionen ist auf die Unterscheidung von „bedingten" und „unbedingten" Bezügen zu achten. In den Formeln werden bestimmte Zellen oder Zellbereiche angegeben, die als Ausgangsdaten für die Berechnung herangezogen werden. Ist dieser Bezug als „unbedingter" gekennzeichnet, greift er immer auf die gleiche Zelle als Datenquelle zurück, egal ob die Funktion in eine andere Zeile kopiert bzw. verschoben wird oder nicht. Ein bedingter Bezug hingegen passt sich automatisch an. Wird die Formelfunktion etwa in die darunter liegenden Zellen kopiert, ändern sich auch automatisch die Quellbereiche und wandern nach unten. In Excel werden unbedingte Bezüge beispielsweise mit einem Dollar-Zeichen gekennzeichnet. Steht es vor der Spaltenbezeichnung, bleibt die Spalte fix, egal wohin die Formel auch wandert (z.B. $B2). Steht sie vor der Zeilennummer, bleibt die Zeile unverrückt (B$2). Soll sich die Formel immer genau auf die ursprünglich festgelegte Zelle beziehen, wird je ein Dollar-Zeichen vor Zeile und Spalte gesetzt (B2).

2.4.1.3 Präsentationsprogramme

Auch ein Präsentationsprogamm zählt heute zur Standard-Ausstattung, zumindest in kleinem Umfang. Die Präsentationen dienen der einfachen grafischen Unterstützung für Vorträge mit Schlagworten, Grafiken oder Bildern, die via Bildschirm oder Beamer abgerufen werden. Es können aber auch Abfolgen einzelner Folien erzeugt werden, die automatisch ablaufen und vielfach auch mit Überblend-Effekten versehen werden können.

„Microsoft PowerPoint" ist das bekannteste Produkt dieser Kategorie, weitere Vertreter sind „Impress" aus der OpenOffice-Suite bzw. StarOffice. Corel Office ist mit „Corel Presentations" ausgestattet und die SmartOffice Suite stellt „Lotus Freelance Graphics" bereit.

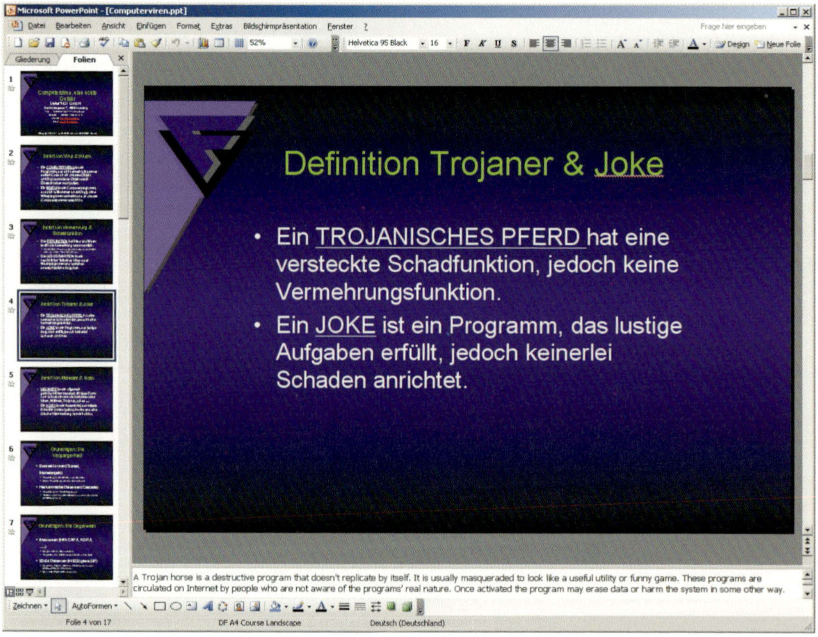

Abbildung 2.4.2
Microsofts Powerpoint ist das bekannteste Präsentationsprogramm (Foto: CDA Verlag)

2.4.1.4 Datenbanken

Ein Datenbank-Programm ist meist in den besser ausgestatteten Office-Paketen zu finden. MS Office ist nur in den Versionen „Professional" und „Developer" mit dem Datenbankprogramm „Access" ausgestattet. Star Office enthält die Datenbank „Adabas D" und seit der Version 2.0 ist auch die kostenlose Suite OpenOffice.org mit dem Datenbankmodul namens „Base" versehen. In der Regel sind diese Module SQL-fähig.

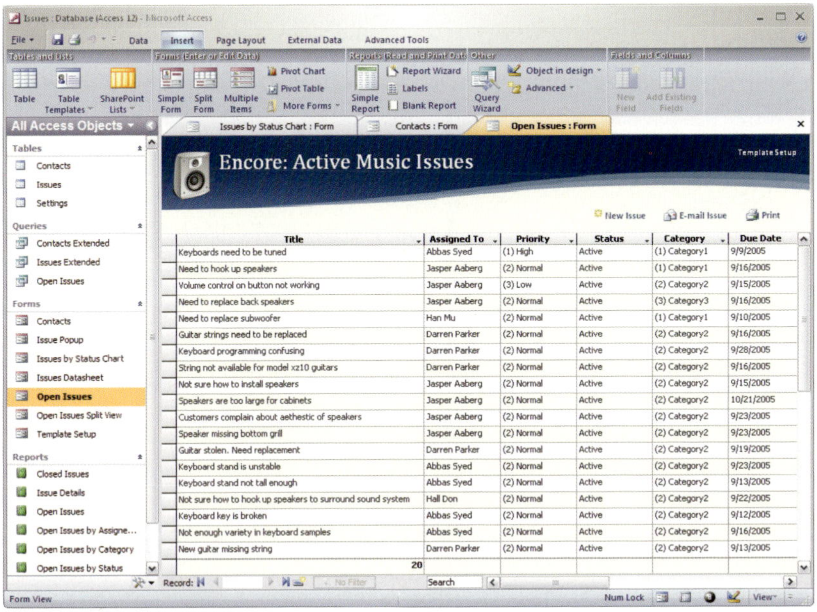

Abbildung 2.4.3
Datenbankanwendungen zählen schon zu den professionelleren Office-Anwendungen. Im Bild ein Screenshot von Access aus der Beta-Version von Microsoft Office 12 (Foto: CDA Verlag)

2.4.1.4 HTML-Editoren

Besser ausgestattete Office-Pakte enthielten in den letzten Jahren auch WYSIWYG-HTML-Editoren (z.B. Microsoft Front Page oder die Editoren von StarOffice/OpenOffice). Dieser Trend ist eher rückläufig, wobei die Textverarbeitung die Gestaltung von einzelnen HTML-Seiten für die Darstellung im Browser übernehmen kann.

2.4.1.5 Organisations-Programme

Programme für die Organisation von Terminen, Adressen, Aufgaben, Zeitmanagement oder auch für e-Mails sind nicht immer Bestandteil einer Office-Suite. Diese so genannten **P**ersonal **I**nformation **M**anager (PIM) werden oft als eigene Programme vertrieben und zählen auch zur wesentlichen Software-Ausstattung von Handhelds und PDAs. In Microsoft Office deckt Outlook diese Funktionen für den PC ab, ein weiterer Vertreter ist der Lotus Organizer. Diese Programme gehen mittlerweile aber weit über die Basis-Funktionen von Organizern hinaus.

Eine solche integrierte Version hat den Vorteil, dass die Bearbeitung und Verwaltung der Office-Dateien selbst eingebunden ist, zumindest in beschränktem Ausmaß. Die e-Mail-Funktionen wiederum lassen einen vereinfachten Datenaustausch zu und können auch für die gemeinsame Arbeit an Office-Dokumenten Vorteile bringen. Ebenso wie z.B. MS Outlook, das den Abgleich von Terminen und Adressdaten in Arbeitsgruppen erleichtert, stehen solche Funktionen grundsätzlich auch für Office-Dokumente zur Verfügung.

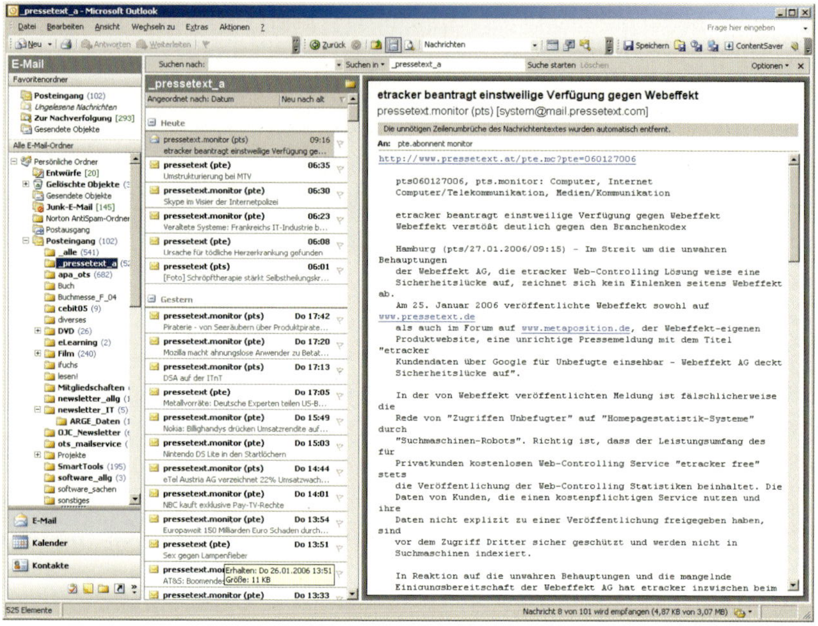

Abbildung 2.4.5
Die Verwaltung von Terminen, Aufgaben, Kontakten und auch der e-Mails übernimmt in MS Office das Modul „Outlook"
(Foto: CDA Verlag)

2.4.2 Weitere Anwendungen für den Office-PC

2.4.2.1 Layout- (DTP) und Grafikanwendungen

Ein gefälliges Layout lässt sich mit den meisten der modernen Textverarbeitungsprogrammen verwirklichen. Sie eignen sich eher für große Textmengen mit wenigen Grafiken. Je wichtiger Layout und Grafik werden, desto flexibler und auch produktiver fährt man mit spezialisierten Programmen. Adobes InDesign oder QuarkXPress werden professionell eingesetzt, sind aber trotzdem noch eher leicht zu bedienen. Speziell für Office-Anwender bietet Microsoft den semiprofessionellen Publisher an, der auch teureren Versionen der Microsoft Office-Suite beiliegt. Weitere Vertreter sind Corel Ventura oder Greenstreets Publisher. Lange Zeit hat PageMaker dieses Produktsegment beherrscht, Adobe entwickelt diese Software jedoch kaum mehr weiter und baut stattdessen auf InDesign.

Mit zunehmender Verbreitung der Digitalfotografie werden auch Bildbearbeitungsprogramme für Office-PCs ein Thema. Vollprofessionelle Werkzeuge wie Adobe Photoshop eignen sich aber nur dann, wenn man die Bedienung ohnehin schon beherrscht. Meist wird man ein kleines, einfach zu bedienendes Programm wählen.

2.4.2.2 e-Mail ↻

↻ s. Kapitel 7.3.1

Welches e-Mail-Programm verwendet wird, wird manchmal von der IT-Infrastruktur einer Firma und den dort verwendeten Server-Lösungen bestimmt (z.B. Microsoft Exchange Server). Bei klassischen e-Mail-Zugängen ohne weitere Ansprüche hingegen ist der Client nicht so wesentlich. Wichtig bleibt nach wie vor das Sicherheitsthema sowie die Abwehr von Spam oder Phishing-Mails, wenn dies nicht der Server selbst erledigt.

2.4.2.3 Desktop Search

Eine relativ neue Anwendung sind Desktop-Suchmaschinen. Da die gespeicherten Daten immer umfangreicher und unübersichtlicher werden, helfen sie bei der Suche nach Informationen in den verschiedenartigen, unstrukturierten Dateien auf dem PC. Desktop-Suchmaschinen werden von Google, Microsoft, Copernic, Yahoo und einigen anderen Firmen angeboten und sind derzeit kostenlos. Windows Vista wird ab Ende 2006 eine Reihe zusätzlicher Techniken zur Strukturierung und Desktop-Suche enthalten, ebenso die Version 12 von Microsoft Office.

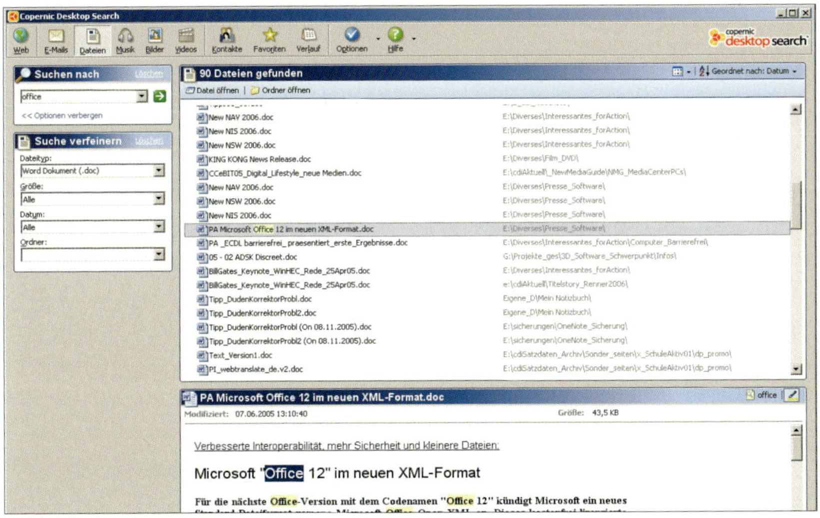

Abbildung 2.4.6
Desktop-Suchmaschinen verändern den Umgang mit Daten und Informationen am PC
(Foto: CDA Verlag)

2.4.2.4 Das PDF-Format

Programmeigene Dateiformate sind nur in Verbindung mit der Original-Software konsistent. Mit dem PDF-Format werden Dokumente hingegen auf jeder Plattform und auf jedem Druck gleich dargestellt und ausgegeben. Das Format hat sich mittlerweile als Standard etabliert, durch die kostenlose Verteilung des Acrobat Readers von Adobe gilt es auch als zukunftssicheres Archivierungsformat. Für die Erstellung von PDF-Dateien bzw. für die Umwandlung eines Dokuments ist grundsätzlich eine kostenpflichtige Software wie etwa Adobe Acrobat nötig. Jedoch sind in den neuen Versionen von OpenOffice bzw. Star Office entsprechende Funktionen für die programmeigenen Dokumente schon enthalten, und auch Microsoft hat dies für seine Version 12 ab Mitte 2006 angekündigt.

Unter dem Codenamen Metro will Microsoft ein neues, offenes und plattformübergreifendes Dokumentenformat einführen, das viele der Vorteile bieten soll, die derzeit dem PDF-Format vorenthalten sind.

2.4.3 Ausblick

Office-Programme zählen zur fixen Basis jedes PCs. Die Anwendungen selbst sind bereits äußerst ausgereift, die Arbeit mit Textverarbeitung, Tabellenkalkulation oder Präsentationsprogramm zählt zu den Basiskenntnissen für den Benutzer.

Für diese klassischen Bereiche finden sich in neuen Versionen nur wenige Neuentwicklungen, die Entwickler konzentrieren sich eher auf den hochprofessionellen Geschäftsbereich, auf Verbesserungen für das gemeinsame Arbeiten an Office-Dokumenten sowie auf flexiblere Dateiformate für die Weiterverarbeitung der enthaltenen Daten. Microsoft zum Beispiel stellt sein Office-Paket offiziell als eine technische Basis, als Plattform dar, auf die Anwendungen aufsetzen können. Ein Office-Paket kann daher immer mehr als „Anwendungs-Betriebssystem" gesehen werden, das grundlegende Dienste für weitere Office-Programme bereitstellt und verwaltet.

Dafür sind vor allem offene, plattformübergreifende Dateiformate nötig. Microsoft wurde immer wieder für seine proprietären Office-Dateiformate kritisiert. So behielt der Konzern die uneingeschränkte Kontrolle über die Weiterverarbeitung der darin gespeicherten Informationen, was jedoch Millionen von Anwendern betrifft. Mit der Ankündigung eines offenen und kostenlos lizenzierbaren Office-Formats scheint Microsoft diese Politik endlich aufzugeben. Laut einer von Microsoft in Auftrag gegebenen Studie kämpfen die meisten Anwender mit der Fülle an Informationen auf dem PC, die in verschiedensten Dateitypen unstrukturiert abgelegt sind. Rund 80 Prozent der Informationen in Office-Dateien seien völlig unstrukturiert und somit schwer aufzufinden und zu nutzen. Die Verbesserung dieses Zustandes sei einer der Schwerpunkte künftiger Entwicklungen.

Sollten mobile Geräte oder TabletPCs zunehmend Einzug halten, sind auch hier Neuerungen und Erweiterungen zu erwarten. Vor allem aber das Internet könnte künftig eine absolut zentrale Rolle für Office-Anwendungen spielen, indem die Programme ausschließlich als Webdienst zur Verfügung gestellt werden und die lokale Installation auf dem PC selbst gar nicht nötig ist. Dies wäre in etwa vergleichbar mit den Webmail-Diensten, wo die e-Mail Verwaltung vollständig über das Internet läuft. Dienste wie diese werden für Office-Anwendungen bereits angeboten, allerdings bleibt abzuwarten, ob die Zuverlässigkeit einer rein lokalen Installation erreicht wird und ob die Anwender es zulassen, auch bei grundlegenden Office-Arbeiten von einer funktionierenden Internetverbindung abhängig zu sein.

3

Peripheriegeräte

Foto: Canon

3.1 Drucker

Im Rahmen der täglichen Arbeit am PC werden Informationen in erster Linie auf einem Monitor dargestellt. Um diese Informationen auch auf Papier und damit unabhängig von einem Computer verfügbar zu machen, ist im Alltag eine Ausgabe von Texten, Tabellen, Schaubildern oder Rechenergebnissen auf Papier unerlässlich. Dafür ist ein Drucker notwendig, der sowohl im Privatbereich als auch in der Ausbildungs- und Berufswelt Teil einer kompletten PC-Ausstattung ist. Wichtige Leistungsmerkmale eines Druckers sind die maximale Auflösung in dpi (**d**ots **p**er **i**nch / Punkte pro Zoll), die maximale Seitenleistung pro Minute (in der Regel nicht bei höchster Qualitätseinstellung), das Ausgabeformat (DIN A4, DIN A3 ...) sowie die Eignung zum Fotodruck.

Je nach Anwendungszweck und Stand der Technik haben sich im Laufe der Zeit verschiedene Funktionskonzepte für PC-Drucker entwickelt. Grundsätzlich unterscheidet man zwischen berührungsfreien Druckern und Anschlagdruckern.

3.1.1 Matrixdrucker

In der ersten Gruppe haben heute noch die Matrixdrucker eine gewisse Bedeutung, wenn es darum geht, ohne zusätzlichen Arbeitsgang Durchschläge im Bereich von Rechnungs- oder Lieferformularen zu produzieren. Der Druckkopf eines Matrixdruckers erzeugt jedes Zeichen auf dem Papier aus einer Reihe (Matrix) von kleinen Stiften, von denen jeweils eine gewisse Anzahl gegen ein Farbband gedrückt wird. Mit Multicolor-Farbbändern lassen sich auf diese Weise auch Farbdrucke erstellen. Je größer die Anzahl der Stifte pro Zeichen, desto besser ist die Auflösung des Druckers. Trotzdem sind der Ausgabequalität im Vergleich zu anderen Drucktechnologien Grenzen gesetzt. Außerdem sind die Geräte im Betrieb durch den Stiftanschlag vergleichsweise laut. Matrixdrucker waren in der Zeit der ersten PCs weit verbreitet, wurden aber abgesehen von den oben genannten Einsatzgebieten von kostengünstigeren Technologien mit besserer Ausgabequalität allmählich vom Markt verdrängt.

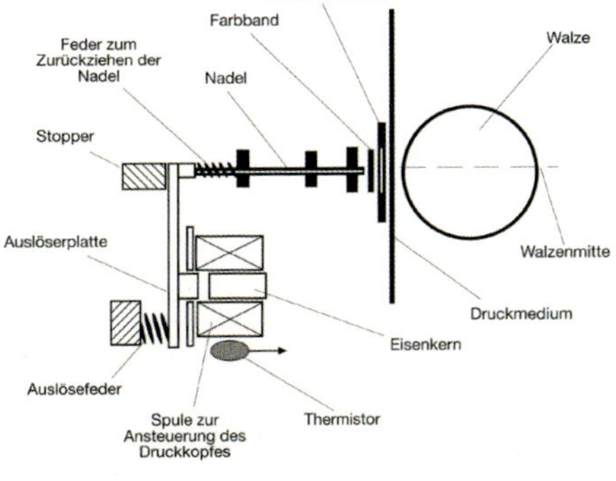

Abbildung 3.1.1
Matrixdrucker wie der Epson FX 890 eignen sich vor allem für den Rechnungs- und Protokolldruck im betrieblichen Umfeld (Foto: Epson)

Eine ungleich größere Rolle spielen heute berührungsfreie Drucker, wobei man in dieser Gruppe zwischen Tintenstrahldruckern, Laserdruckern und Thermodruckern unterscheidet.

3.1.2 Tintenstrahldrucker (Inkjet-Drucker)

Auch ein Tintenstrahldrucker arbeitet zeichenorientiert. Sein Druckkopf erzeugt Buchstaben oder grafische Muster, indem jedes Pixel auf der Fläche eines Zeichens über eine Düse mit einem Tintentröpfchen geschwärzt oder eingefärbt wird. Über die Druckdaten aus dem PC erfolgt eine gezielte Pixelauswahl und damit die Ausgabe der gewünschten Buchstaben und Grafiken. Um die Tintentröpfchen auf das Papier zu schleudern, kann man Piezoelemente verwenden, die sich beim Anlegen einer Spannung verformen und dadurch einen für den Austritt der Tinte notwendigen Überdruck aufbauen. Alternativ lässt sich die vorgesehene Tintenmenge kurzzeitig erhitzen, so dass diese durch den Überdruck einer Dampfblase (Bubble Jet) auf das Papier geschleudert wird.

Abbildung 3.1.2
Der Canon IP 2000 ist ein leistungsfähiger Tintenstrahldrucker, der nach dem Bubble-Jet-Verfahren arbeitet (Foto: Canon)

Tintenstrahldrucker arbeiten recht leise und sind heute preiswert in der Herstellung, weshalb man diese Gerätekategorie vor allem im Privatbereich findet, wenn das vorgesehene Druckaufkommen nicht zu hoch ist. Wer regelmäßig größere Mengen druckt, sollte eher Laserdruckern den Vorzug geben, zumal das Verbrauchsmaterial und damit die Betriebskosten bei Inkjet-Druckern vergleichsweise hoch sind. Bei entsprechendem Druckaufkommen sind Jahreskosten in der Höhe des mehrfachen Geräte-Anschaffungspreises keine Seltenheit. Die Druckgeschwindigkeit von Inkjet-Geräten hat sich in den letzten Jahren stark verbessert, reicht aber noch nicht an die Leistung guter Laserdrucker heran. In Verbindung mit einer größeren Anzahl von Druckfarben, sowie hochwertigen Hochglanz-Fotopapieren lassen sich mit geeigneten Printern ausgezeichnete Druckergebnisse erzielen, wenn es darum geht, Bilder einer Digitalkamera zu Papier zu bringen. Speziell in diesem Fall liegen die Kosten pro Bild aber in der Regel über dem bei einer Digital-

Ausarbeitung verrechneten Betrag. Außerdem sinkt die Druckgeschwindigkeit bei derartigen Qualitätsdrucken deutlich.

Schaltkreise aus dem Drucker

Während die Inkjet-Technologie zum Bedrucken von Papier Einzug in jedes Büro gehalten hat, werden auf Tintenstrahlbasis anderorts gänzlich neue Anwendungsbereiche erschlossen. So experimentieren Unternehmen wie Xerox mit druckbaren Schaltkreisen für flexible Displays. Konkret ist es Xerox bereits gelungen, eine Tinte für den „Ausdruck" halbleitender Transistoren auf Folien zu entwickeln, die sich bei normalen Temperaturen und Umgebungslicht verarbeiten lässt, was bisher nicht möglich war. Mit Hilfe dieser Technologie ist es beispielsweise möglich, integrierte Schaltkreise für dünne LCD-Displays oder sogar biegsame Anzeigen zu entwickeln. Auch die für diese Schaltkreise notwendigen Trägerfolien wurden vom Unternehmen selbst entwickelt.

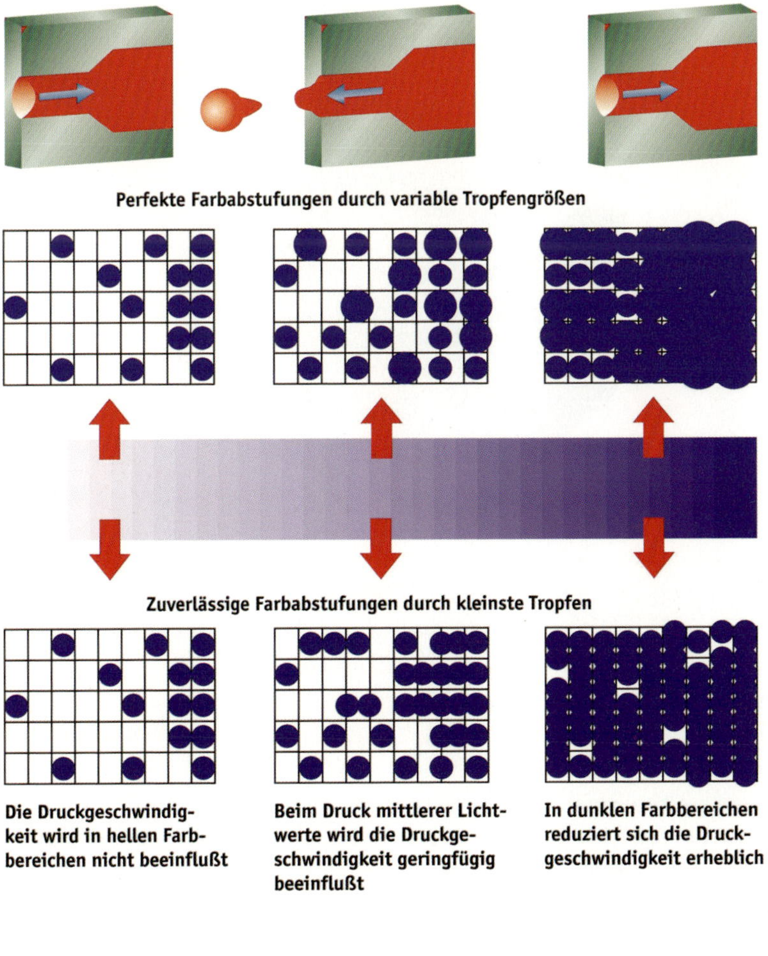

Abbildung 3.1.3 Die Epson Micro-Piezo-Technik ermöglicht eine perfekte Kontrolle der Tropfengröße (Grafik: Epson)

3.1.3 Laserdrucker

Laserdrucker arbeiten nicht zeichen-, sondern seitenorientiert. Im Gehäuse befindet sich eine elektrisch negativ aufgeladene Belichtungstrommel. Diese Trommel dreht sich während des Druckvorgangs und wird dabei gemäß der jeweiligen Druckinformationen aus dem PC durch einen Laser oder durch Leuchtdioden an jenen Stellen entladen, an denen später Buchstaben, Linien oder Grafikpixel auf der Druckausgabe zu sehen sein sollen. Sobald die Trommeloberfläche am Tonerpulver vorbeigeführt wird, haftet das Pulver an den entladenen (elektrisch neutralen) Stellen der Trommel. Dies ist deshalb der Fall, weil sowohl der Toner als auch die Trommel - wie erwähnt - in der Ausgangssituation mit gleicher (negativer) Wertigkeit elektrisch aufgeladen sind. Nach dem Prinzip der elektrostatischen Anziehung, ziehen sich Elemente ungleicher Ladung an, während sich Ladungen gleicher Wertigkeit abstoßen. Die entladenen Bereiche der Trommel werden durch den Laser elektrisch neutralisiert, weshalb die Tonerpartikel mit negativem Ladungs-Status von diesen angezogen werden. Das Druckerpapier selbst, das nun an der Trommel entlang läuft, wird positiv aufgeladen, damit sich die Trommel im Zuge der Druckausgabe entlädt. Der an der Walze haftende Toner wird bei diesem Arbeitsgang auf das Papier übertragen und anschließend durch erhitzte Fixierwalzen dauerhaft eingebrannt.

Abbildung 3.1.4
Kompaktere Laserdrucker in der Klasse des Lexmark E232N eignen sich für den Home-Office-Bereich oder für kleinere Arbeitsgruppen (Foto: Lexmark)

↻ s. Kapitel 6.1.4.3

Während mit dem geschilderten Vorgang die Druckausgabe beim Schwarzweißdruck beendet ist, erfolgt dieser beim Farblaserdruck in vierfacher Weise - nämlich je einmal für jede Grundfarbe des CMYK-Druckfarbmodells ↻ (**C**yan, **M**agenta, **Y**ellow (Gelb), **K**ey (Schlüsselfarbe Schwarz)).

Bedingt durch dieses Funktionsprinzip ist der etwas komplexere Aufbau eines Laserdruckers zu erklären, der sich nicht zuletzt in einem höheren Gerätepreis niederschlägt. Bei höherem Druckaufkommen entschädigt diese Geräteklasse allerdings vor allem beim Schwarzweißdruck mit günstigeren Betriebskosten.

Über 1.300 Seiten pro Minute!

IBM hat Ende 2005 einen Laserprinter vorgestellt, der laut Angaben des Unternehmens eine Seitenleistung von 1.354 Seiten pro Minute aufweisen soll und damit wohl einen Meilenstein in der Lasertechnologie setzt. Es handelt sich um einen Drucker aus der Großrechnerwelt, der mit einer Auflösung von 600 dpi arbeitet. Das Gerät druckt seine Seiten zunächst auf Rollen-Papier. Eine Schneidevorrichtung zerteilt die Papierbahnen durch einen eigenen Arbeitsgang in einzelne Seiten, wodurch die hohe Geschwindigkeit erst möglich wird. Trotzdem ist auch die Leistung des Druckwerks selbst rekordverdächtig. IBM zufolge handelt es sich um den schnellsten Laserdrucker der Welt.

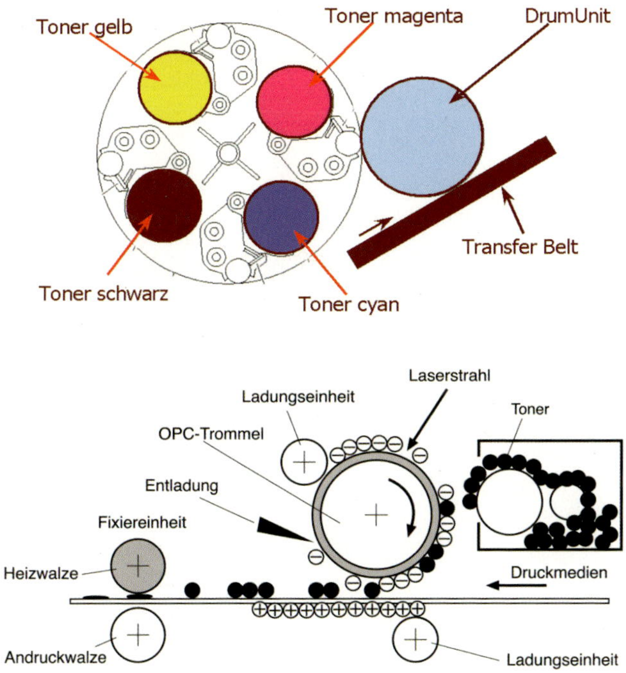

EPSON

Abbildung 3.1.4 Laserdrucker funktionieren wie Kopierer nach dem Prinzip entgegengesetzter elektrostatischer Ladungen von Toner und Papier; Bei Color-Laserdruckern werden zusätzlich drei Farbtoner-Kartuschen verwendet (Foto: Epson)

3.1.4 Thermodrucker

Drucker, die nach dem thermischen Prinzip arbeiten, gibt es in unterschiedlichen Ausführungen. Beim Thermodirektdruck wird beschichtetes Spezialpapier an den zu bedruckenden Stellen einer chemischen Reaktion ausgesetzt, die zu einer gewünschten Verfärbung der Beschichtung führt. Beim Thermotransferdruck wird eine hitzeempfindliche Folie mit Wachspartikeln in den Druck-Grundfarben an den Druckbereichen erwärmt. Dadurch übertragen sich die Fotopartikel der Folienbeschichtung aus Wachs, die sich durch diese Erwärmung lösen, auf das Papier. Der so genannte Phase Change Printer arbeitet mit Wachs, das durch ein Heizelement verflüssigt wird. Ein Druckkopf schleudert Partikel der flüssigen Wachslösung auf eine Papieroberfläche, wo diese wieder erkaltet.

Thermodrucker liefern in der Regel sehr natürliche Ergebnisse mit harmonischen Farbübergängen. Trotz in der Regel geringerer Auflösung machen vor allem Fotos damit einen sehr professionellen Eindruck. Spezielle Geräte für den Ausdruck von Digitalfotos werden heute in sehr kompakter Form und zu günstigen Preisen angeboten, während die Kosten für das Verbrauchsmaterial recht hoch sind. Als Vorteil kann in jedem Fall die schmutzabweisende und konservierende Wirkung durch die Wachsschicht auf den Ausdrucken betrachtet werden.

Abbildung 3.1.4
Mit kompakten Thermosublimationsdruckern, wie dem Sony DPP-FP30 lassen sich die Fotos einer Digitalkamera auch unterwegs ohne Verzögerung zu Papier bringen (Foto: Sony)

Neue Anwendungsgebiete

In letzter Zeit haben sich - nicht zuletzt durch kosteneffektivere Produktionstechnologien - abgesehen vom Fotodruck im Heimbereich völlig neue Anwendungsbereiche für Themotransferdrucker aufgetan. So bietet der Drucker Primera Signature Z1 die Möglichkeit, DVD- und CD-Oberflächen auf professionelle Weise farbig zu bedrucken.

Die entstehende Oberfläche ist - wie beim Thermodruck üblich - flüssigkeits- und schmutzabweisend.

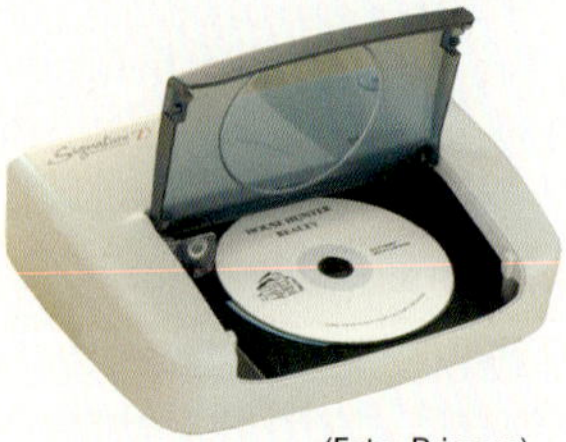

(Foto: Primera)

3.2 Scanner

Liegen Fotos, Zeichnungen oder Grafiken nicht als Datei, sondern lediglich in Papierform vor, muss man diese Vorlagen digitalisieren um sie am PC bearbeiten zu können. Das notwendige Gerät zum Einlesen solcher Quellen wird als Scanner bezeichnet. Wesentliche Leistungsmerkmale von Scannern sind die beim Einlesen erzielbare optische Auflösung in dpi (**d**ots **p**er **i**nch / Punkte pro Zoll), die Scangeschwindigkeit für eine festgelegte Vorlagengröße, sowie die erzielbare Farbtiefe in Bit (Anzahl erfassbarer Farben). Auch die Schnittstelle spielt für die mögliche Einlesegeschwindigkeit eine Rolle, wobei aber auch die Leistung des an den Scanner angeschlossenen PCs zu berücksichtigen ist. Anders als die optische Auflösung ist die mitunter in Kaufangeboten beworbene interpolierte Auflösung lediglich ein mathematisch hochgerechneter Wert, der keine tatsächliche Qualitätsverbesserung mit sich bringt.

Neben grafischen Vorlagen kann ein Scanner aber auch Texte als Grafik einlesen. Über eine spezielle OCR-Software (**O**ptical **C**haracter **R**ecognition) werden die Buchstaben in einer Grafikdatei als solche erkannt und lassen sich dann als zusammenhängender Text abspeichern.

3.2.1 Funktion

Für aktuell im Einsatz befindliche Geräte sind zwei Verfahren in Gebrauch. Beim Auflicht- oder Reflexions-Verfahren für nicht lichtdurchlässige Vorlagen wird eine Lichtquelle an der Vorlage vorbeigeführt (oder umgekehrt). Das je nach Vorlagenfarbe und -kontrast unterschiedlich reflektierte Licht wird beim vorherrschenden CCD-Verfahren über Linsen und Ablenkspiegel auf ein lichtempfindliches Fotoelement (CCD) gelenkt, wo die Farb- und Kontrastinformationen des jeweils gerade abgetasteten Bereichs der Vorlage in digitale Informationen umgewandelt und über die Scannerschnittstelle auf den PC übertragen werden. Das Ergebnis ist die am PC-Bildschirm sichtbare, digitalisierte Vorlage, die anschließend über ein Bildbearbeitungsprogramm als Datei gespeichert werden kann.

Moderne Scanner erfassen alle Vorlageninformationen in einem Durchgang, während ältere Modelle drei Durchgänge pro Vorlage benötigten (je ein Scandurchgang pro Farbauszug in Rot, Grün und Blau nach dem RGB-Modell). Beim Durchlicht-Verfahren wird eine transparente Vorlage von einer Lichtquelle durchleuchtet und zusätzlich von einem Fotoelement abgetastet.

Was ist CCD

CCD ist ein Fotoelement zur Umwandlung von Licht in digitale Information.

3.2.2 Scanner-Auflösung

Ein wichtiges Kriterium, das auch den Preis mitbestimmt, ist die Auflösung eines Scanners. Die Auflösung wird als horizontale und vertikale Komponente angegeben und sagt aus, wie viele Bildpunkte auf eine bestimmte Distanz von der Abtasteinheit des Geräts maximal erfasst werden können. Je höher die Auflösung, desto mehr Details sind auf einem gescannten Foto oder einer Grafik erkennbar. Hoch aufgelöste Scandateien eignen sich gut für Vergrößerungen einzelner Details oder für Ausdrucke in großen Formaten.

3.2.3 Unterschiede in der Bauweise

Die am meisten verbreitete Bauart ist sicher der Flachbettscanner. Bei diesem Typ wird die Scanvorlage horizontal auf ein Vorlagenglas gelegt. Im Zuge des Scanvorgangs läuft bei Auflichtscannern eine Lichtquelle unterhalb des Glases auf einem Schlitten an der Vorlage vorbei. Sollen Dias oder andere durchsichtige Vorlagen gescannt werden, lassen sich viele Flachbettscanner auch im Durchlichtmodus betreiben. Dazu ist in der Abdeckung des Vorlagenglases meist eine Lampe eingebaut, welche die Scanvorlage durchleuchtet. Flachbettscanner werden teilweise zu sehr günstigen Preisen angeboten und bieten eine hohe Präzision, da die Vorlage während des Scans nicht in Bewegung ist. Außerdem lassen sich auch stärkere Vorlagen, wie Kartons oder Bücher scannen. Von Nachteil ist ein gewisser Platzbedarf.

Abbildung 3.2.1
Beim Modell 3970 von Hewlett-Packard handelt es sich um einen typischen Flachbettscanner (Foto: HP)

Wird eine Vorlage mit einem Einzugscanner digitalisiert, ist die Lichtquelle zur Abtastung fix montiert, während die Vorlage von einem Transportsystem an dieser vorbeibewegt wird. Dünne Blätter lassen sich damit schnell einscannen, allerdings kann die Präzision aufgrund der bewegten Vorlage etwas leiden. Auch lassen sich lediglich dünne Vorlagen scannen, dafür ist der Platzbedarf meist geringer. Dia- und Filmscanner arbeiten üblicherweise als Einzugsscanner im Durchlichtprinzip und stellen eine hohe Auflösung zur Verfügung.

Abbildung 3.2.2
Größere Mengen einzelner Blattvorlagen lassen sich mit einem Einzugsscanner, wie dem Fujitsu FI-4530C einfach digitalisieren (Foto: Fujitsu)

Im professionellen Bereich findet man manchmal Trommelscanner. Dabei wird die Vorlage in eine Trommel eingespannt, die während des Einlesevorganges mit hoher Drehzahl an einer Abtastquelle vorbeibewegt wird. Dabei sind hohe Auflösungen jenseits von 1.000 dpi erzielbar.

Zum Einlesen von Barcodes werden an Kassensystemen oder in der Warenwirtschaft Stift- oder Barcodescanner eingesetzt, deren Fähigkeit in der Regel auf die Abtastung von Artikelcodes (EAN-Codes) beschränkt ist.

Abbildung 3.2.3
Mit einem Barcodescanner werden Artikelcodes eingelesen (Foto: Barcotec)

Handscanner lassen sich als platzsparende Alternative vor allem zum Einscannen von Fotos verwenden. Die Abtastlichtquelle und die Elektronik zur Digitalisierung sind dabei in einen Handgriff eingebaut. Auf diese Weise ist jedoch nur ein sehr ungenaues Arbeiten möglich, weil der Scanner nicht präzise über die Vorlage geführt werden kann. Eine räumliche Abtastung ist mit speziellen 3D-Scannern möglich, bei denen das Objekt entweder mit einem mechanischen Taster oder optisch mit mehreren Kameras digitalisiert wird.

3.2.4 Anschluss an den PC

Neben der Bauweise ist bei der Anschaffung eines Scanners auf die richtige Schnittstelle zum Anschluss an den PC zu achten. Die überwiegende Mehrheit aktueller Geräte ist mit einer USB-Schnittstelle ↻ ausgestattet. Während man bei preiswerten Geräten noch den USB1.1-Standard vorfindet, der nur eine sehr langsame Datenübertragung erlaubt, bieten geringfügig teurere Modelle den USB2.0-Port, bei dem gewöhnlich ein wesentlich schnelleres Einlesen von Dokumenten gewährleistet ist.

↻ s. Kapitel 1.1.3.3

Neben den USB-Modellen werden vereinzelt noch Scanner mit Parallelport angeboten, die sich aber nicht mehr zum Kauf empfehlen, zumal diese wenig leistungsfähige Schnittstelle langsam vom Markt verschwindet und heute praktisch jeder PC über USB-Schnittstellen verfügt.

Scanner im professionellen Lager sind meist mit Firewire- oder SCSI-Schnittstellen ausgestattet.

3.2.5 Software-Schnittstellen

Scanner kommunizieren mit dem Betriebssystem des PCs über einen einheitlichen Standard. Dieser wird als TWAIN-Interface bezeichnet. Die TWAIN-Schnittstelle stellt für verschiedenste Programme die Möglichkeit bereit, Bilddaten aus einem Scanner zu importieren und als Grafikdatei zu bearbeiten, sowie abzuspeichern.

3.2.6 Ausblick

Weiterentwicklungen im Scannerbereich betreffen nicht nur die Qualität und Geschwindigkeit der Geräte, sondern setzen auch beim Benutzerkomfort an. Fujitsu bietet etwa für seine neuen Scanner fi-5120C und fi-5220C mit automatischem Papiereinzug einen Ultraschallsensor an, der überprüft, ob der Scaneinheit ein oder mehrere Blätter in einem Arbeitsgang zugeführt werden. Damit es im zweiten Fall nicht zum Papierstau kommt, wird die Zuführung gestoppt, beziehungsweise wiederholt. Beide Modelle können bis zu 30 Farb- oder Monochromseiten pro Minute über einen Stapeleinzug scannen.

3.3 Kopierer

Ein klassischer Kopierer dient zur Vervielfältigung von Papiervorlagen in Farbe oder Schwarzweiß und vereint die Funktionen von Flachbettscanner ↻ und Laserdrucker ↻. Wie beim Laserdrucker unterscheidet man zwischen Farb- und Schwarzweiß-Kopiergeräten.

↻ s. Kapitel 3.2
↻ s. Kapitel 3.1.3

Abbildung 3.3.1
Leistungsfähiger Kopierer für den betrieblichen Einsatz: Kyocera FS-1118 MFP
(Foto: Kyocera)

3.3.1 Funktion

Wie beim Auflichtscanner wird die Vorlage von einer Belichtungslampe abgetastet und das reflektierte Licht über Spiegel, Linsen und Lichtleiter auf eine zuvor elektrisch negativ aufgeladene Bildtrommel projiziert. Durch das Licht neutralisiert sich die Ladung der Trommel entsprechend der Beschaffenheit der Kopiervorlage. Der gleichfalls negativ aufgeladene Toner wird nun von den elektrisch neutralen Bereichen angezogen und auf das positiv geladene Papier übertragen, wobei sich gleichzeitig die Ladung der Belichtungstrommel wieder aufhebt. Die dauerhafte Fixierung des Toners erfolgt wie beim Laserdrucker durch Hitze und Druck über beschichtete Fixierwalzen.

3.4 Fax

Ein Faxgerät liest Papiervorlagen beim Versenden durch Abtastung auf grafischer Basis ein und wandelt die entsprechenden Bildinformationen über ein Fotoelement in elektrische Signale um, welche analog oder digital über das herkömmliche Telefon- oder das digitale ISDN-Netz übertragen werden. Die Bildabtastung funktioniert je nach Bauweise wie jene eines Einzugs- oder Flachbettscanners.

Beim Faxempfang erfolgt die Ausgabe basierend auf den eingehenden elektrischen Signalen umgekehrt nach dem Laser-, Thermo- oder Inkjet-Druckprinzip.

Abbildung 3.4.1
Faxgeräte sind auch im Zeitalter von e-Mail und Internet nicht aus dem Büroalltag wegzudenken (Foto: Brother FAX T104)

3.4.1 Fax-Gruppen

Für die Faxübertragung existieren verschiedene Normen, die in so genannten Gruppen festgeschrieben wurden. Heute eingesetzte Faxgeräte arbeiten entweder gemäß Fax-Gruppe 3 (G3) oder Fax-Gruppe 4 (G4). Dabei werden Auflösungen zwischen 200 und 400 dpi bei einer Übertragungsrate von maximal 64 kBit/s unterstützt.

3.5 Multifunktionsgeräte (MF-Geräte)

Die in den letzten Kapiteln beschriebenen Geräte werden allesamt in Büros, vielfach aber auch zu Hause eingesetzt. Was liegt daher näher, als mehrere Gerätegruppen in einem Gehäuse zu vereinen. Sowohl Kosten- als auch Platzgründe sprechen für diese Vorgangsweise, weshalb sich MF-Geräte besonders im Heimbereich großer Beliebtheit erfreuen. Von Nachteil ist der Umstand, dass im Falle eines technischen Gebrechens unter Umständen das ganze Gerät aus Servicegründen zeitweilig ausfällt oder generell unbrauchbar werden kann. Auch die einfachsten Geräte können zumindest drucken und scannen, wodurch sich automatisch auch eine Kopierfunktion ergibt. Der Scanner-Part ist entweder als Flachbett- oder als Einzugs-Scanner ausgeführt, während man bei den Druckwerken sowohl Laser- als auch Tintenstrahldrucker findet. Ein Teil der Geräte verfügt zusätzlich über eine Faxfunktion.

Je nach dem beabsichtigten Einsatzgebiet sollte gut überlegt werden, für welche Basistechnologie man sich entscheidet. Im Home-Office werden MF-Modelle mit Flachbettscanner und Inkjet-Drucker aufgrund der universellen Einsatzmöglichkeiten oft bevorzugt, während man im klassischen Büro-Umfeld eher den auf Laserdruckwerken basierenden Geräten - eventuell in Verbindung mit einem leistungsfähigen Einzugs-Scanner und einer Faxfunktion - den Vorzug geben wird. Besonders hilfreich ist die Fähigkeit, die Kopier- und Faxfunktion ohne Einschalten des PCs nutzen zu können, was allerdings nicht von allen Geräten am Markt unterstützt wird.

Abbildung 3.5.1
Leistungsfähiges Office MF-Center. Neben dem Laserdrucker verfügt dieses Modell (Lexmark x422) über einen Scanner mit automatischem Vorlageneinzug (Foto: Lexmark)

Abbildung 3.5.2
Der Lexmark X3210, ein typisches MF-Gerät für den Heimgebrauch mit Tintenstrahldrucker und Flachbettscanner in kompakter Bauweise (Foto: Lexmark)

3.5.1 Intelligente All-In-One-Lösungen können mehr

Große Unternehmen setzen moderne Hi-Tech-Multifunktionsgeräte auf Laser-Basis wie das abgebildete Lexmark Modell X634 dte im Rahmen von so genannten Workflow-Dokumentensystemen ein. In solchen Umgebungen ist sowohl eine Erstellung als auch eine indexbasierte Suche elektronischer Dokumente möglich. Außerdem ist mit solchen Geräten eine Indizierung neuer Dokumente durchführbar, welche die künftige Auffindbarkeit erleichtert.

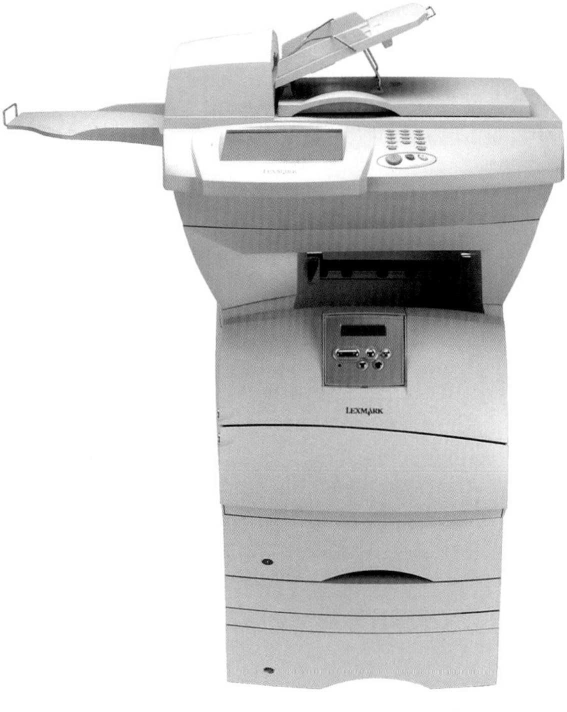

3.6 Eingabegeräte

Jeder PC-Besitzer kennt jene Peripheriegeräte, ohne die ein Betrieb des Rechners praktisch nicht möglich ist.

3.6.1 Tastatur (Keyboard)

Tastaturen dienen zur Texteingabe, können aber in begrenztem Umfang - über Richtungstasten - auch zur Navigation herangezogen werden. Von Bedeutung sind außerdem die Funktionstasten einer Tastatur, mit denen bestimmte Funktionen eines Betriebssystems oder einer Anwendungssoftware durch vorgegebene oder individuelle Programmierung verknüpft werden können. In Verbindung mit speziellen Steuerungstasten lassen sich Programmfunktionen auch über einzelne Buchstaben-Tasten aufrufen.

Keyboards sind in vielen Sprachen mit den jeweiligen nationalen Sonderzeichen erhältlich. Softwareseitig ist dafür ein eigener Treiber notwendig. Tastaturen werden heute in der Regel - drahtlos via Funkanbindung (wireless) oder über Kabel - mittels einer so genannten PS/2-Schnittstelle an den PC angeschlossen. Moderne Ausführungen verfügen auch über USB-Ports.

Abbildung 3.6.1
Handelsübliches PC-Keyboard eines Markenherstellers (Foto: Logitech)

3.6.2 Maus (Mouse)

Mit dem Aufkommen grafischer Benutzeroberflächen reichten Tastaturen zur Steuerung von PCs nicht mehr aus. Der Anschluss einer Maus ist seitdem Standard. Der Sinn dieses Zeigegeräts liegt in der Umsetzung von Handbewegungen des Users auf dessen Schreibunterlage in eine adäquate Bewegung des Mauszeigers (Cursor) auf der Oberfläche des Bildschirms. In gleicher Weise werden Tastenbetätigungen zum Aufrufen, Verschieben und Ändern von Bildelementen der Benutzeroberfläche am Bildschirm umgesetzt. Im technischen Sinn wird die Bewegung der Maus entweder über eine gummibeschichtete Kugel und mechanische Taste oder über optische Sensoren auf den Desktop übertragen.

Ein Anschluss an den PC erfolgt via PS/2- oder USB-Port, wobei kabelgebundene Mäuse immer stärker von drahtlosen Modellen abgelöst werden.

Abbildung 3.6.2
Links: Eine moderne Maus mit optischer Abtastung (Foto: Microsoft)
Rechts: Trackballs werden meist eingesetzt, wenn der Platz neben dem PC für eine Maus nicht ausreicht (Foto: Logitech)

Eine Maus-Alternative, die sehr ähnlich funktioniert, ist der Trackball. Es handelt sich um ein fix auf der Arbeitsfläche stehendes Gehäuse mit beweglichen Rädern oder optischen Sensoren, welche die Bewegungen, die ein Benutzer durch eine bewegliche Kugel überträgt, an den PC weiterleiten. Über das Betriebssystem werden die Bewegungen des Users wie bei einer Maus auf dem Desktop umgesetzt.

3.6.3 Desktops

Wer seine Maus und seine Tastatur - etwa aufgrund der Neuanschaffung eines PCs - ohnehin gemeinsam erwerben muss, greift oft direkt zu einer so genannten Desktop-Lösung. Darunter versteht man eine gemeinsam gelieferte Tastatur-Maus-Kombination, die vielfach als Wireless Desktop ausgeführt ist. Maus und Tastatur enthalten eine batteriebetriebene Sende/Empfangseinheit, die mit einer über Kabel an den PC angeschlossenen Basisstation am Schreibtisch des Benutzers via Funk kommuniziert. Sind mehrere solcher Desktops im selben Raum, kann man die Funkfrequenz dieser Kommunikation individuell einstellen, damit alle Benutzer jeweils nur ihren eigenen PC steuern.

Abbildung 3.6.3
Eingabekombinationen, wie der Keybird Wireless Slim Desktop von Fujitsu Siemens stellen eine sinnvolle Ergänzung für jeden PC dar (Foto: Fujitsu Siemens)

3.6.4 Grafiktabletts (Digitizer)

Wird der PC im Design- oder Konstruktionsbereich eingesetzt, reichen die Funktionen beziehungsweise die Präzision einer herkömmlichen Maus nicht mehr aus, um die Leistungsfähigkeit der in diesen Bereichen eingesetzten Software voll auszuschöpfen. Dies ist die Domäne von Grafiktabletts.

Auf einem Tablett mit Berührungssensoren wird vom Benutzer dabei ein Stift aus Kunststoff bewegt. Neben einem Bereich zur reinen Umsetzung der Cursorbewegungen am Bildschirm, die ähnlich, wie bei einer Maus funktioniert, besitzt das Tablett gekennzeichnete Funktionsfelder zur Ausführung von Befehlen, wie Zeichnen, Löschen oder Vergrößern eines Objekts. Drückt der Benutzer mit seinem Stift auf das vorgesehene Feld, wird über das berührungsempfindliche Digitizer-Panel ein digitales Signal an den PC weitergeleitet, welches die Ausführung des gewünschten Befehls bewirkt.

Abbildung 3.6.5
Der Digitizer Graphire 3 im Einsatz an einem PC-Arbeitsplatz (Foto: Wacom Europe)

3.6.5 Presenter

Bei einem Presenter handelt es sich um ein kabelgebundenes oder drahtloses Präsentationswerkzeug, das in der Regel mit Tasten und Schiebereglern ausgestattet ist. Derartige Tools werden zur Steuerung von Vorträgen oder Diashows auf der Basis von Präsentationsprogrammen eingesetzt, wenn die Verwendung einer Maus aufgrund einer fehlenden Tischunterlage nicht möglich ist. Mit einem Presenter kann sich die vortragende Person während einer Präsentation frei bewegen.

3.6.6 Joysticks, Gamepads und Lenkräder (Wheels)

Währen ein PC-User in der klassischen Arbeitswelt mit Tastatur und Maus das Auslangen findet, machen viele Spiele am Computer erst mit dem Einsatz zusätzlicher Peripherie richtig Spaß. Mitunter ist der Einsatz zusätzlicher Game-Hardware sogar Voraussetzung.

Beim Joystick werden Cursorbewegungen mit einem 4-Wege-Steuerknüppel umgesetzt, während man sich beim Gamepad mit Mehrwege-Wippen behilft. Lenkräder eignen sich logischerweise ideal für Fahrsimulationen am PC. Spezielle Funktionen, die etwa Vibrationen und Erschütterungen simulieren, sorgen für mehr Spaß und Realitätsbezug beim Spielen.

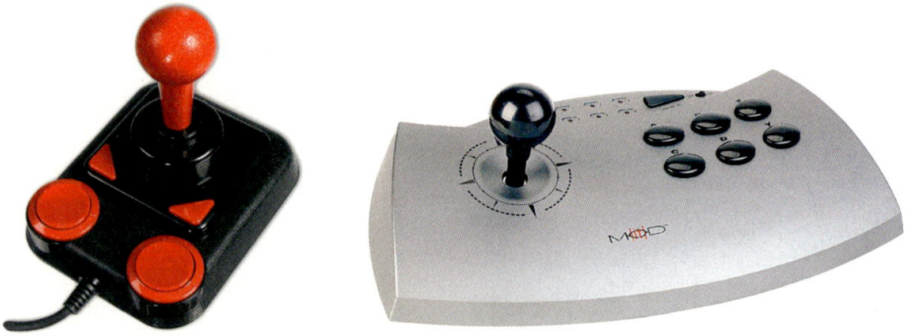

Abbildung 3.6.7
Links: Die Digitalversion des legendären Joysticks Comptetion Pro
(Foto: Speed-Link)
Rechts: Das Dual Shock Vibra Pad ist eine Mischung aus Joystick und Gamepad
(Foto: Pearl)

Die Anbindung erfolgte früher über eine eigene Schnittstelle, den so genannten Game-Port. Dieser 15-polige Anschluss war auf beinahe jeder Soundkarte zu finden oder wurde direkt am Motherboard des Rechners integriert. Mittlerweile wird der Anschluss fast ausschließlich über eine der USB-Schnittstellen von PCs realisiert. Während bei früheren Modellen analoge Bewegungsimpulse in digitale Signale umgewandelt wurden, funktionieren heutige Joysticks und Pads ausschließlich auf digitaler Basis.

Digitale Tinte

Mit einer „Digitalen Füllfeder" (Digital Pen) lassen sich Texte in gewohnter Manier wie mit einem normalen Schreibgerät ausfüllen und gleichzeitig geschriebene Daten ohne einen zusätzlichen Arbeitsgang digitalisieren. Solche Geräte könnten in Hinkunft die Datenerfassung besonders in Branchen, wie dem Banken-, Versicherungs- oder Gesundheitswesen wesentlich vereinfachen. Die Datenübertragung erfolgt via Bluetooth ↻. (Foto: Logitech)

↻ s. Kapitel 5.5

4

Speichermedien

Foto: Sony

4.1 Festplattenspeicher (Hard disk drive=HDD)

Was ist ein Laufwerk (Drive)

Als Laufwerke werden in der Computersprache sämtliche Hardware-Einrichtungen bezeichnet, die als Massenspeichermedien für meist große Datenmengen dienen. Diese Speichermedien erlauben das Lesen und Schreiben oder nur das Lesen digitaler Daten. Des Weiteren unterscheidet man Laufwerke für Wechselmedien (Magnetband, Diskette, CD, DVD etc.) und fest mit dem Medium verbundene Laufwerke (Festplatte).

Eine Festplatte ist eine Hardwarekomponente in der Computertechnologie und dient als magnetisches Massenspeichermedium für große Datenmengen. Früher wurde die Festplatte auch als Winchester-Laufwerk (IBM 3340) bezeichnet, weil eines der ersten Laufwerke mit fest eingebauten Platten aus dem von IBM installierten „Winchester-Projekt" hervorging.

Abbildung 4.1.1
Eine IBM-Festplatte aus dem Jahr 1970 mit 2,5 MB Speicherplatz
(Foto: IBM)

Die auf einer Festplatte gespeicherten digitalen Daten (Betriebssystem, Videos, Bilder, Dokumente, Grafiken) bleiben auch ohne ständige Stromzufuhr permanent gespeichert und sind somit nicht flüchtig, wie das beispielsweise bei Speicher mit wahlfreiem Zugriff (RAM = **R**andom **A**ccess **M**emory) der Fall ist. Neben anderen Komponenten (Prozessor, Arbeitsspeicher etc.) beeinflussen Festplatten die Leistung eines Rechners wesentlich.

Die Leistung einer Festplatte charakterisieren grundsätzlich die Speicherkapazität, Umdrehungsanzahl, Schnittstelle, Zugriffszeit in Millisekunden (ms), und Cache.

4.1.1 Physikalischer Aufbau einer Festplatte

- drei oder mehrere drehbar gelagerte Magnetscheiben
- bewegliche Schreib-/Leseköpfe (Heads)
- Antriebsmotor für die Magnetscheiben
- exakte Lagerung für die Schreib-/Leseköpfe und die Scheiben
- Bewegungseinheit für die Schreib-/Leseköpfe
- Steuerelektronik für Motor- und Kopfsteuerung
- Schnittstelle (Übergang zwischen Datenübertragungseinrichtungen) zur Verbindung mit dem Computer
- Festplattencache

Foto: Seagate

4.1.2 Funktionsweise

4.1.2.1 Die Magnetscheiben

In einem absolut reinen Festplattengehäuse befinden sich meist drei oder mehrere übereinander liegende schnell rotierende Magnetscheiben (mehr Platten ergeben mehr Speicherkapazität), die durch den entsprechenden Schreib-/Lesekopf elektromagnetisch dauerhaft beschrieben werden.

Das Grundmaterial der äußerst stabilen Metallscheiben, die selbst keine magnetischen Eigenschaften besitzen, besteht meist aus Aluminium oder einer Legierung. Um die speziellen Eigenschaften für eine dauerhafte Speicherung zu erreichen, wird auf die Scheiben meist eine extrem dünne Kobalt- oder Eisenoxydschicht aufgetragen.

4.1.2.2 Beschreiben/Lesen mit dem Schreib-/Lesekopf (Head)

Das Speichern übernehmen bewegliche Schreib-/Leseköpfe, die auf einem Luftpolster über der Magnetscheibe gleiten. Durch gezielte Magnetisierung einer ferromagnetischen Schicht auf der Platte nehmen kleinste Flächen entsprechend der Polarität in Bruchteilen von Sekunden die Zuordnung „1" oder „0" an.

Bei diesem Vorgang wandern die Schreib-/Leseköpfe zwischen Innen- und Außenseite der Magnetscheibe hin und her, wodurch die einzelnen Spuren ausgelesen/beschrieben werden können.

4.1.2.3 Logischer Aufbau

Der eigentliche Datenträger in einer Festplatte ist die Magnetscheibe. Der gesamte Festplattenkomplex ist in Köpfe, Zylinder, Tracks (Spuren) und Sektoren organisiert.

Die Anzahl der Schreib-/Leseköpfe (Heads) wird durch die Anzahl der Magnetscheiben in der Festplatte vorgegeben (zum Beispiel: 3 Magnetscheiben > 6 Heads).

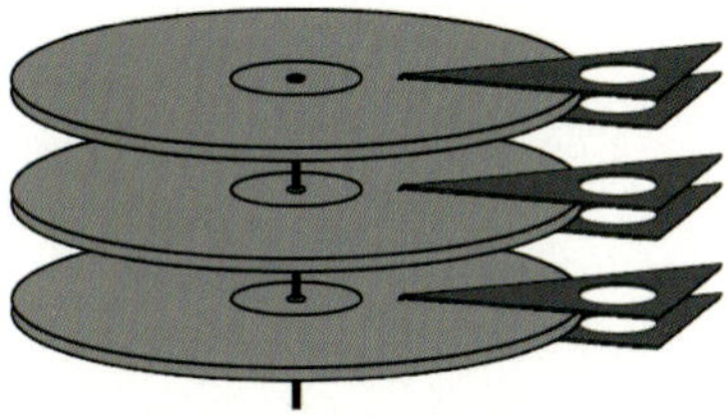

Abbildung 4.1.2
Drei Magnetscheiben benötigen sechs Schreib-/Leseköpfe (Grafik: CDA Verlag)

Die in Form eines Kammes angeordneten Schreib-/Leseköpfe können nicht voneinander unabhängig bewegt werden, das bedeutet, dass sich alle Schreib-/Leseköpfe auf derselben Position befinden.

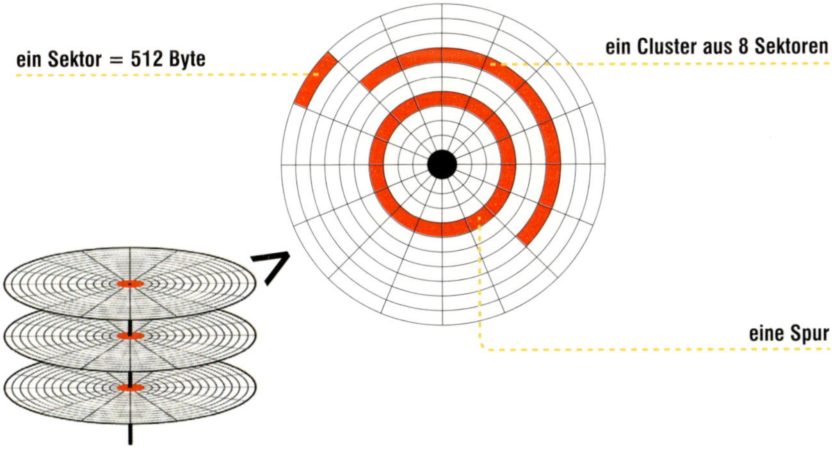

Abbildung 4.1.3
Logischer Aufbau einer Festplatte. (Grafik: CDA Verlag)

Die Zylinder bilden die Gesamtanzahl der identischen Tracks (Spuren) der eingebauten Magnetscheiben. Tracks sind konzentrisch auf der Magnetplatte angelegt und liegen somit kreisförmig nebeneinander.

Die Tracks wiederum beinhalten die einzelnen Sektoren, die je eine Speichereinheit von 512 Byte bilden. Jeder Track wird genau in diese Größen eingeteilt. In der Festplatte integrierte Controller (Steuerungseinheiten) steuern und verwalten sämtliche Vorgänge der Speicherung.

4.1.2.4 Baugrößen und Speicherkapazität

Die physikalische Größe von Festplatten wird grundsätzlich in Zoll (2,54 cm) angegeben, die den Wert des internen Formfaktors festlegen (z.B. 3,5 Zoll = 3,5″), der jedoch keine exakte Größenangabe wiedergibt. Die verwendeten Formfaktoren reichen von 0,85″ bis 5,25″. Ein verbreiteter Standard im Desktop-Bereich ist derzeit der Formfaktor 3,5″. In Laptops werden vorwiegend 2,5″, in noch kleineren mobilen Geräten 1,8″ Festplatten verwendet.

↻ s. Kapitel 4.4.2.6

Microdrives ↻ sind 1" Miniatur-Festplatten und werden meist in Digitalkameras, PDAs oder MP3-Playern eingesetzt. Sie bieten Speicherkapazitäten zwischen 2 und 6 GB (möglich 20 GB). Die Festplatten sind genau wie die CompactFlash-Speicherkarten zu verwenden und sind mit dem Type II Slot kompatibel.

Foto: IBM

Die Speicherkapazität moderner Harddisks reicht bis zu 500 Gigabyte. Die Zugriffszeit, welche die Zeitspanne zur Auslösung, Durchführung und Bestätigung eines Befehls für einen Zugriff auf ein Speichermedium angibt, liegt im Bereich von 8 ms bis 10 ms.

4.1.2.6 Schnittstellen von Festplatten

Die Schnittstelle für Festplatten stellt die Verbindung zwischen dem Speichermedium und den Computer-Komponenten her. Als Standard wird hauptsächlich die parallele Schnittstelle ATA (**A**dvanced **T**echnology **A**ttachment) verwendet, die einem vom „Nationalen Standardisierungsgremium" festgelegten Standard (ANSI) für parallele Festplatten-Schnittstellen entspricht.

Weitere Schnittstellenstandards für Personal Computer sind die IDE-Schnittstelle (**I**ntegrated **D**rive **E**lectronics), die EIDE (**E**nhanced **I**ntegrated **D**rive **E**lectronics) als erweiterter Standard und die standardisierte, parallele Schnittstelle zur Datenübertragung SCSI (**S**mall **C**omputer **S**ystem **I**nterface).

4.1.2.7 Weitere Entwicklung

Die erste Serial-ATA-Technik hatte eine Übertragungsrate von bis zu 150 MByte/s, die nächste Generation erhöhte bereits auf 300 MByte/s (Serial ATA II). Eine weitere Entwicklung der Übertragungsraten ist geplant und sollte 600 MByte/s erreichen.

4.2 Band- und ZIP-Laufwerke

Die Wechselplatte ist eine spezielle Form der Festplatte. Es besteht die Möglichkeit, die gesamte Einheit oder auch nur das Speichermedium auszuwechseln, um dadurch einen raschen Datenaustausch mit anderen Rechnern zu gewährleisten.

4.2.1 Magnetband-Laufwerke

Magnetband-Laufwerke bezeichnet man auch als „Streamer" (engl. to stream = strömen), da die Daten in einem fortlaufenden „Strom" auf Magnetbänder gespeichert oder gelesen werden. Streamer werden im IT-Bereich meist zur Datensicherung (Backup) eingesetzt, um bei Computerversagen den Rechner wieder in den vorherigen Zustand zu bringen oder auch verloren gegangene Daten wieder herzustellen.

Abbildung 4.2.1 Magnetbandlaufwerke, wie der hier abgebildete DAT-Streamer, eignen sich zur Sicherung umfangreicher Datenbestände mehrerer PCs (Foto: HP)

4.2.1.1 Funktionsweise

Ein Magnetband ist ein magnetischer Datenträger, der wie eine Tonbandkassette aus einer langen, schmalen Kunststofffolie besteht, die mit einem speziellen magnetisierbaren Material beschichtet ist. Das Band ist auf Spulen aufgewickelt und meist fest mit der Magnetband-Kassette (Cartridge) verbunden.

Beim Schreiben/Lesen wird das Magnetband an den Schreib-/Leseköpfen vorbeigeführt, um die entsprechenden Spuren anzulegen und zu überprüfen.

Der Zugriff auf die Daten auf einem Magnetband ist meist sequenziell organisiert. Die zu suchenden Daten sind der Reihe nach gespeichert, was oft ein langes Zurück- oder Vorspulen zur Folge haben kann, um bestimmte Daten auf dem Band zu finden.

Einige Hersteller bieten Speicherkapazitäten von ca. 518 GByte bei einer Aufzeichnungsgeschwindigkeit von 24 MB/s. Außerdem garantieren sie den Bändern eine verlustfreie Lagerungszeit von ca. 20 Jahren und eine Medien-Lebensdauer von 20.000 Durchläufen.

4.2.1.2 Neueste Generationen von Bandlaufwerken

Um die Unmengen von Daten moderner Großunternehmen, insbesondere die kritischen Unternehmensdaten, einem komfortablen Datenmanagementsystem zuzuführen, ist modernste Technologie nötig. Bandlaufwerke durchliefen in den letzten Jahren eine Vielzahl technischer Verbesserungen und bieten heute große Kapazität, hohe Transferraten und Zuverlässigkeit. Neueste Generationen von Bandlaufwerken besitzen Diagnosefunktionen zur Fehlervorhersage und Fehlervermeidung und zeigen Statusinformationen für Laufwerk und Medium an, die sich über Desktop oder Handheld abrufen lassen. Streamer-Laufwerke mit Wechseleinheit sind mit mehreren Bändern (acht Kassetten im Autoloader-System) bestückt, wodurch sich eine äußerst zuverlässige Datensicherung durchführen lässt.

Hardware-Kompression

Die Kapazität von Magnetbändern kann unter idealen Voraussetzungen durch Kompression verdoppelt werden, es ist jedoch darauf zu achten, dass die Kompressionsrate wesentlich von den zu sichernden Daten abhängig ist. Besonders Multimedia-Daten können kaum mehr komprimiert werden. Dazu zählen beispielsweise die bereits komprimierten JPEG- und MPEG-Formate.

Technische Daten moderner Bandlaufwerke

Eine Komprimierung mit dem Faktor 2:1 stellt den Idealfall der Kapazitätsangabe dar.

- Formatierte Kapazität 300 GB, komprimiert 600 GB
- Datenübertragungsrate 36 MB/s, komprimiert 72 MB/s
- Medien-Lebensdauer ca. 1.000.000 Kopf-Durchläufe
- Medien-Archivspeicherung bis 30 Jahre

4.2.2 ZIP-Laufwerke

4.2.2.1 Was ist ein Zip-Laufwerk?

Die ZIP-Produktfamilie ist ein von der Firma Iomega entwickeltes System für eine wechselbare Speicherlösung. Das Speichermedium hat ähnliche Abmessungen wie eine 3,5 Zoll-Diskette, die Speicherkapazitäten der ZIP-Datenträger variieren von der 100 MByte-, 250 MByte- bis zur schnellen 750 MByte-Konfiguration. ZIP-Laufwerke gibt es als interne oder externe Version mit einem eigenen Gehäuse und eigener Stromversorgung.

4.2.2.1 Funktionsweise

ZIP-Laufwerke funktionieren ähnlich wie Festplatten, d.h. die Daten werden magnetisch auf eine schnell rotierende Platte geschrieben.

Abbildung 4.2.2
Ein externes ZIP-Laufwerk der Firma IOMEGA mit 750 MB Speicherkapazität (Foto: IOMEGA)

4.2.2.2 Verwendete Schnittstellen

Über verschiedene Schnittstellen erkennt das Betriebssystem ein ZIP-Laufwerk als zusätzliche Festplatte.

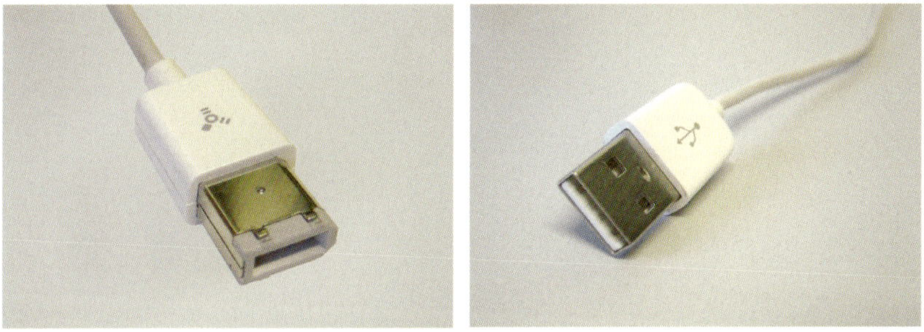

Abbildung 4.2.3
Links: ein 6-Pin Firewire-Stecker Rechts: ein USB-Stecker (Foto: CDA Verlag)

Der Universal Serial Bus (USB) ↻ verbindet Computer mit externen USB-Peripheriegeräten zum Austausch von Daten. Das externe ZIP-Laufwerk kann bei laufendem Betrieb (Hot-Plugging) über die USB-Schnittstelle mit dem Computer verbunden werden und ist nach der automatischen Erkennung sofort funktionsbereit.

↻ s. Kapitel 1.1.3.3

Die Firewire-Schnittstelle wird für den schnellen Datenaustausch zwischen Computer und Peripheriegeräten eingesetzt. Ursprünglich war der Markenname FireWire auf Geräten von Apple zu finden. Von der Firma Sony lizenziert heißt die Schnittstelle i.LINK, eine weitere Bezeichnung ist IEEE1394.

ATA (**A**dvanced **T**echnology **A**ttachment) / ATAPI (**A**dvanced **T**echnologie **At**tachment with **P**acket **I**nterface) ist eine Schnittstelle für den Datenaustausch zwischen Massenspeicher und Computer. ATA/ATAPI findet meist Verwendung in Personalcomputern, um Laufwerke (z.B. ein ZIP-Drive), Festplatten, CD-ROM und DVD-Laufwerke, die direkt im Desktop-Computer eingebaut sind, anzuschließen.

Abbildung 4.2.4
ATAPI ist die meistverbreitete Schnittstelle zur Anbindung von Harddisks und optischen Laufwerken (Foto: CDA Verlag)

4.3 Optische Speichermedien

4.3.1 Geschichtlicher Rückblick

Der Deutsche Emil Berliner, der nach Amerika ausgewandert war um dort mehr Erfolg zu haben, erhielt im September 1887 ein Patent auf die Erfindung des Grammophons und der Schallplatte.

Berliner entwickelte einen plattenförmigen Laufträger (in Zinkblech geätzte Rillen) mit der Möglichkeit, diese Scheiben beliebig zu vervielfältigen. Der erste Schritt zu einem kompakten Datenträger war getan, viele sollten noch folgen.

Tabelle 4.3.1
Die chronologische Weiterentwicklung der Schellack bis zur heutigen Compact Disc

Jahr	Größe	Material/Verfahren	Seiten	Spieldauer*	UpM**
1904	30 cm	Schellack	2	2 x 5	78
1925	30 cm	Schellack elektronisch aufgenommen	2	2 x 5	78
1950	30 cm	Schellack variable Mikrograde (Füllschrift)	2	2 x 10	78
1951	30 cm	Kunststoff (PVC)	2	2 x 30	33 1/3
1951	25 cm	Kunststoff	2	2 x 15	33 1/3
1953	17 cm	Kunststoff	2	2 x 5	45 (N)
1953	17 cm	Kunststoff, verlängerte Spieldauer	2	2 x 10	45 (EP)
1955	30 cm	Kunststoff	2	2 x 30	33 1/3
1958	30 cm	Kunststoff, stereo	2	2 x 30	33 1/3
1961	17 cm	Kunststoff	2	2 x 5	45
1980	30 cm	Kunststoff (digital aufgenommen)	2	2 x 30	33 1/3
1982	12 cm	Compact Disc Kunststoff (Polycarbonat)	1	60	250-500
1984	12 cm	CD-ROM, Datenspeicherplatte (Polyc.)	1	60	250-500
1987	12 cm	CD-Maxi-Single (Polycarbonat)	1	20	250-500

* in Minuten
* Umdrehungen pro Minute

4.3.2 Klassische CD-ROM (Compact Disk-Read Only Memory)

Die Compact-Disc, kurz nur CD genannt, ist ein optischer Massenspeicher, der zur digitalen Speicherung von Musik eingeführt und erstmals 1979 vorgestellt wurde. In weiterer Folge setzte sich die CD mehr und mehr durch, verdrängte schließlich die Schallplatte vom internationalen Markt und löste diese schließlich vollkommen ab. Das Format der Compact Disk wurde später erweitert, um nicht ausschließlich Musik, sondern auch Daten für Computer zu speichern.

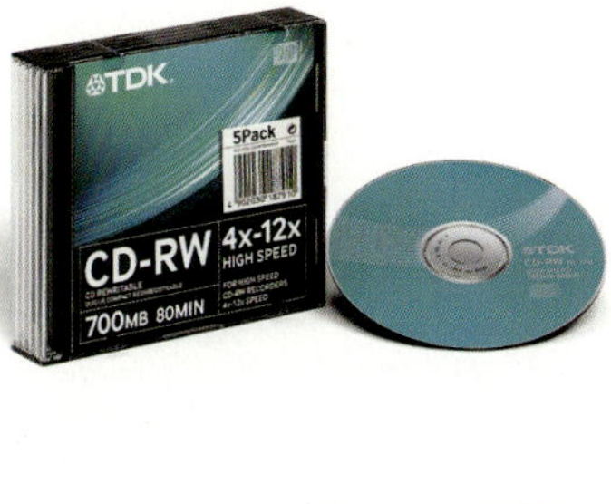

Abbildung 4.3.1
Die CD-ROM als Massenspeichermedium für Computerdaten begann ihren Siegeszug in den frühen 90er-Jahren (Foto: TDK)

Die klassische CD-ROM kann bei Ausnutzung aller Möglichkeiten maximal ca. 778 Megabyte speichern.

4.3.2.1 Physikalischer Aufbau der CD-ROM

Das Material einer CD-ROM ist ein Verbundstoff, der aus Polycarbonat, Aluminium und geringen Mengen Lack besteht. Geformt werden die CD-Rohlinge im Spritzgussverfahren aus Polycarbonat, anschließend werden diese bereits informationshaltigen Scheiben mit einem dünnen Aluminiumfilm bedampft und dann mit einer Lackschicht vor leichteren mechanischen Einwirkungen geschützt.

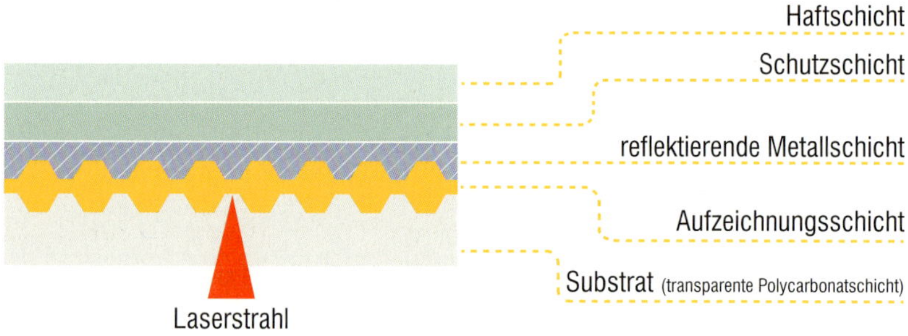

Abbildung 4.3.2
Radialschnitt einer CD im Überblick (Grafik: CDA Verlag)

Die eigentliche digitale Datenspeicherung geschieht in Form von mikroskopisch winzigen Vertiefungen (Pits) und Zwischenräumen (Lands), die zu einer durchgehenden, spiralförmigen Rille angeordnet sind. Interessant zu wissen ist, dass nicht die Pits und Lands den Nullen und Einsen entsprechen, sondern dass diese durch die Übergänge zwischen Pits und Lands definiert werden. Dem Übergang entspricht also die Eins, das Fehlen des Übergangs wird als Null erkannt. Diese eingepressten Informationen werden im Abspielgerät von einem Laser durch die Trägerschicht abgetastet und entsprechend in Signale umgewandelt. Die Lesegeschwindigkeit von 1,2 bis 1,4 m/s ergibt eine Pit-Länge von mindestens 833 Nanometer (833 Millionstel Millimeter). Bei einer Gesamtlänge der Datenrille von ungefähr 5.700 Metern beinhaltet eine CD ca. 2,5 GByte an Rohdaten. Von dieser riesigen Datenmenge bleiben jedoch nur ca. 750 MByte für Nutzdaten übrig.

4.3.2.2 CD-ROM File-Systems

Der High Sierra Standard (ISO 9660 Norm/ECMA-119) ist ein hierarchisches File-System in drei Varianten, welches die Anordnung der Datenstruktur einer beschreibbaren CD festlegt. Als Dateinamen sind nur bestimmte Zeichen zulässig.

Die verschiedenen Levels von ISO 9660:

Level 1	Dateinamen max. 8 Zeichen, (+ Dateiendung aus 3 Zeichen), keine Sonderzeichen, max. 8 Verzeichnisebenen
Level 2	Dateinamen max. 30 Zeichen, Pfadnamen bis max. 31 Zeichen
Level 3	Pfadnamen bis max. 255 Zeichen

CD-Dateisystem Joliet

Das Dateisystem Joliet ist ein gebräuchliches CD-ROM-Format von Microsoft und stellt eine Erweiterung des ISO-9660-Formats dar. Der Standard wird von Windows-Betriebssystemen unterstützt.

Zulässig sind Dateinamen mit bis zu 64 Zeichen und auch die Kleinschreibung. Der Verzeichnispfad sollte inkl. Dateinamen nicht mehr als 120 Zeichen beinhalten.

4.3.2.3 CD-Formate

Die Anzahl an CD-Formaten ist bereits beachtlich angestiegen, einige besitzen jedoch keinerlei Bedeutung mehr, andere Formate sind aber auch derzeit noch im Einsatz.

- Audio-CD
- Photo-CD
- CD-ROM
- CD-I
- CD-XA
- CD-R

Zu den wichtigsten zählten bisher die CD-DA (Audio-CD, wo Musikinformationen in 16-Bit Stereo und einer Samplingrate von 44,1 kHz gespeichert werden), CD-ROM (Daten-CD) und die CD-ROM/XA (erweiterte Daten-CD).

Natürlich muss man nicht alle Formate bis ins Detail kennen, aber viele Laufwerke besitzen leider die Eigenschaft, nur bestimmte CD-Formate zu lesen.

Die CD- und DVD-ROM-Laufwerke in einem Computer sind hier ausgenommen und auch der eine oder andere DVD-Player fürs Home-Entertainment. Der beispielsweise im Wohnzimmer positionierte HiFi-CD-Player benötigt Audio-CDs (CD-DA) und kann andere Formate nicht entschlüsseln. Plant man nun eine zum jeweiligen Gerät passende CD zu erstellen, sollte man sich notgedrungen zumindest ein wenig mit den verschiedenen Formaten beschäftigen.

Woher kommt nun diese Vielfalt? In den 80er-Jahren, als sozusagen die Mutter aller CD-Formate (die Audio-CD) entstanden ist, versuchte man ein neues Medium zu schaffen, das bestens für die Musikwiedergabe, aber wenig für andere Aufgaben geeignet war.

Erst später passte man die bei der Audio-CD so glänzend funktionierenden Techniken rasch an die neuen Anforderungen der Konsumgesellschaft an. Aus diesem Grund beließen es die Herstellerfirmen bei den physikalischen

Maßen. Es ist somit kein äußerlicher Unterschied zwischen den verschiedenen Formaten erkennbar. Die Industrie veränderte für die neuen Formate nur die logische Struktur, also den Aufbau eines Sektors. Dieser entspricht der kleinsten Speichereinheit einer CD.

4.3.2.4 Formate für die Videospeicherung

Video CD (VCD)

Die im Jahre 1993 entstandene Video-CD ist eine Weiterentwicklung der knapp ein Jahr vorher eingeführten Photo-CD. Wieder trieben die beiden Firmen Philips und JVC diesen technischen Fortschritt voran, der später im „White Book" definiert wurde und den Standard zur Speicherung von MPEG-1 (**M**otion **P**ictures **E**xpert **G**roup) kodierten Videosequenzen beschreibt.

Die erste Version der Video-CD-Spezifikation wurde auch noch „Karaoke-CD" genannt, mit Erscheinen der Version 1.1 wurde jedoch der Name auf die heute bekannte Video-CD geändert.

Die Speicherkapazität einer VCD ist ausreichend, um Filme bis zu maximal 74 Minuten abzuspeichern. Der Ton kann, je nach Aufnahme CD-Qualität haben und die Auflösung beträgt 352 x 288 Pixel bei 25 Bildern pro Sekunde (**PAL**).

Was ist PAL / NTSC

Das **P**hase **A**lternating **L**ine-Verfahren, kurz PAL, ist ein Verfahren zur Farbübertragung beim analogen Fernsehen und kommt hauptsächlich in Europa zum Einsatz.

Das **N**ational **T**elevision **S**ystem **C**ommittee (NTSC) ist ein Farbübertragungssystem das in weiten Teilen Amerikas und Ostasiens verwendet wird.

Vorteile einer VCD (gegenüber VHS)

- Die Video-CD bietet gegenüber einem VHS-Band höhere Lebensdauer und einen direkten und beliebigen Zugriff auf entsprechende Filmdateien. Die Platz sparende Archivierung durch die kompakte Form des Mediums bietet dem User komfortablen Umgang.
- Weiterhin unterliegt eine VHS Kassette im Gegensatz zur CD beim Abspielen ständig mechanischer Beanspruchung, was eine immer schlechter werdende Bildqualität zur Folge hat.
- CDs sind relativ robuste Speichermedien, die Umgebungstemperaturen von -40 bis +70 Grad sowie einer relativen Luftfeuchtigkeit von 10 bis 95 Prozent ohne weiteres standhalten.
- VCDs benutzen für die Korrektur von Fehlern ein eigenes Verfahren.

Nachteile einer VCD

- Die Videodatei muss in einem ganz bestimmten Format vorliegen und der VCD Standard wird nicht von jedem DVD-Player unterstützt. Die meisten Geräte jedoch erkennen VCD, was bei S-VCD nicht immer der Fall ist. (siehe unten)
- Als Ergänzung sei noch zu erwähnen, dass neben bewegten Bildern auch noch die Ansicht von Standbildern (still pictures) im Format 704 x 576 möglich ist. Diese Spezifikation der VCD ist mittlerweile als Version 2.0 definiert.

Systeme zum Abspielen

Geräte zum Abspielen für VCDs wurden bereits 1990 erfolgreich eingesetzt und als CD-i Multimedia System definiert, das für den Privatanwender als eine Spielkonsole, entwickelt von der Firma Sony und Philips und spezifiziert im „Green Book" (beschreibt den Standard von CD-i), auf den Märkten erschien.

Das CD-i System wird direkt an den Fernseher und an die Stereoanlage angeschlossen. Diese Abspielgeräte verwenden interaktive Elemente und können Audio, Standbilder, Grafiken, Trickfilme und Videofilme abspielen.

Video-CDs können mittels DVD-Player und mit dem Computer (entsprechende Hard- und Software vorausgesetzt) abgespielt werden. VCD-Player können ebenfalls einige Formate von Video-CDs abspielen und unterstützen die Formate mpeg, avi und dat.

Technische Daten einer Video CD

Parameter	Video CD
Spieldauer	74 Minuten
Datenrate	150 kBps
Video	MPEG-1 1.15 Mbps CBR (**c**onstant **bi**t**r**ate)
Auflösung	352 x 240 (NTSC) 352 x 280 (PAL)
Audio	MPEG-1 stereo CBR optional CD audio tracks
Stills	MPEG-1
Interaktion	Menüs, Playlists, optimale Suchfunktion

Super Video CD (S-VCD)

Die Super Video CD (S-VCD) ist die technologische Fortsetzung und gleichzeitige Verbesserung der Video CD (VCD). Das S-VCD-Format entspricht dem „Standard der Unterhaltungselektronikindustrie der Volksrepublik China" und wurde dort 1998 auch in den Grundzügen erfunden. Vorerst VCD 3.0 benannt und später in Super Video CD geändert, definierte die Firma Philips diesen Standard.

Die Super VCD greift also auf die bekannte CD-ROM Technologie zurück, im Gegensatz zu MPEG-1 verwendet man bei S-VCD das MPEG-2 Format, welches auch bei DVD und Digital TV (DVB) eingesetzt wird.

Das MPEG-2 Format bietet eine höhere Main-Auflösung bis zu 720 x 576 Punkten, bis zu 15 MBits/s und obendrein eine verbesserte Komprimierungs-Methode, die sich gerade bei hohen Datenraten durch exzellente Bildschärfe und Homogenität auszeichnet. Die Bildqualität erreicht somit den Standard des digitalen TV und DVD-Video. Implementiert wurde auch eine zweite Sprache und die Möglichkeit der Einblendung von bis zu vier verschiedenen zu/abschaltbaren Untertiteln.

Vorteile S-VCD gegenüber VCD ⊕

- Super Video CDs liegen bezüglich der Qualität deutlich erkennbar über der von VCD.
- Für das Abspielen von VCD und S-VCD ist ein S-VCD-Player nicht unbedingt Voraussetzung, auch PCs mit entsprechender Hard- und Software sind tauglich.
- Ausgezeichnete Synchronität von Audio/Video.
- Multilanguage-CD mit Untertiteln ist realisierbar.
- Die Verwendung von VBR (**v**ariable **bit**ra**t**e) ermöglicht es, einen weiteren Gewinn in der Bildschärfe zu erreichen.
- Es können auf recht einfache Weise (mit dem iAuthor) Menüs erstellt werden, die es u. a. auch erlauben, Einsprungpunkte anzusteuern.

Nachteile S-VCD gegenüber VCD ⊖

- Der Nachteil von S-VCD liegt in der relativ kurzen Spieldauer, da MPEG2-Video erst ab den Bitraten >2000Kbit/s CBR ansehnliche Ergebnisse liefert. Bleibt man mit der Bitrate darunter, so hat man selbst bei einem qualitativ hochwertigen Input kein attraktives Video.

eXtended Video-CD (X-VCD)

Nur ganz wenige VCD-Player lassen es zu, Video CDs auch mit höheren Datenraten und größeren Auflösungen als 352 x 576 abzuspielen. Dazu sollte man aber bemerken, dass hier alles aus dem MPEG-Chip herausgeholt wurde und dies nun das Ende der Fahnenstange bezüglich dieser Chipgeneration sein dürfte.

Die X-VCD entspricht somit bloß einer Neuinterpretation auf der Basis von VCD 2.0 mit höherer Bitrate und Auflösung unter Verwendung der Spezifikation MPEG-1. Der Qualitätsgewinn ist trotzdem bemerkenswert.

Ausgenutzt wird eigentlich nur jener Umstand, dass der Player (beispielsweise der Yamakawa - auch als Allesfresser bezeichnet) nur oberflächliche Prüfungen der eingelegten CDs durchführt und anschließend die Daten den Decoderchips zuführt.

Player anderer Marken sind häufig nicht so tolerant und verweigern das Abspielen gänzlich, manche spielen nur Ton oder Bild ab, aber auch andere Störungen sind möglich.

Das eXtended Video-CD Format besitzt leider eine unbefriedigende Kompatibilität zu vielen weiteren Playern, die unter Umständen auch nach einem Firmware-Update (Beschreiben eines nicht flüchtigen Speichers in einem Gerät mit einer neuen Softwareroutine) ihren Dienst hartnäckig verweigern können.

Dies hängt unter anderem damit zusammen, dass die Software davon ausgeht, dass es sich bei einer abzuspielenden VCD um die Standard-Auflösung von 352 x 288 Punkten handelt. Versucht nun der Decoder die plötzlich hohe vorgegebene Auflösung mit falschen Parametern zu skalieren, bekommt man meist nur Pixelmüll auf den Bildschirm geliefert.

Die älteren SAMPO Player mit dem sehr populären, flexiblen und in den ersten Yamakawa Modellen eingesetzten ESS Chipsatz beispielsweise hatten damit keine Probleme, aber alle auf den Zoran Chipsatz basierten Player können diese X-VCDs beispielsweise überhaupt nicht abspielen.

Vorteile X-VCD gegenüber S-VCD ⊕

- Höhere Bildauflösung
- Höhere Bitrate = weniger Kompressionsartefakte/besseres Bild

Nachteile X-VCD gegenüber S-VCD ⊖

- - Datenträger ist nur auf S-VCD fähigen (externen) DVD- Playern abspielbar
- - X-VCD ist in Europa kein etablierter Standard

Übersichtstabelle der einzelnen Formate

Format	Auflösung	Video-Datenrate	Audioformat	Beschreibung
VCD	352 x 288	1150 Kbits CBR	224 Kbits 44.1Khz	Standard VCD Format lt. Spezifikation
D-VCD	352 x 288	variabel CBR	variabel	VCD mit erhöhter Datenrate
S/X-VCD	352 x 576 480 x 576	variabel CBR	variabel	VCD mit erhöhter Datenrate und erweiterter Auflösung. S/X-VCD wie X-VCD, nur im S-VCD Format gebrannt.
S-VCD	480 x 576	2600 Kbits CBR oder VBR	38 bis 384 Kbits 44.1 KHz	Standard S-VCD Format lt. Spezifikation
DS-VCD	480 x 576	variabel CBR oder VBR	variabel	S-VCD mit erhöhter Datenrate
XS-VCD	variabel	variabel CBR oder VBR	variabel	S-VCD mit alternativen Auflösungen und erhöhter Datenrate

4.3.3 Vielseitiger Massenspeicher DVD (Digital Versatile Disk)

Die DVD ist in Form und Abmessung mit der CD vergleichbar, fasst aber deutlich mehr Daten. In der einfachen Variante SS SL (Single Side & Single Layer) passen rund 4,7 Gigabyte auf eine Disk, in der größten DS DL (Double Side & Dual Layer) rund 17 GB. Die Speichermenge hängt vom Produktionsverfahren ab. Eine DVD kann also beidseitig bespielt werden und auf jeder Seite können zwei Datenschichten aufgetragen werden. Dadurch können rund 8 Stunden Spielfilm auf einer DVD gespeichert werden.

Speicherkapazität von DVD-ROMs

- DVD-5: einseitige Disc mit einer Schicht: Kapazität 4,7 GB, MPEG-Video, Spielzeit ca. 133 Minuten
- DVD-9: einseitige Disc mit zwei Schichten: Kapazität 8,5 GB, MPEG-Video, Spielzeit ca. 241 Minuten
- DVD-10: zweiseitige Disc mit einer Schicht: Kapazität 9,4 GB, MPEG-Video, Spielzeit ca. 266 Minuten
- DVD-18: zweiseitige Disc mit zwei Schichten: Kapazität 17 GB, MPEG-Video

Foto: TDK

4.3.3.1 Entwicklung

Ende des Jahres 1994 stellten die beiden Firmen Sony und Philips die Multimedia CD (kurz MMCD) als ein viel versprechendes optisches Speichermedium vor, das 3,4 GByte an Daten fassen konnte.

Anfang 1995 brachten die Firmen Hitachi, Matsushita, Pioneer, Thomson und Toshiba, um einige zu nennen, die Super Disc (SD) auf den Markt. Diese SD hatte mehr Speicherplatz gegenüber der MMCD, für die Film- und Computerindustrie jedoch brachten zwei verschiedene Standards nicht den erhofften Erfolg.

Nach erfolgreicher Vermittlung zwischen den Konkurrenzfirmen einigte man sich auf das gemeinsame Format DVD-ROM und zehn Firmen schlossen sich kurzerhand zum DVD-Konsortium, das später DVD-Forum heißen wird, zusammen.

Dieses DVD-Forum ist eine internationale Verbindung von Hard- und Softwareunternehmen mit dem Ziel, zum Beispiel DVD-Formatspezifikationen zu definieren, DVD-Formatbücher herzustellen und Lizenzen für das DVD-Format zu vergeben.

4.3.3.2 Physikalischer Aufbau

Der DVD-Typ der einfachsten Form besitzt eine datenspeichernde erste Polycarbonat-Scheibe, die mit einer für den Laserstrahl reflektierenden Aluminiumschicht (Infolayer) beschichtet ist. Nach diesem Prinzip kann auch in die P-Scheibe eine zweite Speicherschicht eingebaut werden, um die Speicherkapazität zu vergrößern. Diese Art DVD muss man zum Abspielen der zweiten Seite aber erst umdrehen.

Um das zu vermeiden, gibt es die alternative Möglichkeit, zwei Informations- oder Speicherschichten innerhalb einer Seite der Scheibe so anzuordnen, dass sie durch unterschiedliche und sehr starke Fokussierung des Laserstrahls gelesen werden können. Dies ermöglicht eine im Vergleich zur CD-ROM engere Spurführung (Abstand: 0,74 statt 1,6 Mikrometer = Tausendstel Millimeter) und kleinere Pits (Länge: 0,4 statt 0,9 Mikrometer).

Der Spurwechsel vollzieht sich jedoch so unheimlich schnell (im Millisekundenbereich), dass er vom menschlichen Auge (bei Filmen) oder vom Ohr (bei Musik) nicht wahrgenommen werden kann.

Die Speicherkapazität einer solchen DVD verdoppelt sich auf 8,5 Gigabyte.

4.3.3.3 Die vier Schreibformate der DVD

Für das Schreiben von DVDs existiert kein einheitlicher Standard. Die Schreibformate DVD+R, DVD-R, DVD-RW und +RW und sogar DVD-RAM setzen ähnliche Techniken ein, zumal es ja grundsätzlich nicht so viele unterschiedliche Möglichkeiten gibt, optische Medien zu beschreiben und anschließend wieder zu lesen. Trotz ähnlicher Technologie jedoch erfordert jedes der Formate spezielle DVD-Rohlinge und basiert auf einer eigenen Aufzeichnungstechnik. Zum Jahresende 2001 beispielsweise unterstützten viele DVD-Brenner noch immer nicht alle Schreibverfahren.

DVD-Recordable (DVD-R, DVD+R)

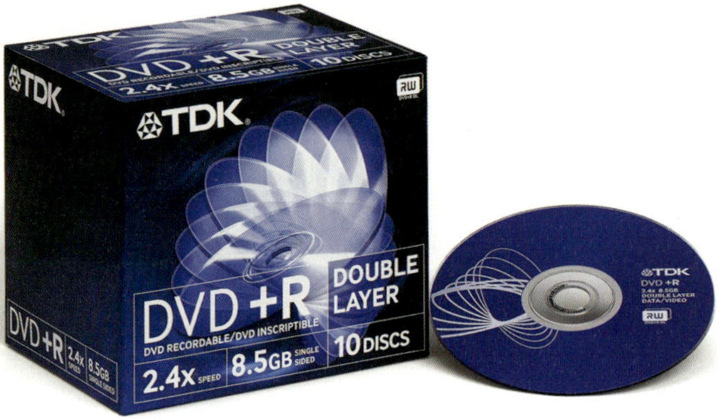

Abbildung 4.3.3
Für jeden DVD Standard gibt es eigene Speichermedien (Foto: TDK)

Die DVD-R (Entwickler Firma Pioneer) ist ein einmal beschreibbares Speichermedium (writable media) und ähnelt der DVD-ROM sehr stark, sowohl von der Datenstruktur als auch von den Reflexionseigenschaften her. Andere Unternehmen setzen dieser Entwicklung den DVD+R Standard entgegen.

Die Medien der ersten Generation boten eine Speicherkapazität von 3,95 GByte, ab Herbst 1999 wurde der Standard der 2. Generation auf 4,7 Gigabyte erhöht. Im Mai 2001 brachte Mitsui eine DVD-R auf den Markt, die 9,4 Gigabyte an Daten speichern konnte. Die doppelte Speicherkapazität wurde durch Ausnutzung der zweiten Seite der DVD-R möglich, sie musste allerdings dazu umgedreht werden.

Besonders die Filmindustrie wünschte sich nach einem heftigen Preisverfall eine Auftrennung des DVD-R-Standards. Bisherige Speichermedien erhielten die Bezeichnung „DVD-R for Authoring" oder DVD-R(A). Der Unterschied der Consumer-Variante „for General Use" liegt hauptsächlich darin, dass der CSS-Bereich (**C**ontent **S**crambling **S**ystem) schon bei der Herstellung vollgeschrieben wird, um 1:1-Kopien zu verhindern.

Mit dem Content Scrambling System wird ein Viertel der Daten auf einer DVD immer verschlüsselt gespeichert, so dass sie bei der Wiedergabe nur über einen speziellen Code entschlüsselt werden können. Jede Herstellerfirma eines DVD-Players erhält vom DVD-Forum einen geheimen Schlüssel (Player Key) zum Ausweisen des Players gegenüber der DVD. Nach erfolgreicher Überprüfung übergibt die Scheibe zwei Schlüssel, mit denen der DVD-Player die Daten der DVD dekodiert und verarbeitet (Disk und Title Key). Auf jeder CSS-verschlüsselten DVD liegen die Schlüssel in einem geschützten Bereich.

DVD-ReWritable (DVD-RW)

Die DVD-RW - später auch unter dem Namen DVD-R/W geführt - ist ein von der Firma Pioneer entwickeltes, wiederbeschreibbares Medium. Nach Angaben des Herstellers sind DVD-RWs für mindestens 1.000 Schreibvorgänge spezifiziert. Ein DVD-RW-Medium kann maximal 4,7 GByte pro Seite speichern. Als wiederbeschreibbare Variante der DVD-R konzipiert, besitzt die DVD-RW physikalische Ähnlichkeit mit einem DVD-R-Medium. Die minimale und maximale Pitlänge, der Spurabstand und die Datenbitlänge sind fast identisch.

Im Unterschied zu DVD-R wird der CSS-Bereich bei den -RW-Medien schon zugepresst, statt ihn nachträglich in einem eigenen Durchgang zu beschreiben. Das Format entspricht dem Standard für das „Video Recording Format" und ist mit dem der DVD-ROM kompatibel.

DVD+RW

Die DVD+RW ist ein wiederbeschreibbares Medium und liegt etwas abseits der Norm der bekannten DVD-Familie. Die erste Version sah eine Speicherkapazität von 3,0 GByte vor, in der Version 2.0 speicherte die DVD+RW bis zu 4,7 GByte an Daten und sollte mindestens 1.000 Schreib-Lösch-Zyklen überstehen. Leider waren die beschriebenen Medien ursprünglich inkompatibel zu allen DVD-Laufwerken und DVD-Playern. Die Mitglieder der DVD+RW-Alliance (Philips, Sony, Thomson und Yamaha) beschlossen daraufhin, das DVD+RW-Format mit fast allen DVD-Playern und auch mit den DVD-ROM-Laufwerken in PCs kompatibel zu machen.

Im November 2000 wurde auf der Comdex ein Prototyp eines DVD+RW-Rekorders vorgestellt. Mit Laufwerken nach diesem Standard sollten sich wiederbeschreibbare DVDs erstellen lassen, die von fast allen handelsüblichen DVD-ROM-Laufwerken oder DVD-Playern gelesen werden können.

Für den User stellt dies einen besonderen Fortschritt dar, denn diese Laufwerke bieten nun die Möglichkeit des Überspielens und Archivierens von VHS-Videos, der Aufnahme eigener Videos per digitaler Videokamera oder des Abspeicherns von Datenmengen, die für CD-ROMs zu groß sind.

Das Kopieren urheberrechtlich geschützter Filme versucht die DVD+RW-Alliance allerdings zu verhindern: In alle DVD+RW-Laufwerke ist ein elektronischer Mechanismus integriert worden, der Raubkopien von Werken verhindert, die mit dem Kopierschutz CSS versehen sind.

DVD RE-WRITABLE MEDIA (DVD-RAM)

Dieses Format sollte von vornherein als Datenspeichermedium dienen und erfüllte ebenfalls wie die DVD-RW und DVD+RW alle Anforderungen des „Video Recording Formats".

Die Rohlinge der zweiten Generation werden wie MO-Medien (**M**agneto-**O**ptical) ausgeliefert und speichern auf einer Seite 4,7 GByte an Daten. DVD-RAMs lassen sich üblicherweise nur beschreiben, wenn sie in eine Cartridge eingelegt sind. Wenn man diese aus der Hülle herausnimmt, kann die DVD-RAM auch problemlos in einem DVD-ROM-Laufwerk abgespielt werden. Wenn es die Firmware des Laufwerks gestattet, lassen sich die Medien aber auch ohne Cartridge beschreiben, Voraussetzung hiefür ist natürlich, dass die Hüllen nicht versiegelt sind, was bei manchen Medientypen der Fall ist. Ein Medium kann mindestens 100.000 Mal beschrieben und gelöscht werden.

Die DVD-RAM-Laufwerke sollen Audio-CD, CD-ROM, CD-R, CD-R/W, DVD-ROM und DVR-R lesen können. DVD-RAM nutzt ein eigenes Fehlerkorrekturverfahren und verwaltet defekte Sektoren gründlicher als alle anderen beschreibbaren DVD-Formate. Diese Medien besitzen jedoch besondere Reflexionseigenschaften, deswegen sind nur wenige DVD-ROM-Laufwerke im Stande, DVD-RAM-Medien einzulesen. Das Format hat sich bis jetzt nur in Japan durchgesetzt - angesichts der Inkompatibilität zu DVD-Playern dürfte das auch so bleiben.

Abbildung 4.3.4
DVD-RAM Laufwerk
(Foto: TDK)

4.3.4 Blue-Ray-Disk (BD)

4.3.4.1 Speicherkapazität und Funktionsweise

Während bei der CD ein infraroter Laser und bei der DVD ein roter Laser für das Lesen der Daten zuständig ist, arbeitet das neue Format mit blauem Laserlicht. Die kürzere Wellenlänge des blauen Lasers erlaubt es, weitaus kleiner geschriebene Informationen zu lesen, wodurch eine höhere Speicherdichte auf den Scheiben möglich wird.

Das „Blue-Ray-Disc-Format" (aus engl. für Blaustrahl-Scheibe) erreicht somit Speicherkapazitäten von bis zu 27 Gigabyte (einlagig) bzw. 54 GByte (zweilagig). Daraus ergibt sich eine Bruttokapazität von 23,3 GByte bzw. rund 20 GByte nutzbare Speicherkapazität. Dies bedeutet bis zu 13 Stunden Film auf einer BD, bei doppellagig bespielbaren Exemplaren sogar 26 Stunden. Zusätzlich wird eine eindeutige Identifikationsnummer für besseren Kopierschutz als bei den herkömmlichen DVDs sorgen.

Auf optischen Datenspeichern wie CD und DVD werden die digitalen Informationen in Form von mikroskopisch kleinen Vertiefungen abgelegt. Diese Pits sind in einer spiralförmigen Spur durchgehend von innen nach außen angeordnet. Diese Speichermethode erfordert höchste Ansprüche an das Kunststoffmaterial. Es muss diese so genannten Pits nicht nur extrem genau abbilden können, sondern auch hervorragende optische Eigenschaften aufweisen. Optische Datenträger dürfen sich auch keinesfalls verformen, da dies einen Datenverlust zur Folge haben könnte. Die meisten optischen Datenträger werden in Europa aus Makrolon gefertigt. Dies ist ein von der Firma Bayer entwickelter Kunststoff, der extrem form- und wärmebeständig ist und daher für die Herstellung von CDs und DVDs verwendet wird.

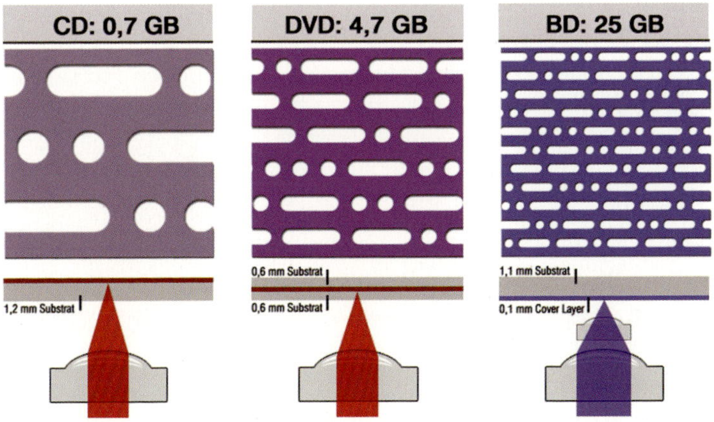

Abbildung 4.3.5
Speicherkapazitäten/ Datentiefen/Laser-Wellenlängen in Nanometer (nm) (Grafik: CDA Verlag)

4.3.4.2 Blue-Ray-Disc mit 100 GB Speicherkapazität

Die Firma TDK (Tokyo Denkikagaku Kogyo) entwickelte bereits Blue-Ray-Discs mit einer Kapazität von 100 GB. Dieses optische Medium bietet das doppelte Fassungsvermögen und die doppelte Aufzeichnungsgeschwindigkeit von aktuellen Blue-Ray-Discs. Das entspricht 72 MBit/s, bei Standard Blue-Ray Medien lag die maximale Brenngeschwindigkeit noch bei 36 MBit/s. Um die höhere Datenkapazität zu erreichen, setzte die Firma TDK einen stärkeren Laser ein und verdoppelte die Speicherschichten, so dass nicht mehr zwei, sondern vier Ebenen diese 100 GByte bei Blue-Ray-Discs ermöglichen. Die höchste Schreibgeschwindigkeit von 216 MBit/s ist aber derzeit nur unter Laborbedingungen möglich, im alltäglichen Gebrauch ist die Blue-Ray-Disc vorerst nur mit 72 MBit/s beschreibbar. Der Grund dafür liegt in der äußerst empfindlichen Oberfläche des Mediums.

↻ s. Kapitel 10.1.2.5

Blue-Ray-Discs eignen sich durch die besonders hohe Speicherkapazität besonders gut für hoch auflösendes Fernsehen (High Definition Television = HDTV) ↻, welches durch eine bessere Qualität als die gängigen Systeme wie PAL und NTSC besticht.

4.3.4.3 Blue-Ray-Disc als RW-Format

Neben einem mehrmals beschreibbaren so genannten RW-Format soll die Blue-Ray-Disc auch als einmal beschreibbares R-Format angeboten werden. Deshalb setzen die Forscher von Bayer auf Farbstoffe als Informationsspeicher. Beim Beschreiben wird dieser Farbstoff punktweise durch die Hitze des fokussierten Laserstrahls zersetzt, wodurch sich seine optischen Eigenschaften verändern und Informationen gespeichert werden können. Während der Abstand zwischen den einzelnen Windungen der Pit-Spur bei der CD 1,6 Tausendstel Millimeter beträgt, konnte er im Farbstoff auf 0,32 Tausendstel Millimeter verkleinert werden. Zum Vergleich: Ein menschliches Haar ist rund 200-mal so dick. Die Speicherkapazität steigt dadurch um das 35-fache auf 27 Gigabyte - eine Datenmenge, die 8,5 Millionen beschriebenen DIN-A4-Seiten entspricht. Als Trägermaterial für den Farbstoff bietet sich übrigens auch wieder Makrolon an - vor allem, weil es form- und wärmebeständig ist.

4.3.4.4 Ausblick

Zum Schluss ein Blick in die fernere digitale Zukunft: Auch im Falle der vierten Generation optischer Datenträger könnte ein neuer, entsprechend angepasster Makrolon-Typ Material der Wahl sein. Bei der so genannten „surface recording Disc" werden die Daten direkt auf der Oberfläche gespeichert. Sie soll Informationen von über 100 Gigabyte aufnehmen können. Damit würde dann die gesamte Videosammlung auf eine einzige kleine Kunststoffscheibe passen. Paradiesische Aussichten für den ordnungsliebenden Filmfan ...

4.3.5 HD-DVD

Abbildung 4.3.6
Die HD-DVD gilt als mögliches Konkurrenzprodukt zur Blue-Ray-Disc (Foto: NEC)

4.3.5.1 Speicherkapazität

Die High Density DVD (HD-DVD) wurde bereits vom Herstellerkonsortium DVD Forum Anfang 2004 nahezu als fertige Version eines Nachfolgeformats für wiederbeschreibbare DVDs vorgelegt. Zuvor wurde die HD DVD jedoch **A**dvanced **O**ptical **D**isc / Fortschrittliche optische Disc (AOD) genannt. Die AOD wurde spezifiziert durch das Advanced Optical Disc-Konsortium, dem beispielsweise Firmen wie NEC, Toshiba, Intel, IBM und Time Warner angehören. Diese Firmen haben sich mittlerweile zur HD-DVD Promotion Group zusammengeschlossen, um die HD-DVD als mögliches Konkurrenzprodukt zur Blue-Ray-Disc besser bekannt zu machen.

Das Format der HD-DVD besitzt eine Speicherkapazität pro Seite und Lage (Layer, Schicht) von

- 15 GB (einmal beschriebene ROM (Read-Only-Memory = Nur-Lese-Speicher)
- 20 GB (wiederbeschreibbare Medien)

Bisherige Prototypen schreiben auf einlagige Medien 20 Gigabyte Daten, auf zweilagige Medien rund 30 GB.

HD-DVDs werden in drei Typen eingeteilt

Disktype 1 (standard content)

Dieser Type geht aus der Erweiterung des DVD-Video Formats hervor. Die bekannten Strukturen werden weitgehend beibehalten. Im Wesentlichen beschränken sich die Unterschiede zur Video-DVD nur darauf, das Verwalten der neuen Video-/Audiocodecs zu ermöglichen.

Disktype 2 (advanced content)
Disktype 2 wurde definiert, um mehr Flexibilität im Vergleich zur DVD-Video Navigationsstruktur zu gewinnen. Eine der wichtigsten Neuerungen im advanced content ist, dass nicht mehr sämtliche Daten auf der DVD gespeichert sein müssen, sondern Teile aus dem Internet (z.B. Angabe einer URL), dem Netzwerk, einer Festplatte oder aus einem anderen Speichermedium geladen werden können. Die Struktur der Navigation wurde im Vergleich zur DVD-Video ebenfalls flexibler gestaltet.

Auf der HD-DVD befinden sich JavaScript Applikationen, welche über eine spezielle API (engl. **a**pplication **p**rogramming **i**nterface, deutsch: Schnittstelle zur Anwendungsprogrammierung) beispielsweise den Player steuern können, auf Tasten-Events reagieren oder Menüs zeichnen.

Disktype 3 (standard und advanced content)
Disktype 3 ist eine Kombination aus den Typen 1 und 2.

4.3.6 Zukunftsformate im Überblick

Format	Förderer	Datentiefe	Laser	Video	Audio	Kapazität (ein-/doppelschichtig)	Datenrate
WMV HD	Microsoft	0,6 mm	Rot (650 nm)	WMV9	WMA9	4,7 GB / 8,5 GB (Standard-DVD)	22 Mbps
HD-DVD	DVD Forum	0,6 mm	Blau (405 nm)	MPEG-2 SD/HD, H.264, VC-1*	PCM, Dolby TrueHD (MLP), Dolby Digital +, DTS HD	15 GB / 30 GB (ROM), 20 GB / 40 GB (beschreibbar)	36 Mbps
Blue-Ray (BD)	Blue-Ray-Disc Association (BDA)	0,1 mm	Blau (405 nm)	MPEG-2 HD, H.264, VC-1*	PCM, Dolby Digital +, DTS HD	27 GB / 50 GB	36 Mbps
EVD	eWorld (Reg. v. China)	0,6 mm	Rot (650 nm)	HD MPEG-2 (später AVC)	ExAC	k.A. / 8,5 GB (ROM)	22 Mbps

4.4 Wechselspeicher

Um jederzeit und überall einfach und komfortabel an Daten zu gelangen, bietet der Markt derzeit eine Fülle von Möglichkeiten, digitale Aufzeichnungen auf kleinste Speichermodule zu sichern. Diese so genannten Wechselspeicher werden unter den verschiedensten Namen wie Flash-Memorys, Flash Cards, Memory Cards aber auch kurz Speicherchips etc. gehandelt und unterscheiden sich in Größe, Form, Speicherkapazität und Preis oft wesentlich voneinander.

Abbildung 4.4.1
Das vielfältige Angebot von Wechselspeichermedien (Foto: Kingston)

Datenspeicherung auf kleinstem Raum
Flash-Cards speichern digitale Daten wie beispielsweise Texte, Bilder, Audio- und Videoaufnahmen auf kleinstem Raum und werden meist für mobile Geräte (Digitalkameras, MP3-Player, GPS-Empfänger, Camcorder usw.) verwendet, die viel digitales Datenmaterial liefern. Die gespeicherten Daten bleiben dauerhaft, also nicht flüchtig auch nach dem Abschalten der Stromversorgung erhalten.

4.4.1 Vorteile von Flash-Cards

- Kompakte und handliche Form
- Daten bleiben auch ohne Versorgungsspannung erhalten (nichtflüchtiger Speicher)
- wenig Energieverbrauch während des Betriebs
- relativ unempfindlich gegen Erschütterungen
- einfaches Auslesen mittels Auslesegerät (Card-Reader, Adapter)
- keine zusätzliche Treiberinstallation

1. PC-SYSTEME 2. BETRIEBSSYSTEME UND APPLIKATIONEN 3. PERIPHERIEGERÄTE 4. SPEICHERMEDIEN 5. DATENÜBERTRAGUNG 6. DATENKOMPRIMIERUNG

4.4.2 Wechselspeicher-Formate

Die derzeit meist verwendeten Flash-Formate sind:

- CompactFlash-Karte (CF)
- Smart Media Card (SM)
- Multimedia Card (MMC)
- Secure Digital Memory Card (SD, Mini-SD)
- Memory Stick (SONY-spezifisch)
- Microdrive (kleine Festplatte von IBM entwickelt)
- xD-Picture Card
- USB-Stick

4.4.2.1 CompactFlash-Karte (CF)

Die CompactFlash-Speicherkarte ist ein kleines, robustes Speichermedium, das besonders bei der Bildspeicherung von digitalen Fotoapparaten, MP3-Playern und als Speichererweiterung von Organizern Verwendung findet. Die Speicherkapazität erreicht mittlerweile bis zu 12 GB. Darüber hinaus ist eine schneller Zugriff auf die gespeicherten Daten gegeben.

Abbildung 4.4.2
CompactFlash mit 1 Gigabyte Speichervolumen
(Foto: Kingston)

Auf dem Markt sind zwei verschiedene Kartentypen vertreten, die sich durch Größe und Bauhöhen unterscheiden.

- Kartentyp CF-I mit den Maßen: 36,4 x 42,8 x 3,3 mm
- Kartentyp CF-II mit den Maßen: 36,4 x 42,8 x 5 mm

Funktionsweise

In die CompactFlash-Karte integriert ist der Speicher und auch die Elektronik zum Lesen und Speichern der Daten, wodurch auch die älteren Endgeräte diesen Wechselspeicher lesen und beschreiben können.

Des Weiteren ist eine CompactFlash-Karte kompatibel zum IDE-Standard herkömmlicher Festplatten und dadurch mit diesen gleichgestellt.

4.4.2.2 Smart Media Card (SM)

Die Smart Media Card wurde 1995 unter dem Namen „Solid State Floppy Disk Card" eingeführt. Diese technische Bezeichnung wurde aber später durch Smart Media Card ersetzt und bis heute beibehalten. Die sehr flache Smart Media Card ist ein digitales Speichermedium, das vorwiegend in digitalen Fotoapparaten, PDAs, DV-Camcordern und in einigen MP3-Playern eingesetzt wird. Sie besteht im Wesentlichen aus der mehrpoligen Kontaktplatte und dem Flashspeicher.

Abbildung 4.4.3
CompactFlash mit 64 MB Speichervolumen
(Foto: Kingston)

Funktionsweise

Die Bauhöhe der Smart Media Card ist zu gering, um einen Controller (Steuerelektronik zum Lesen und Speichern der Daten) auf der Speicherkarte unterzubringen. Diese Elektronik muss auf dem Multimedia-Gerät selber installiert sein. Das ergibt jedoch einen Nachteil im Zusammenspiel mit älteren Geräten mit neueren 128 MB Speicherkarten. Der ältere Kontroller auf dem Multimedia-Gerät ist unter Umständen nicht mehr kompatibel mit der neueren Karte und die Daten können nicht gelesen werden.

Die superflache Smart Media Card ist nur 0,78 Millimeter dick. Die Länge und Breite ist etwa mit einer CompactFlash-Karte vergleichbar.

4.4.2.3 Multimedia Card (MMC)

Die Multimedia Card wurde 1997 vorgestellt und ist mit den Ausmaßen von 24 x 32 x 1,4 mm ein kleines kompaktes digitales Speichermedium für Digitalkameras, Handys, Organizer und MP3-Player. Nur die sieben Pins für die Datenübertragung ragen aus der robusten Kunststoffverpackung, welche die Multimedia Card vor mechanischen Beschädigungen schützt.

Abbildung 4.4.4
2 GB Multimedia Card
(Foto: Kingston)

Funktionsweise

Bedingt durch die Ausmaße ist in der MMC die Steuerelektronik (Controller) für den Lese- und Speichervorgang integriert. Sie ist dadurch auch nicht auf die Steuertechnik des Endgerätes angewiesen. Sieben Pins dienen zur Übertragung der Daten, die entweder blockweise oder als Datenstrom geliefert werden.

Kompatibilität

MultiMedia-Karten sind weitgehend kompatibel mit SD-Cards (Secure Digital Memory Cards). SD-Cards sind etwas dicker als Multimedia Cards und besitzen dadurch mehr Platz um einen Kopierschutz für Multimedia-Anwendungen aufzunehmen. Der neu eingeführte Standard MMC 4.0 verspricht eine höhere Schreib- und Lesegeschwindigkeit, die bis zu 50 MB/s erreichen kann.

4.4.2.4 Secure Digital Memory Card (SD)

Die SD-Karte (sichere digitale Speicherkarte) wurde im Jahr 2001 in Anlehnung an die fast baugleiche etwas ältere MultiMedia-Karte entwickelt (abwärts kompatible Weiterentwicklung). Zusätzliche Hardware-Funktionen bieten neue Techniken für das **D**igital **R**ights **M**anagement (DRM) und sollten dadurch urheberrechtlich geschütztes Material vor illegalen Raubkopien schützen, deswegen der Name „Secure Digital Memory Card". Die genaue Spezifikation der SD-Karte ist unter Verschluss und ermöglicht nur zahlenden Lizenznehmern der S-Card Association die Einsichtnahme.

Abbildung 4.4.5
1 GB SD-Card
(Foto: Kingston)

Funktionsweise

Bedingt durch die Ausmaße von 32 x 24 x 2,1 mm ist in der Secure Digital Memory Card die Steuerelektronik für den Lese- und Speichervorgang integriert. Sie ist dadurch auch nicht auf die Controller des Endgerätes angewiesen. Die Speicherkapazität beträgt bis zu 4 GB, jedoch sind Speicherkarten bis zu 16 GB in naher Zukunft möglich. Neun Pins dienen zur Übertragung der Daten, die bei den so genannten Highspeed-Karten eine Übertragungsgeschwindigkeit von bis zu 20 MB/s beim Schreiben erreichen kann.

Einsatzgebiet

SD-Cards sind in verschiedensten Geräten wie Digitalkameras, Camcorder, MP3-Player, PDAs und Handys zu finden. Endgeräte, die für eine SD-Card konzipiert worden sind, können in den meisten Fällen auch mit einer Multimedia-Card betrieben werden, da diese nur etwas dünner ist, im umgekehrten Fall ist das jedoch meist nicht möglich. Für den Datentransfer einer SD-Card benötigt man ein Endgerät mit einem SD-Slot. Meist werden von den Herstellerfirmen ca. 10.000 Lese-/Schreibzyklen garantiert.

Die Mini-Speicherkarten

Sollte die Secure Digital Memory Card für manche Endgeräte noch zu groß sein, kann man die miniSD mit den Ausmaßen 20 x 21.5 x 1,4 mm einsetzen. Sie passt mit dem entsprechenden Adapter in jeden normalen SD-Slot. Der Markt bietet derzeit Speicherkapazitäten bis zu 1 GB an. Die MicroSD-Card ist noch kleiner als eine miniSD und derzeit mit den Ausmaßen von 11 x 15 x 1 mm die kleinste erhältliche Speicherkarte.

Abbildung 4.4.6
Die miniSD-Speicherkarte ist kleiner als ein Fingernagel (Foto: Kingston)

4.4.2.5 Memory Stick (SONY-Speicherstift)

Die Firma Sony entwickelte 1998 den so genannten Memory Stick. Dieses Speichermedium hat eine maximale Lesegeschwindigkeit von bis zu 2.5 MB/s bei Verwendung von USB Schnittstellen (1.1). Bedingt durch die Ausmaße von 50 x 21.5 x 2.8 mm besitzt der lila-blaue Stick auch eine integrierte Steuerelektronik. Die Speicherkapazität bei den SONY-Speicherstiften beträgt ab 4 MB.

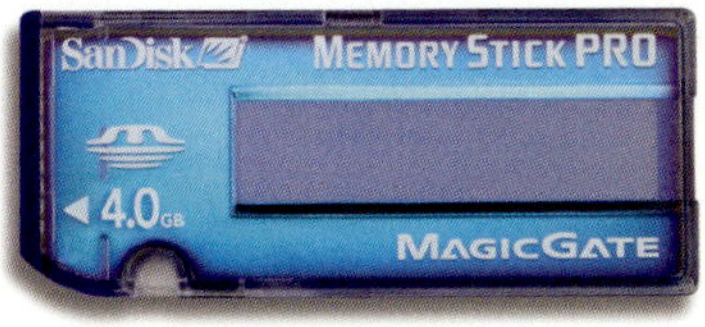

Abbildung 4.4.7
Memory Stick PRO von Sony mit einem Speichervolumen von 4 GB (Foto: Sony)

Um versehentliches Überschreiben der Daten zu verhindern, ist der Stick auf der Rückseite mit einem mechanischen Schreibschutz-Schieber (Lock) versehen.

Die Speicherkapazität wurde den Anforderungen der Konsumenten weiter angepasst und so wurde der Memory Stick PRO entwickelt. Dieser Stick hat eine maximale Datentransferrate von 20 MByte/s und erreicht ein derzeitiges Datenvolumen von 4 GB. Um unerlaubtes Kopieren zu verhindern, ist der Memory Stick Pro von Sony mit dem MagicGate Kopierschutz ausgerüstet.

4.4.2.6 Microdrive

Das von IBM entwickelte Microdrive ist ein sehr kleiner Datenspeicher im Format der CompactFlash-Speicherkarte (36,4 x 42,8 x 5mm). Die Datenspeicherung erfolgt jedoch nicht ausschließlich elektronisch wie bei der CF. Das Microdrive besteht auch aus mechanischen Bestandteilen und speichert die digitalen Daten auf einer winzigen vollwertigen Festplatte elektromechanisch. Nachdem die Firma Hitachi den Festplattenzweig der Firma IBM gekauft hat, entwickelt sie das Microdrive stetig weiter, wobei die Speicherkapazität und Übertragungsgeschwindigkeit nach Verwendungszweck variieren.

Abbildung 4.4.8
Der physikalische Aufbau von Microdrives ähnelt handelsüblichen 3,5" Festplatten. (Foto: IBM)

Funktionsweise

Der physikalische Aufbau eines Microdrives ist prinzipiell mit dem einer handelsüblichen Festplatte (3,5 Zoll) in den PCs vergleichbar. Sämtliche Bauteile wie beispielsweise die Magnetscheibe, die meist 1 Zoll (= 2,54 cm) Durchmesser hat, der bewegliche Schreib-/Lesekopf usw. sind entsprechend kleiner ausgeführt. Die Mini-Festplatte ist aus diesem Grunde vor Erschütterungen und mechanischen Einflüssen zu schützen und deswegen sorgsamer zu transportieren als beispielsweise Smart Media Cards oder CompactFlash-Speicherkarten. Insbesondere der für hohe Drehzahlen ausgelegte Antriebsmotor beansprucht durch den relativ hohen Stromverbrauch bei Bewegung die Akkus der mobilen Geräte stärker als Flash-Speicherkarten. Der Datentransfer erfolgt meist mit einer Geschwindigkeit von 9,4 MB/s beim Lesen und 4,9 MB/s beim Schreiben.

Verwendungszweck
Die Miniatur-Festplatten werden meist in Digitalkameras, PDAs oder MP3-Playern eingesetzt und haben derzeit Speicherkapazitäten zwischen 2 und 6 GB zu bieten. Die Festplatten sind wie die CompactFlash-Speicherkarten zu verwenden und sind mit dem Type II Slot kompatibel.

4.4.2.7 xD-Picture Card
Die xD-Picture Card geht aus einer Entwicklung der Firmen Fuji Photo Film Co. Ltd. und Olympus Optical Co. Ltd. hervor und entspricht den Anforderungen der modernen Digitalfotografie, mit immer größeren Auflösungen beste Qualität zu erzielen.

Abbildung 4.4.9
xD-Picture Cards mit einer Speicherkapazität von 1GB (Foto:Olympus)

Funktionsweise
Mit den Abmessungen von 20 x 25 x 1,7 mm bei einem Gewicht von nur 2 Gramm hat die xD-Picture Card einen sehr geringen Stromverbrauch. Der Datentransfer liegt beim Lesen der Daten bei 5 MB/s und beim Schreiben bei 3 MB/s.

Damit die Angriffsfläche für mögliche Beschädigungen der elektrischen Leiter möglichst gering ist, wurde die Anzahl der Kontaktflächen für den Datentransfer reduziert. Dieses ultrakompakte Speichermedium ist, wie die Smart Media Card, für PDAs und speziell für die digitale Fotografie etc. einsetzbar. Derzeit werden xD-Picture Cards mit einer Speicherkapazität bis zu 1GB angeboten, die neue Speichertechnologie hat jedoch das Potenzial, enorme Datenmengen von bis zu 8 GB zu speichern. Die fotografischen Möglichkeiten werden durch Karten mit einer integrierten Panorama-Funktion noch erweitert.

Kompatibilität

Schneller Datentransfer auf einen Computer wird über CompactFlash-Kartenadapter für xD-Speicherkarten ermöglicht. Die xD-Picture Cards lassen sich dadurch einfach in CompactFlash-Slots einsetzen. Mit USB-Kartenlesegeräten können Videosequenzen, Audiodateien und Digitalbilder ebenfalls auf PCs gespeichert werden.

4.4.2.8 USB-Stick

Als USB-Stick (engl. Stiel, Stock) bezeichnet man einen kleinen kompakten Wechselspeicher, der an eine USB-Schnittstelle (**U**niversal **S**erial **B**us) angeschlossen wird. USB-Geräte können während des Computerbetriebes angesteckt und entfernt werden. Ein modernes Betriebssystem identifiziert das erkannte USB-Gerät und lädt die entsprechenden Treiber, um die Hardware sofort verwenden zu können. USB-Sticks dienen meist wie eine Festplatte als Laufwerke und Massenspeicher. Durch die sehr hohe Übertragungsgeschwindigkeit der abwärtskompatiblen Spezifikation USB 2.0 wird derzeit eine bis zu vierzig Mal schnellere Datenübertragung als bei der vorangegangenen Version USB 1.1 erreicht. Sticks für die USB 2.0-Schnittstelle lesen und speichern mit einer Übertragungsrate von bis zu 480 MBit/s und bieten derzeit eine Speicherkapazität von 8 GB.

Die ultramodernen und federleichten USB-Sticks sind nicht nur funktionelle Speichermedien im kompakten Format, sie werden in den verschiedensten Farben und elegantem Design angeboten, um diese tragbare Speicherlösung möglichst attraktiv zu machen.

4.4.3 Speichermedien im Überblick

Speicherart	Entwickler	Abmessungen	Gewicht	Max. Größe
Compact Flash (CF Typ I)	SanDisk	36,4x42,8x3,3 mm	10 Gramm	1 Gigabyte
Micro Drive (CF Typ II)	IBM	36,4x42,8x5 mm	16 Gramm	1 Gigabyte
Smart Media	Toshiba	45x37x0,8 mm	2 Gramm	128 Megabyte
MultiMedia Card	Siemens SanDisk	24x32x1,4 mm	1,5 Gramm	64 Megabyte
Secure Digital Card	Panasonic SanDisk Toshiba	24x32x2,1 mm	2 Gramm	512 Megabyte
Memory Stick	Sony	21,5x50x2,8 mm	4 Gramm	128 Megabyte
Memory Stick Duo	Sony	1,6x20x31 mm	k.A.	64 Megabyte
Memory Stick Pro	Sony SanDisk	21,5x50x2,8 mm	k.A.	32 Gigabyte
xD Card	Olympus Fujifilm	25x20x1,7 mm	2 Gramm	8 Gigabyte
USB-Stick	diverse	unterschiedlich	untersch.	untersch.

5

Datenübertragung

Foto: T-Mobile

5.1 ISDN

5.1.1 Geschichtlicher Rückblick

Bereits im Jahre 1938 entwickelte Alec Harley Reeves ein mögliches Verfahren, die komplexen Wellenformen digital zu übertragen.

Die Deutsche Bundespost war der Vorreiter für ISDN in Europa und entschied bereits im Jahr 1979 alle Ortsvermittlungsstellen zu digitalisieren. Die ersten Pilotprojekte folgten 1987 in Mannheim und Stuttgart. In der Schweiz wurde 1988 das erste digitale Netz in Betrieb genommen, Österreichs Post und Telegrafenverwaltung folgte vier Jahre später. In den deutschsprachigen Ländern war die Akzeptanz für ISDN groß, so hatte die Deutsche Telekom im Jahr 2003 über 10 Millionen ISDN Kunden, in Österreich waren es rund eine halbe Million. In den USA wurde ISDN 1992 eingeführt, blieb aber wegen der fehlenden Förderung ein Nischenprodukt.

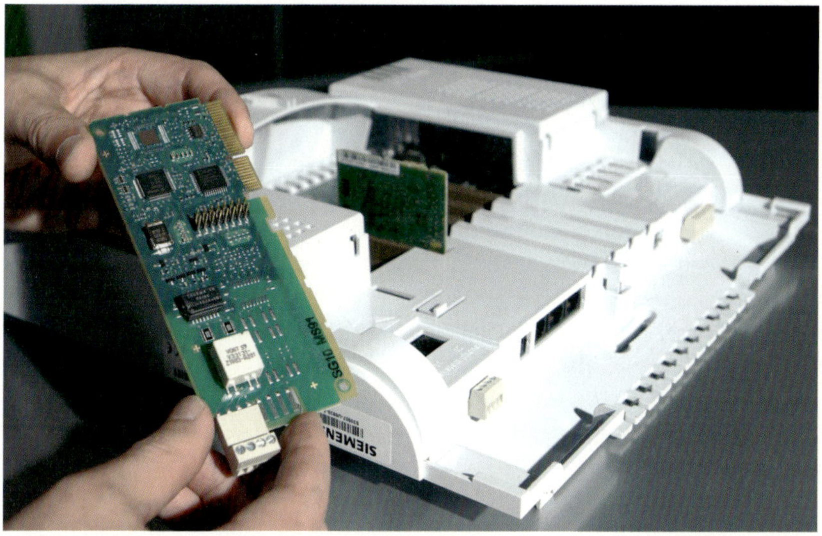

Abbildung 5.1.1
Bis zu 14 Teilnehmer unterstützt diese ISDN Anlage von Siemens
(Foto: Siemens)

5.1.2 Übertragungsprinzip von ISDN

Beim klassischen Übertragungsprinzip im Fernsprechnetz werden Daten analog übertragen. Die Frequenz der menschlichen Stimme wird mittels Mikrofon in elektrische Schwingungen umgesetzt und als genaues Abbild meist über Kupferleitungen gesendet. Über Lautsprecher werden diese elektrischen Schwingungen wieder in akustische Signale umgewandelt und für den Menschen hörbar gemacht.

Durch Abtasten der Sprachsignale werden Impulse gewonnen, aus denen ein Code erzeugt wird, um damit eine Modulation eines Signalträgers zu erreichen. Aus dieser Definition leitet sich der Name **P**uls**c**ode-**M**odulation

(PCM) ab. Die erste praktische Verbreitung der PCM-Technik erfolgte erst in den 70er-Jahren auf dem Gebiet der Übertragungstechnik.

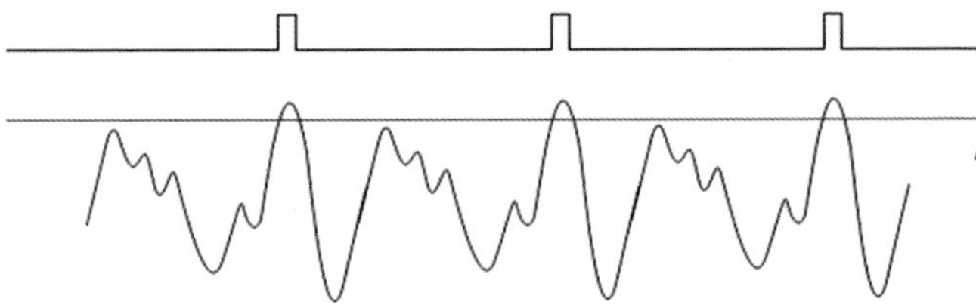

Abbildung 5.1.2
Vergleich digitaler und analoger Signale (Grafik: CDA Verlag)

Alec Harley Reeves benutzte zur Umwandlung analoger Signale in die digitale (binäre) Form zwei Prinzipien:

Das Prinzip der Quantisierung

Die Quantisierung ist ein Messvorgang und meint die Umwandlung der unendlichen Anzahl analoger Größen in eine überschaubare endliche und vor allem abzählbare digitale Datenmenge.

Das Prinzip der Abtastung (Abtasttheorem)

Die Anzahl der Abtastvorgänge eines Signals wurde erst 1948 vollständig von Claude Shannon, dem Begründer der Informationstheorie, beschrieben. Nach Shannon muss eine Schwingung mindestens zweimal abgetastet werden. Dies bedeutet, dass die höchste auftretende Telefonfrequenz mindestens zweimal je Schwingung, also 6.800 mal je Sekunde abzutasten ist. Dabei handelt es sich jedoch um einen theoretischen Grenzwert und so wurde von der ITU-T (Telecommunication Standardization Bureau) beschlossen, das Telefonsignal 8.000 mal pro Sekunde abzutasten. Es wird also dem anfallenden Signal alle 125 μs (Microsekunde = 1 Millionstel Sekunde) ein Messwert entnommen.

Die englische Bezeichnung ISDN steht für **I**ntegrated **S**ervices **D**igital **N**etwork und kann sinngemäß als „Dienste integrierendes digitales Netz" übersetzt werden. ISDN bezeichnet somit einen internationalen Standard für den Zugang in ein digitales Telekommunikationsnetz, das hauptsächlich für die Übertragung von Telefongesprächen genutzt wird. ISDN ist die Nachfolgetechnik des analogen Telefonanschlusses, konnte aber bezogen auf die Zahl der Anschlüsse den analogen Anschluss nicht überholen.

Dienste-Integration bedeutet aber auch, dass man nicht für jeden Dienst ein eigenes Netz braucht, sondern dass ein Netzanschluss in der Lage ist, eine Vielzahl von Kommunikationsdiensten, sowohl sprachgebundene (Telefongespräche) als auch nicht sprachgebundene (Video- und Datendienste), über dieselbe Teilnehmeranschlussleitung abzuwickeln.

Im Gegensatz zum analogen Anschluss werden bei ISDN die Daten digital über die Anschlussleitungen übertragen. Somit kann die Kapazität der Leitung besser ausgenutzt werden.

Die Voraussetzung für ISDN war die technische Realisierung von digitalen Kanälen mit einer Übertragungsrate von mindestens 64 KBit/s über die bereits vorhandenen Kupferleitungen von der Ortsvermittlungsstelle bis zum Teilnehmer.

Eine ISDN-Leitung besteht grundsätzlich aus einem Signalkanal [D(ata)-Channel] und mehreren Datenkanälen [B(earer)-Channels]. Durch entsprechende Messdaten konnte man feststellen, dass noch höhere Bitraten übertragbar sind. Der Signalkanal übernimmt die Protokollierung/Steuerung der aufgebauten Verbindung. Mit diesen integrierten Signalen wird beispielsweise die Identität des Anrufers erkannt und auch die Art des rufenden Gerätes definiert (Erkennung des Dienstes). Dadurch ist es ausgeschlossen, dass irrtümlich ein Modem mit einem Telefon verbunden wird. Mit Hilfe der Datenkanäle werden dann die eigentlichen Informationen transportiert.

5.1.3 Technik des ISDN

Vermittlung	Uk0-Adernpaar	NTBA	S0	TK-Anlage	S0-BUS Up0-Schnittstelle	ISDN-Endgerät(e) Systemtelefon

Von der örtlichen Vermittlung werden die digitalen ISDN-Signale bei einem Mehrgeräte- oder Anlagen-Anschluss mit insgesamt 144 KBit/s in beide Richtungen über ein Kupfer-Adernpaar übertragen. Die Datenrate von 144 KBit/s ergibt sich aus den zwei Nutzkanälen mit je 64 KBit/s und einem Steuerkanal mit 16 KBit/s.

Des Weiteren ist ein großer Aufwand für die Frequenzgang-Korrektur und die Echo-Kompensation auf der Uk0-Schnittstelle (Kupfer-Adernpaar) notwendig. Diese Elektronik befindet sich im NTBA (**N**etwork **T**ermination for **B**earer **A**ccess) des Teilnehmers. Dies ist der Hausanschlusskasten, wo die Kupfer-Adernpaare eingeleitet werden.

Um den technischen Aufwand in den einzelnen Endgeräten gering zu halten, erfolgt die Verbindung zwischen ihnen und dem NTBA meist nicht wie beim Hausanschluss über eine Zweidraht-Leitung, sondern über ein vierpoliges Kabel (S0-Bus). Lediglich in einigen Telekom-Anlagen wird alternativ eine zweiadrige Up0-Schnittstelle zum Anschluss jeweils eines Endgeräts benutzt.

5.1.3.1 Datenvermittlung von ISDN

Im Bereich der Datenkommunikationsnetze stehen mit der Leitungsvermittlung und der Paketvermittlung grundsätzlich zwei unterschiedliche Vermittlungsverfahren zur Verfügung.

Vor der Einführung der Paketdatenübertragung zum 1.12.1994 gab es im Euro-ISDN nur leitungsvermittelte Verbindungen. Heute können grundsätzlich drei Verbindungsarten unterschieden werden und zwar hinsichtlich der Vermittlungsart und des Kanals, der die Nutzinformationen überträgt.

Die drei Verbindungsarten sind:

- leitungsvermittelte Verbindungen über den B-Kanal
- paketvermittelte Verbindungen über den B-Kanal im D-Kanal
- paketvermittelte Verbindungen über den D-Kanal

Beim Verfahren der leitungsvermittelten Verbindung wird den Endsystemen eine physikalische Verbindung für den gesamten Zeitraum der Verbindung zur Verfügung gestellt.

Beim Verfahren der Paketvermittlung wird den Endsystemen keine eigene physikalische Übertragungsleitung zur Verfügung gestellt. Die zu übertragenden Daten werden in Pakete mit einer bestimmten Größe aufgeteilt und mit einer entsprechenden Zielinformation ausgestattet an die Datenpaketvermittlungsstelle gesendet. Diese Datenpakete werden in der Vermittlungsstelle kurz zwischengespeichert und dann entsprechend der Zielinformation über virtuelle Verbindungen zum Ziel geleitet.

Vorteile der Leitungsvermittlung:

- Der Übertragungsweg wird gesichert durchgeschaltet.
- Die Bitrate wird nur durch die Endsysteme bestimmt.
- Die Daten gelangen nach einer konstanten Signallaufzeit zum Empfangssystem.
- Keine Vorgaben hinsichtlich der zu verwendenden Protokolle.

Nachteile der Leitungsvermittlung:

- Beide Endsysteme müssen gleiche Schnittstellenmerkmale aufweisen.
- Leitungsunterbrechungen können zu Datenverlust oder Abbruch der Kommunikation führen.
- Die Leitungsvermittlung benötigt fest zugeordnete Netzressourcen, auch wenn zwischenzeitlich keine Datenübertragung stattfindet.

Im Zuge des Internet-Booms wurde ISDN zunehmend für die Datenübertragung genutzt, da es verglichen mit der analogen Datenübertragung per Modem schneller und kostengünstiger ist. Mittlerweile wird aufgrund höherer Bandbreite und geringerer Kosten zunehmend **D**igital **S**ubscriber **L**ine (DSL) eingesetzt, eine Technik, die unabhängig von ISDN eine vergleichsweise breitbandige digitale Verbindung ermöglicht und die höhere Übertragungsraten zulässt als ISDN.

5.2 B-ISDN

Der Wandel vom ISDN zum Breitband-ISDN (B-ISDN)

Das schmalbandige ISDN ist bedingt durch die Anforderung des Telefons ein Schmalbandnetz, das verbindungsorientiert (connection oriented - andauernd aufgebaute oder fest geschaltete Verbindung) entsprechend geeignet ist, während einer bestehenden Verbindung einen stetigen Datenstrom von 64 KBit/s zu übertragen.

Die Abhaltung von Video-Konferenzen, Multimedia-Verbindungen und eine Menge anderer Dienste, die besonders hohen Datentransfer benötigen, können mit dem synchronen verbindungsorientierten Schmalband-ISDN wirtschaftlich nicht mehr erfüllt werden.

Die überdurchschnittlich rasche Entwicklung auf dem Telekommunikations- und Datenverarbeitungssektor und verstärkte Nachfrage nach hohen Datentransferraten haben zur Weiterentwicklung des Schmalband-ISDN (engl. Narrowband ISDN beziehungsweise N-ISDN) zum B-ISDN (**B**roadband **I**ntegrated **S**ervices **D**igital **N**etwork) mit vermittelten Datenraten ab 2 MBit/s geführt.

ISDN sollte nun basierend auf Empfehlungen der **I**nternational **T**elecommunication **U**nion (ITU) zu einem breitbandigen Netz ausgebaut werden, wobei als Technik für das B-ISDN von der ITU-T der **A**synchronous **T**ransfer **M**ode (ATM) ausgewählt wurde.

Mit B-ISDN können folgende Anwendungen realisiert werden:

- Kommunikation mit bewegten Bildern: Bildtelefonie, Videokonferenzen, Videoüberwachung etc.
- Datenkommunikation: LAN-Verbindungen, CAD/CAM-Verbindungen, Datenübertragung etc.
- Nachrichtenaustausch: Video-e-Mail, Multimedia-Dokumente etc.
- Abrufdienste: Fernunterricht, Datenbanken etc.
- Nachrichtenabruf: Video On Demand, Verteildienste, Radio und Fernsehen, elektronische Zeitung etc.

Zu den wichtigsten Technologien, die B-ISDN ermöglichen, zählen die folgenden Standards:

- ATM: **A**synchroner **T**ransfer **M**odus
- SONET: **S**ynchronous **O**ptical **N**etwork (Nordamerika)
- SDH: **S**ynchrone **D**igitale **H**ierarchie (Europa)

5.2.1 ATM-Übermittlung

Die ATM-Lösung ist ein verbindungsorientiertes, digitales Paketübermittlungsverfahren, bei der Nutz- und Signalisierungsinformationen in Form von Paketen, so genannten Zellen, mit fester Länge und gleichem Aufbau (Zellen zu 53 Byte) ausgetauscht werden.

Im Gegensatz zur synchronen Multiplex-Übertragung haben diese Zellen keine feste Position in einem Zeitraster. Man spricht deshalb von einem **a**synchronen **T**ransfer **M**ode, weil die Zellen, welche Nutzinformation enthalten, nicht periodisch übermittelt werden. Die von den Quellen benötigte Bitrate ist also unabhängig von der insgesamt zur Verfügung stehenden Bitrate (asynchron). Die Bitübertragung selbst kann jedoch trotzdem synchron erfolgen.

Eine Zelle enthält Nutzinformationen und einen Zellenkopf (Header). Der Header identifiziert Zellen, die zu demselben virtuellen Kanal gehören. Bei entsprechendem Bedarf werden die Zellen von den Nachrichten-Quellen in Abhängigkeit davon erzeugt, ob die Quelle Informationen zu übertragen hat. Sollte bei der Quelle momentan kein Bedarf bestehen, Informationen zu senden, so werden so genannte Leerzellen übertragen, wodurch sich ein kontinuierlicher Zellenstrom ergibt.

Struktur einer ATM-Zelle

Eine ATM-Zelle besteht aus einem Header von 5 Byte und 48 Byte Nutzlast (Payload). Die Payloadgröße von 48 Bytes hat sich als Kompromisslösung aus den Bedürfnissen der Sprachtelefonie und paketbasierter Netzwerke ergeben. Man hat einfach den Durchschnitt der Paketlängen des amerikanischen (64 Byte) und des europäischen Vorschlags (32 Byte) herangenommen. ATM definiert zwei unterschiedliche Zellenformate: NNI (Netzwerk-Netzwerk-Interface) und UNI (User-Netzwerk-Interface). Private ATM Verbindungen nutzen das UNI-Format, öffentliche ATM-Netzwerke verwenden hingegen das NNI-Format.

Aufbau einer ATM Zelle

Header (5 Byte)	Payload (48 Byte)

Der Asynchrone Transfer Modus (ATM) als Form des Fast Packet Switching mit fester Paketlänge.

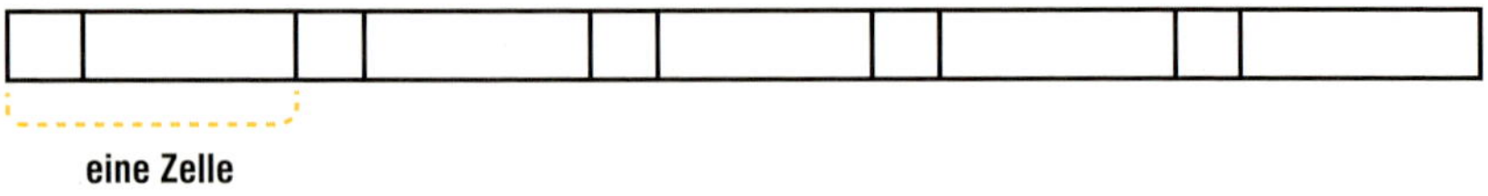

Bei dem vom ITU-T vorgeschlagenen ATM-Prinzip werden Zellen mit konstanter Länge verwendet. Bei diesem Verfahren sind keine zusätzlichen Flags zur Abgrenzung verschiedener Zellen untereinander erforderlich.

5.2.2 Synchronous Optical Network (SONET)

Das **S**ynchronous **O**ptical **Net**work (SONET) ist ein nordamerikanischer Standard für das Multiplexen (Bündeln von einzelnen Nachrichtenkanälen, um über einen gemeinsamen Übertragungsweg zu übertragen) von synchronen Datenströmen und wurde für Übertragungsraten von 12,0 Mbit/s bis zu 2,5 Gbit/s konzipiert. Er wurde von den US-amerikanischen Bell Labs (Bellcore) entwickelt.

Auf dem älteren SONET basiert der ITU-Standard **S**ynchrone **D**igitale **H**ierarchie (SDH) aus dem Jahr 1988. Die Spezifikationen von SONET und SDH sind bis auf kleine Abweichungen im Header (engl. head = Kopf) eines Frames (Frame = Dateneinheit) identisch und bieten dieselben Übertragungsgeschwindigkeiten. Daher sind Multiplexer, die nach SONET und nach SDH arbeiten, kompatibel.

Was ist Header

In der Informationstechnik werden Metadaten am Anfang einer Datei oder eines Datenblocks als Header bezeichnet. Diese können verwendet werden, um das Dateiformat zu beschreiben oder weitere Angaben beispielsweise zum Ursprung der Daten zu machen.

5.2.3 Synchrone Digitale Hierarchie (SDH)

Die **S**ynchrone **D**igitale **H**ierarchie (SDH) ist eine der Multiplextechniken im Bereich der Telekommunikation. SDH basiert auf der synchronen Übertragung von Nutzinformationen unter Verwendung von synchronen Transportmodulen (STM - **S**ynchronous **T**ransport **M**odule) mit einheitlicher Struktur. Das gesamte Netz ist synchron.

Von der Standardisierungsorganisation ITU-T, die internationale Standards spezifiziert, wurde das Konzept einer neuen Hierarchie für digitale Übertragungssysteme aufgegriffen und unter dem Namen SDH genormt. Allerdings wurde im Gegensatz zum nordamerikanischen SONET als Basis die 155 Mbit/s-Stufe gewählt mit der Bezeichnung STM-1 für **S**ynchronous **T**ransport **M**odule, Step 1.

Jede höhere Hierarchiestufe des Netzes hat die vierfache Kapazität.

Basis - STM 1	STM 4	STM 16	STM 64	STM 256
155 Mbit/s	622 Mbit/s	2,5 Gbit/s	10 Gbit/s	40 Gbit/s

Ebene	Übertragungsrate	Nutzdatenrate
STM-1	155,52 Mbit/s	150,336 Mbit/s
STM-4	622,08 Mbit/s	601,344 Mbit/s
STM-16	2.488,32 Mbit/s	2.405,367 Mbit/s
STM-64	9.953,28 Mbit/s	9.621,504 Mbit/s
STM-128	39.813,12 Mbit/s	39.813,12 Mbit/s

5.3 ADSL

Internetverbindungen mit analogen Modems oder ISDN stoßen angesichts rasch steigender Datenvolumen rasch an ihre Grenzen, besonders wenn große Datenmengen in kurzer Zeit übertragen werden sollen. Aufwändig gestaltete Informationsangebote im World Wide Web (WWW) ↻ und moderne Kommunikationsideen wie Video-On-Demand (Abk.: VOD, Video auf Abruf), Videokonferenzen, Multimedia-Verbindungen oder auch Telearbeit erfordern höchste Datenübertragungsraten und benötigen aus diesem Grunde schnelle Übertragungstechniken. Langsamer Seitenaufbau beim Surfen und langes Warten auf Downloads machen einen weiteren Schritt zum digitalen Datentransfer unausweichlich.

↻ s. Kapitel 7.1

5.3.1 Voraussetzung für ADSL

Große Teile des Teilnehmerzugangnetzes im deutschsprachigen Raum sind in Kupfertechnologie hergestellt. Das Fernmeldenetz wurde früher ausschließlich für Telefongespräche verwendet. Die Bandbreite eines Fernsprechkanals wurde international von 300 Hz bis 3.400 Hz festgelegt. Die verlegten Kupferleitungen erlauben jedoch Frequenzen bis ca. 1,1 Megahertz, aufgrund der hohen Störanfälligkeit im oberen Frequenzbereich sind für die Datenübertragung momentan bis zu 120 KHz (Kilohertz) nutzbar gemacht. Um den Bereich zwischen 3,4 kHz bis 120 kHz nutzbar zu machen und die Daten separat zur Verfügung zu stellen, ist eine spezielle Technik nötig.

5.3.2 ADSL Technik

Der ADSL-Ansatz setzt auf nicht ausgelastete Bandbreiten innerhalb des Kupferkabelnetzes. Bereits Ende der 80er-Jahre gab es Lösungsvorschläge, die weitaus höhere Transferraten über das herkömmliche Telefonnetz (POTS - **P**lain **O**ld **T**elephone **S**ervice) zuließen. Das ADSL-Protokoll bietet die Vorteile, bestehende Kupferleitungsnetze zu unterstützen. Regionen, die an Glasfaser angeschlossen sind, können ADSL nicht nutzen. Ein „vor Ort" liegendes Kupferkabel ist somit Voraussetzung für die Nutzung der ADSL-Technologie.

ADSL kann für Anschlussleitungen von analogen (POTS) und auch digitalen (ISDN) Telefonanschlüssen verwendet werden. Bei diesen Anschlussleitungen gibt es jeweils Frequenzbereiche, welche für die Sprachtelefonie nicht genutzt werden und daher brach liegen. Diese freien Frequenzbereiche werden für ADSL verwendet.

Möglich wird diese Technik durch einen Splitter, der die Sprach- und Datenübertragung voneinander trennt und diese an separaten Ausgängen zur

Verfügung stellt. Mittels des ADSL Modems werden die getrennten Datenfrequenzen noch einmal unterteilt, und zwar in zwei Kanäle, wobei der eine Kanal für Upstreams und der andere für Downstreams verwendet wird.

Abbildung 5.3.1
Breitbandanschlusseinheit (BBAE) oder umgangssprachlich Splitter
(Foto: Micronet)

In der Vermittlungsstelle hingegen sorgen digitale Modems dafür, dass Sprache und Daten getrennt werden. Erst das Zusammenwirken der entsprechenden Komponenten von Anbieter und User macht die Kupferkabelnetze für gleichzeitige Sprach- und Datenübertragung nutzbar.

5.3.3 Datengeschwindigkeit von ADSL

ADSL ermöglicht derzeit die Übertragung von bis zu acht Megabit pro Sekunde (Mbit/s) vom Anbieter zum Kunden (Downstream). In der Gegenrichtung (Upstream) werden nur bis zu 768 Kilobit pro Sekunde (Kbit/s) übertragen (asymmetrisch). Alle DSL-Anbieter reduzieren jedoch die Übertragungsgeschwindigkeit, um die Netzinfrastruktur gleichmäßig und nicht zu viel zu belasten.

Allerdings werden im deutschsprachigen Raum Bandbreiten bis zu 20 MBit/s Downstream und bis zu 1 MBit/s Upstream (ADSL 2+) angeboten. Standards im Privatkundenbereich sind Downstreams von ein, zwei oder drei MBit/s sowie Upstreams von 128, 192, 384 KBit/s.
Voraussetzung für die Nutzung von ADSL ist, dass der User nicht zu weit von der Vermittlungsstelle entfernt ist.

Eine Distanz von drei bis fünf Kilometer sollte das Maximum sein. Allerdings sind diese Angaben nur grobe Orientierungswerte. Hintergrund ist der Umstand, dass die Übertragungsgeschwindigkeit von Daten mit zunehmender Entfernung von der Vermittlungsstelle abnimmt - ab einer gewissen Entfernung lässt sich ADSL also nicht mehr realisieren. Die Entfernung bezieht sich nicht auf die Distanz per Luftlinie, sondern auf die tatsächliche Länge der Kupferleitung, die nicht immer geradlinig zum Endverbraucher verlegt sein muss. Der Anwender benötigt ein ADSL-Modem, das eine eigene IP-Adresse besitzt.

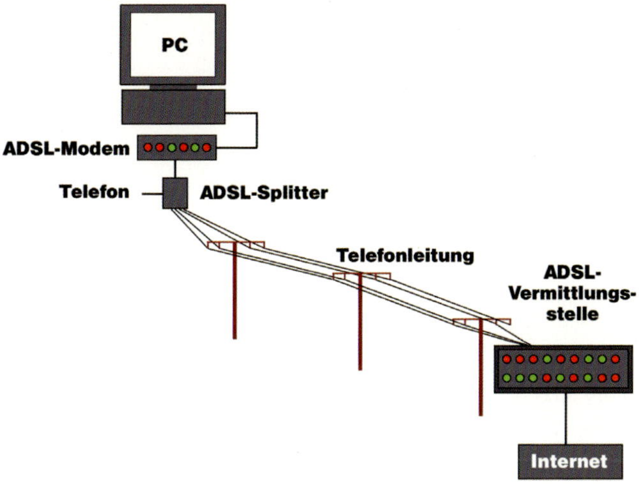

Abbildung 5.3.2
Der Splitter trennt die Sprach- und Datenübertragung und leitet sie an die Vermittlungsstelle weiter
(Grafik: CDA Verlag)

Ein ADSL-Modem enthält als wesentliche Bestandteile einen schnellen Analog-Digital-Wandler und einen digitalen Signalprozessor zur Berechnung der Fourier-Transformationen (Fourier-Transformation ist eine Integraltransformation, die einer Funktion eine andere Funktion zuordnet) für die einzelnen Frequenzen.

Abbildung 5.3.3
ADSL-Router mit Wireless Funktionalität
(Foto: AVM)

Damit die beiden Nutzungsarten der Telefonleitung nicht interferieren, werden die von ADSL benutzten Bereiche vor dem Telefon (beziehungsweise der Telefonanlage) herausgefiltert. Dies geschieht durch einen Frequenzbandfilter, der meistens Splitter (Breitbandanschlusseinheit) genannt wird.

5.3.4 Funktionsprinzip von ADSL

Die hohe Datenübertragungsgeschwindigkeit wird durch ein komplexes Modulationsverfahren ermöglicht. ADSL ist eine Modem-Technik (Modem - zusammengesetztes Wort aus **Mo**dulator/**Dem**odulator). Mit einem Modem werden digitale Daten durch Modulation eines analogen Signals über analoge Kommunikationsnetze (Telefonnetz, Kabel-TV), Standleitungen und per Funk übertragen. Am anderen Endpunkt der Kommunikation werden die digitalen Daten durch Demodulation aus dem analogen Signal wieder zurückgewonnen. Das digitale Signal moduliert also Trägerfrequenzen.

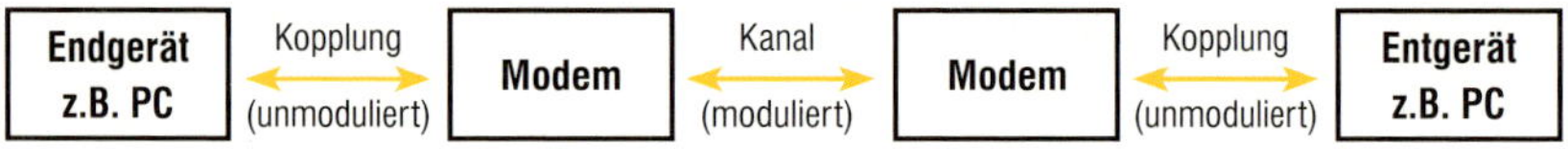

Für ADSL wird allerdings nicht bloß eine Trägerfrequenz verwendet, sondern 256 Frequenzen im Abstand von 4,3kHz. Jede einzelne Frequenz wird mit einer 4 bis 16.384-fachen QAM (engl: **Q**uadrature **A**mplitude **M**odulation - moduliert Trägersignal mit einem Symbolstrom) moduliert, so dass ein Signalschritt 2 bis 14 Bit betragen kann.

Es werden auch nicht immer alle Teilfrequenzen genutzt. Sind Teile des Frequenzbandes stark gestört, so wird auf diese verzichtet, um die Bitfehlerrate niedrig halten zu können.

Das ADSL-Verfahren wurde vom Chip-Hersteller Motorola entwickelt. Dieses Unternehmen hat den „Copper Gold"-Chip herausgebracht, mit dem die Datenübertragungsrate über die Kupferkabel des Telefonnetzes erheblich gesteigert werden konnte.

Zahlreiche Telefongesellschaften und andere Unternehmen haben sich im internationalen ADSL-Forum zusammengeschlossen, um die ADSL-Technik durchzusetzen und weiterzuentwickeln.

5.4 Mobilfunk

5.4.1 Mobilfunk der ersten Generation (analog)

Der Mobilfunk hat eine Tradition von fast 80 Jahren. Bereits 1926 führte die Deutsche Bahn auf der Strecke Berlin - Hamburg erste erfolgreiche mobile Telefongespräche durch. Handliche Mobiltelefone gab es erst ab 1990. Der richtige Durchbruch begann aber erst mit dem digitalen Mobilfunk GSM (**G**lobal **S**ystem for **M**obile Communications).

- 1926: Erstes mobiles Telefongespräch in Deutschland
- 1942: Erster kommerzieller Taxifunk (USA)
- 1952: In den USA telefonieren 100 Personen über Autotelefon (lokale Funknetze)
- 1958: Deutschland schließt lokale Funknetze zum A-Netz zusammen
- 1972: Das B-Netz feiert Premiere bei den Olympischen Spielen in München

5.4.1.1 Start des B-Netzes im Jahr 1974

Mit dem Mobilfunknetz „B" (kurz B-Netz) führte die Post- und Telegrafenverwaltung (PTV) 1974 ihren ersten öffentlichen beweglichen Landfunkdienst ein. Das Innenleben des Mobilteiles (Stromversorgung, elektronische Bauteile usw.) benötigte seinerzeit noch sehr viel Platz, dadurch waren die Geräte ziemlich groß und gegenüber den heutigen Handys sehr schwer. Diese Generation des Mobilfunks benötigte für den Betrieb sehr viel Strom. Nachdem Bleiakkus in Kraftfahrzeugen viel Energie liefern konnten, wurden diese schweren Mobiltelefone vorwiegend in Autos eingesetzt. Mit einigen Markentelefonen konnte man bereits in andere europäische Länder telefonieren. Die Verbreitung dieser Funktechnologie war jedoch von vornherein begrenzt. Gründe dafür waren wohl auch der hohe Gerätepreis von ca. 9.000 Euro und die geringe Anzahl an Kanälen im 2m-Band (Frequenzbereich) und ein daraus resultierender maximaler Teilnehmerstand von 2.000.

5.4.1.2 Start des C-Netzes im Jahr 1984

Ende 1984 ging die Post- und Telegrafenverwaltung (PTV) mit dem Autotelefonnetz „C" in Betrieb. Das „C-Netz" wurde aus der Technologie des skandinavischen Standards NMT 450 (**N**ordic **M**obile **T**elefone, Sendefrequenz 450 MHz) abgeleitet. Es erreichte mit 62.000 Anschlüssen seinen höchsten Teilnehmerstand. Der damalige Gerätepreis lag bei ca. 3.500 Euro und war noch immer relativ hoch. Weiterhin wurde mit dem „C-Netz" erstmals eine Vorwahlnummer eingeführt, die dem gesamten Bundesgebiet zugeteilt war.

5.4.1.3 Start des D-Netzes im Jahr 1990

Die Post- und Telegrafenverwaltung (PTV) führte 1990 mit dem Mobiltelefonnetz D ein weiteres analoges Netz ein. Mit dem D-Netz schaffte der Mobilfunk erstmals den Durchbruch in Richtung Massenkommunikation. Das analoge „D-Netz" arbeitete im 900 MHz-Frequenzband.

5.4.2 Mobilfunk-Standard der zweiten Generation (digital)

5.4.2.1 Geschichtlicher Rückblick

Die Geschichte von GSM (vorerst **G**roupe **S**péciale **M**obile, später umbenannt auf **G**lobal **S**ystem for **M**obile Communications) reicht bis 1982 zurück. Bei einem Meeting in Wien entschied die Arbeitsgruppe der europäischen Post- und Fernmeldeverwaltungen, einen digitalen Mobilfunkstandard einzuführen.

Verglichen mit den analogen Systemen wie z.B. dem „D-Netz", bietet das digitale GSM Mobilfunknetz (vormals E-Netz) eine höhere Teilnehmerkapazität, verbesserte Sprachqualität und die Möglichkeit von Zusatzdiensten wie etwa SMS oder Location Based Services.

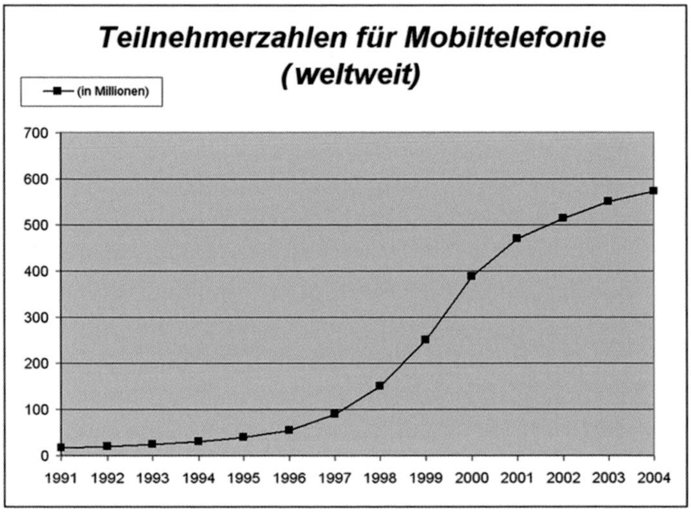

Abbildung 5.4.1
Die rasante Teilnehmerentwicklung bis 2004
(Grafik: CDA Verlag)

Obwohl GSM als europäischer Standard gedacht war, wurde er auch außerhalb Europas eingeführt, vor allem in Australien und Asien. Es entstand ein nahezu globales Mobilfunknetz, das durch Roamingabkommen der Mobilität keine Grenzen setzt. Weltweit telefonieren heute bereits mehr als zwei Milliarden Menschen in über 190 Ländern mit GSM.

5.4.2.2 Start des E-Netzes im Jahr 1993

Die Sternstunde der mobilen Kommunikation war gekommen. Der digitale Weltstandard GSM konnte seinen Betrieb aufnehmen. Viele Leistungsfeatures (z.B. Mobiltext, Mobildata, Mobilfax, PocketNet), der Einsatz der Handys im Ausland (Roaming), neue Dienstleistungen wie Handy-Wertkarten und spezielle Kunden-Hotlines sowie günstige Handypreise brachten dem GSM-Dienst in nur wenigen Jahren Millionen Teilnehmer.

GSM-Mobilfunkanlagen senden in Europa im Frequenzbereich von 900 und 1.800 Megahertz (Dualband). Wenn das Handy Triband-fähig ist, verfügt es auch über Sende- und Empfangsmöglichkeit im 1.900 MHz-Bereich, wie er beispielsweise in den USA verwendet wird.

5.4.2.3 Aufbau des GSM-Kommunikationssystems

Wo immer wir mit unserem Handy telefonieren, sendet es schwache Signale an die Antennen der Mobilfunkanlage, die das Gespräch weiterleitet. Wenn wir uns beispielsweise mit dem Auto fortbewegen, verlassen wir immer wieder die Reichweite einer Mobilfunkanlage (BTS - **B**ase **T**ransceiver **S**tation) und müssen mit unserem Gespräch an die nächste weitergeleitet werden. Die Organisation von zehn bis hundert solcher Mobilfunkanlagen ist die technisch aufwändige Leistung des so genannten **B**ase **S**tation **C**ontroller (BSC).

Das gesamte System für den Betrieb des GSM-Netzes besteht grundsätzlich aus vier Komponenten, die untereinander zusammenarbeiten und dadurch die mobile Kommunikation erst ermöglichen. Die Knotenpunkte des Mobilfunknetzes sind die Mobilfunkanlagen. Die meisten verfügen über drei Antennen, die in alle Richtungen senden. So deckt eine Mobilfunkanlage einen maximalen Bereich ab. Der Sende- und Empfangsbereich einer Antenne wird auch Funkzelle genannt. Das Mobilfunknetz ist zellular aufgebaut, wobei eine Zelle aus einer Basisstation (BSS - **B**asestation **S**ubs**s**ytems) und den dazugehörigen Steuerungs- und Vermittlungssystemen besteht. Zur Identifikation ist jeder Funkzelle eine Nummer, die Zellnummer, zugeteilt. Das **M**obile **S**witching **C**enter (MSC) muss exakt wissen, in Reichweite welcher Funkzelle sich ein aktives Handy befindet. Bei einem Anruf leitet die Mobilfunkanlage den Vermittlungswunsch mit der Rufnummer und der Zellnummer weiter an die Datenbank des MSC. Dort wird der Angerufene identifiziert, anschließend wird die Verbindung hergestellt.

Alle zusammenwirkenden Elemente versorgen den Teilnehmer mit allen nötigen Daten, die für eine reibungslose und mobile Kommunikation nötig sind. Mit der Mobilstation (Handy) telefoniert man also zuerst mit der Basisstation, diese leitet das Gespräch entsprechend der gewählten Nummer weiter. Der direkte Telefonkontakt von einem GSM-Handy zu einem anderen ist nicht möglich.

Komponenten der mobilen Ausrüstung

Die Mobilstation (Handy)

Für die Mobilstation wird in den deutschsprachigen Ländern meist das Wort „Handy" verwendet, welches in den letzten Jahren zu einem festen Bestandteil unseres Wortschatzes geworden ist. Das Handy besteht aus einem Lautsprecher, dem Mikrofon, der Tastatur, dem Display, einer integrierten Kamera (optional) und noch vielen weiteren, der modernen Zeit angepassten Zusatzfunktionen.

Des Weiteren besitzt das Handy einen entsprechenden Sende- und Empfangsteil für den Aufbau der Kommunikation und eine eigene Stromversorgung.

Die SIM-Chipkarte (SIM)

Um den Mobilteil freizuschalten, muss man von einem Mobilfunkbetreiber das gültige „**S**ubscriber **I**dentity **M**odule" (kurz SIM-Karte) erwerben. Diese SIM-Karte ist mit einem kleinen Rechensystem vergleichbar und speichert somit u.a. persönliche (Telefonnummern) und netzbezogene Daten. Die Mobilstation kann jedoch erst dann zum Telefonieren eingesetzt werden, wenn die SIM-Karte am vorgesehenen Platz im Handy angebracht ist. Der Teilnehmer wird also im GSM-Netz identifiziert und hat nun die Möglichkeit, sich mit dieser Identität weltweit anzumelden (Roaming). Durch das Roamingabkommen vieler verschiedener Länder ist es erst möglich, das Handy in anderen Staaten zu verwenden und unter der eigenen Nummer zu erreichen.

Euro-Notrufe (112) werden vom Mobilfunknetz sofort erkannt und mit Vorrang behandelt. Das Erreichen dieser Nummer ist auch ohne SIM-Karte möglich, ein Rückruf funktioniert jedoch nicht! Somit kann im Notfall eine Verbindung zu den Sicherheitsleitstellen stets aufgebaut werden. Das ist besonders wichtig in ländlichen und entlegenen Gebieten, wo nur über Handy telefoniert werden kann. Auch bei Großereignissen, bei denen alle anderen Verbindungen besetzt sind, ist der Euro-Notruf oft die einzige Möglichkeit, lebensrettende Hilfe zu holen.

Mobilfunk Sende-/Empfangssystem (Radio Access Network)

Funkwellen breiten sich in der Stadt anders aus als am Land. Eine flache Landschaft stellt an das Radio Access Network andere Anforderungen als das Gebirge. Ein funktionierendes Mobilfunknetz muss sich deshalb an der Umgebung orientieren. Es kommt aber nicht nur darauf an, die Antennen der Mobilfunkanlagen an Gelände und Bebauung anzupassen. Auch die unterschiedliche Gesprächsauslastung wirkt sich direkt auf den Netzausbau aus. Am Land telefonieren beispielsweise weniger Menschen gleichzeitig als in der Stadt.

Das GSM-Netzwerk sendet und empfängt über unterschiedlich ausgerichtete Antennen Funksignale, die dem Mobilteilnehmer für einen Netzaufbau dienen. Wie mehrere hintereinander, flächendeckend angeordnete „Funkfeuer" für die Navigation von Flugzeugen besteht auch das Radio Access Network notwendigerweise aus mehreren einzelnen Systemen die sich wie folgt aufgliedern:

- **Base Station Controller (BSC)**
  Diese Komponente des GSM-Netzwerkes ist eine leistungsstarke Steuerungseinheit, die Funkverbindungen entsprechend zuweist, überwacht, steuert und, wenn nötig, eine zellübergreifende Verbindung (Handover) zu anderen Zellen herstellt. Von diesen Vorgängen bemerkt der Handyuser allerdings nichts!
- **Die Basisstation - Base Transceiver Station (BTS)**
  Diese Komponente des GSM-Netzes (auch Handymasten genannt) versorgt mittels Antennen (meist Sektorantennen von 120°) eine Funkzelle mit den elektronischen Daten, die, entsprechend umgewandelt, für eine Kommunikation nötig sind.

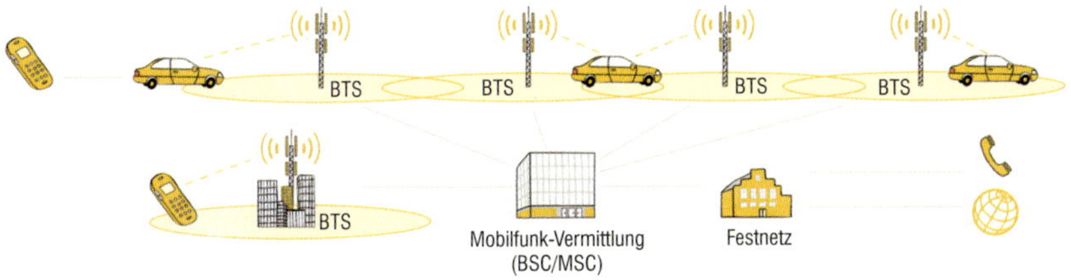

Abbildung 5.4.2
Mobilfunkanlage, BSC: Base Station Controller, MSC: Mobile Switching Center (Foto: Mobilkom Austria)

5.4.2.4 Komfortable Dienste im GSM-Netz

Außer der Sprachtelefonie stellt das GSM-Netz viele Dienste zur Verfügung, die in der heutigen Zeit nicht mehr wegzudenken sind.

SMS - Short Message Service

Neben schriftlichen Kurzmitteilungen lassen sich mittels SMS auch Auskunftsdienste wie Nachrichten und Börseninformationen empfangen. SMS-Nachrichten können über das Handy oder über das Internet versendet werden.

- Inbetriebnahme 1995
- Schriftliche Kurzmitteilungen über das Handy
- Maximal 160 Zeichen
- Als Standard im A1 bzw. E-Netz inkludiert
- Ursprünglich nur als Benachrichtigungs-Tool für Sprach (Mobil) Box gedacht

EMS - Enhanced Messaging Service

EMS bietet ein erweitertes Nachrichtenservice für die Kommunikation zwischen Mobiltelefonen an. Der EMS-Dienst baut zwar auf der SMS-Struktur

Abbildung 5.4.3
Das Senden von SMS (SMSen) erfreut sich vor allem bei der Jugend großer Beliebtheit (Foto: Deutsche Telekom)

auf, um aber den größer werdenden Datenstrom zu bewältigen, sendet der EMS-Dienst mehrere kleine (SMS) Portionen, die beim Empfänger wiederum zusammengefügt werden.

Einige Unterschiede zu SMS

- EMS-Text ist formatierbar (Fettschrift etc.) und nicht auf 160 Zeichen begrenzt
- Textnachrichten können mit Bildern versehen werden
- Melodien (Klingeltöne) können versendet bzw. heruntergeladen werden

Mit diesen Funktionen war das Enhanced Messaging Service ein attraktiver Dienst, verlor aber zunehmend an Bedeutung und wurde bald durch das weiterentwickelte und leistungsstärkere Multimedia Messaging Service überholt.

MMS - Multimedia Messaging Service

MMS entspricht dem 3GPP-Standard für Mobilfunk (**3**rd **G**eneration **P**artnership **P**roject) und ermöglicht den Versand von Texten, Audio-Clips, Fotos und Video-Clips über GPRS (**G**eneral **P**acket **R**adio **S**ervice) in so genannter multimedialer Form mit dem Mobiltelefon über teilweise bestehende Standards. Eine MMS-Mitteilung ist eine einheitliche multimediale Datei und keine Textdatei mit Anhängen. Als Basistechnologie für MMS-Sendungen/Nachrichten wird WAP (**W**ireless **A**pplication **P**rotocol) verwendet.

Einige Anwendungsmöglichkeiten von MMS

- Versenden von Fotos oder Grafiken im JPEG- oder GIF-Format etc.
- Texte sind formatierbar und nicht auf 160 Zeichen begrenzt
- Senden von Audio-Clips (Klingeltöne, Musiksequenzen)
- Senden von Video-Clips inkl. Originalton

WAP - Wireless Application Protocol

WAP ist ein Softwarestandard, der wie ein Internet-Browser die Übermittlung von Web-Inhalten oder e-Mails auf mobile Geräte ermöglicht. Der WAP-Standard wird heute im bestehenden GSM-Mobilfunknetz eingesetzt. Mit WAP und WML (**W**ireless **M**arkup **L**anguage) sind für Mobilfunkanwender entsprechend aufbereitete Internetinhalte für die langsamere Übertragungsrate im Mobilfunk abrufbar. Das WML-Format wird speziell für Geräte mit kleinen Displays eingesetzt, weil die Hypertext-Informationen beispielsweise für Handys, PDAs etc. effektiver programmiert werden können. Die WML-Files werden wie HTML-Files auf Web-Servern abgespeichert, der Zugriff auf diese speziellen Dateien erfolgt über ein WAP-Gateway.

Die Mobilität des Handyusers und die unbeschreibliche Datenmenge des Internets sind in der WAP-Technologie vereinigt worden.

Abbildung 5.4.4
Dieses UMTS-Endgerät von Nokia eignet sich bestens um Musikstücke herunterzuladen (Foto: Deutsche Telekom)

5.4.2.6 GPRS - General Packet Radio Service

Um die Übertragungsraten bei Datendiensten zu steigern, wurde der GSM-Standard erweitert. Im August 2000 startete Mobilkom Austria das erste flächendeckende GPRS-Netz der Welt. GPRS steht für „**G**eneral **P**acket **R**adio **S**ervice" - es überträgt Informationen nicht als Ganzes, sondern in einzelnen Datenpaketen. Da jedes Paket mit der Zieladresse versehen ist, trifft es mit den anderen Paketen am Bestimmungsort zusammen, egal welchen Weg es im Netz genommen hat. Die paketorientierte Datenübertragung garantiert im Gegensatz zur verbindungsorientierten Datenübertragung bei GSM, dass die limitierten Funkkanäle besser ausgenützt werden. Der GPRS-Kunde ist „always on", ohne aber eine Funkverbindung dauerhaft zu belegen. Bei GPRS wird deshalb nicht mehr nach Zeit, sondern nach Datenvolumen abgerechnet.

5.4.3 Mobilfunk der dritten Generation (UMTS)

Nach dem analogen Mobilfunk der 1. Generation und 2. Generation (GSM) ging die mobile Kommunikation mit UMTS (3G) im September 2002 den nächsten Schritt in die Zukunft. Mit dem UMTS-Netz kann man zum Beispiel mit dem Handy das Internet fast so schnell nutzen wie im Büro.

5.4.3.1 Funktionsweise des UMTS-Netzes

Das neue **U**niversal **M**obile **T**elecommunications **S**ystem (UMTS) funktioniert ähnlich wie das GSM-Netz, erlaubt aber Übertragungsraten von bis zu 400 Kbit pro Sekunde.

UMTS verwendet andere Frequenzen (rund 2.000 MHz) als das GSM-Netz, und auch die Nutzung ist anders als bei GSM. GSM teilt die Frequenz in acht „Zeitschlitze", der Transport der Gespräche und Daten mehrerer gleichzeitig aktiver BenutzerInnen erfolgt nacheinander. UMTS verwendet ein Codierungsverfahren, mit dem Gespräche und Daten gleichzeitig und dabei wesentlich schneller und störungsfreier übertragen werden können. Diese Technologie erlaubt beispielsweise das Versenden von Videos und die Abhaltung von Videokonferenzen. Mit UMTS sind deutlich höhere Datenübertragungsraten möglich als mit GSM. Das bedeutet, dass dem User mit Daten, Text, Bildern, Audio und Video vollkommen neue Anwendungsmöglichkeiten zur Verfügung stehen. UMTS ist schon anfänglich bis zu 30-mal schneller als GSM.

Ein Vergleich: Der Download eines Liedes im MP3-Format dauert mit

- GSM über 40 Minuten (9,6 Kbit/s)
- UMTS nur ca. 1 Minute (384 Kbit/s)

5.4.3.2 Netzabdeckung verpflichtend

Die Netzbetreiber des Mobilfunks haben, wie alle UMTS-Lizenznehmer, eine gesetzlich vorgeschriebene Versorgungspflicht. Bis 31. Dezember 2005 mussten z.B. 50 % der österreichischen Bevölkerung mit der neuen UMTS-Technologie versorgt sein. Dabei sind die international gültigen Richtlinien bindend, insbesonders jene zum Schutz des Lebens und der Gesundheit.

5.4.3.3 Vergleich GSM - UMTS

Bei der GSM-Technologie werden die Gespräche und Daten mehrerer zugleich aktiver BenutzerInnen in kleine Datenpakete geteilt und nacheinander transportiert. Pro Sendekanal können bis zu acht Gespräche übertragen werden. GSM verwendet Frequenzen um 900 MHz und 1.800 MHz.

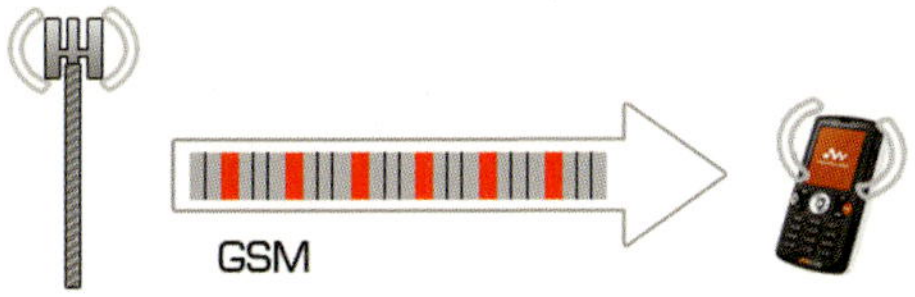

Abbildung 5.4.5
Beim GSM-System wird jedes Gespräch in kleine Datenpakete zerlegt
(Grafik: CDA Verlag)

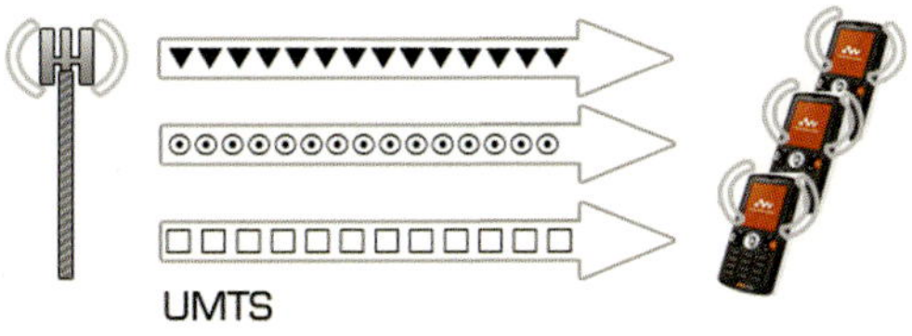

Abbildung 5.4.6
Bei UMTS werden die Signale der Handys codiert
(Grafik: CDA Verlag)

UMTS dagegen weist jedem Gespräch einen eigenen Code zu. Die Mobilfunkanlage kennt alle Codes und kann daher jedes Gespräch richtig zuordnen. So erhält jedes Handy seinen Teil der gesamt nutzbaren Kapazität.

UMTS bietet eine Vielzahl von Vorteilen

- Fotos, Audio und Videos können mit dem mulitmedialen UMTS-Handy versendet und empfangen werden
- Anwendungen werden benutzerfreundlicher, bunter, einfacher und schneller
- Die simultane Übertragung mehrerer Datenströme wird möglich, d.h. die Mobilfunkbenutzer können telefonieren, e-Mails abrufen, Daten downloaden, surfen - und das alles gleichzeitig!
- Internet mit einem UMTS-Handy oder PDA ist mindestens genauso schnell wie mit einem analogen Modem oder mit ISDN

5.4.3.4 Schnelles Internet mit GSM/EDGE

EDGE (Enhanced Data GSM Evolution) und HSDPA (High Speed Downlink Packet Access)

Immer mehr Menschen wollen auch in den ländlichen Gebieten auf mobiles Internet nicht verzichten. Dabei ist zu beobachten, dass auf dem Land besonders in letzter Zeit die Anzahl der Menschen, die das Mobilfunknetz für das Internet nutzen, stark angestiegen ist. Durch die Mobilfunktechnologie EDGE ist man mit dem GSM-Mobilfunknetz nun auch in den ländlichen Gebieten schneller im Internet. Ein GSM/EDGE-Mobilfunknetz ist rund 23-mal schneller als ein herkömmliches GSM-Mobilfunknetz. Um eine GSM Mobilfunkanlage mit EDGE zu ergänzen sind nur geringe Umbauten nötig. Neue Mobilfunkanlagen sind dafür nicht notwendig.

Abbildung 5.4.7
Vodafone Mobile Connect Card UMTS+EDGE (Foto: Mobilkom Austria)

Mit HSDPA noch mehr Geschwindigkeit

Bei UMTS-Mobilfunkanlagen wird die HSDPA-Technologie (**H**igh **S**peed **D**ownlink **P**acket **A**ccess) verwendet um die Effizienz der Mobilfunkanlage zu erhöhen. Bis zur Einführung von HSDPA im UMTS-Mobilfunknetz werden Daten mit bis zu 384 kBit/s übertragen. Die neue Technologie hingegen wird Datenübertragungsraten bis 3.600 kBit/s möglich machen. HSDPA bedeutet für die Kunden, schneller im Internet zu sein als mit einem gewöhnlichen Internetmodem. Für HSDPA sind wie bei EDGE nur geringe Umbauten der bestehenden UMTS-Mobilfunkanlagen notwendig.

Übertragungsmerkmale von GSM, GPRS und UMTS

	GSM	GPRS	UMTS
Maximale Sendeleistung des Handys	2 Watt		0,125 - 0,25 Watt
Sendeleistung der Mobilfunkanlage pro Kanal	10 Watt		1 - 10 Watt je nach Auslastung
Datenübertragungsraten (Bit/s = Zeichen pro Sek.)	9.600 Bit/s	64.000 Bit/s	384.000 Bit/s
Sende- und Empfangsfrequenz	900/1.800 MHz		2.000 MHz
Leistungsregelung von Handy und Mobilfunkanlage	alle 0,5 Sek.		alle 0,000667 Sek.

5.4.3.5 Ausblick

Ab Ende 2005/Anfang 2006 wird das UMTS-Netz durch HSDPA schrittweise ergänzt. Die neue Technologie bringt noch mehr Geschwindigkeit beim Download. Praktische Anwendungen dafür gibt es etwa im Bereich der Medizin oder der Medien. Durch die intelligente Kombination der Technologien wird es möglich sein, High Speed Multimedia im gesamten deutschsprachigen Raum anzubieten.

5.5 Bluetooth

Bluetooth ist ein technischer Standard der drahtlosen Technologie gemäß IEEE 802.15.1 (**I**nstitute of **E**lectrical and **E**lectronics **E**ngineers - ein weltweiter Berufsverband von Ingenieuren) für die drahtlose Vernetzung über Funk mit begrenzter Reichweite von unterschiedlichen elektronischen Geräten. Mit dieser Technologie können sowohl mobile Kleingeräte wie Mobiltelefone und PDAs als auch Computer und Peripheriegeräte (Maus, Drucker, Headset usw.) miteinander kommunizieren. Ein Peripheriegerät ist kein direkter Teil eines Computers, sondern befindet sich außerhalb und muss für den Betrieb mit dem PC mittels Kabel verbunden sein.

Abbildung 5.5.1
Bluetooth Klasse-1 USB-Stick (Foto: AVM)

5.5.1 Geschichtlicher Rückblick

Der Ursprung des Wortes „Bluetooth" ist vom Namen des dänischen Königs und Märtyrers Harald Blåtand (der Beiname wird meist mit Blauzahn übersetzt) hergeleitet worden. Unter der Herrschaft des Königs Blåtand und seinen Verbündeten wurden im 10. Jahrhundert große Bereiche Skandinaviens (Teile von Dänemark, Schweden und Norwegen) vereint. Offensichtlich von der Vereinigungstaktik „Blauzahns" inspiriert, gab der Erfinder Ericsson dieser bereits viel verbreiteten Funk-Technologie die in das Englische übersetzte Bezeichnung „Bluetooth".

Vorerst wenige, später weitaus mehr Firmen der Computer-, Netzwerk- und Telekommunikationsbranche schlossen sich zusammen und bildeten die „Bluetooth **S**pecial **I**nterest **G**roup" (SIG). Erst dieser Zusammenschluss von Ericsson, IBM, Intel, Lucent Technology, Microsoft, Motorola und Nokia, um nur einige Firmen anzuführen, brachte diese Technologie schnell voran und ließ sie zur Marktreife heranwachsen.

5.5.2 Technologie von Bluetooth

Der drahtlose Funkübertragungsstandard ist eine Funktechnologie, die für eine kurze Reichweite ausgelegt ist. Es ist keine Konfiguration der Geräte nötig und Bluetooth arbeitet auch anders als die Infrarot-Übertragung (nur in unmittelbarer Nähe mit Sichtverbindung) über eine Entfernung bis zu ca. 10 Metern im Umkreis ohne Sichtverbindung. Die Reichweite der Radiowellen ist jedoch eine theoretische Angabe und kann deshalb weitaus höher sein.

Kommunikation auf Mikrowellenfrequenz (2,45 GHz)
Bluetooth-Geräte senden im lizenzfreien Frequenzband von ca. 2.400 bis ca. 2.480 MHz. Dieses Frequenzband wird auch ISM-Band (**I**ndustrial-**S**cientific-**M**edical) genannt, weil es von der Industrie, der Wissenschaft und im Bereich der Medizin in vielen Staaten ohne Lizenzierung eingesetzt werden kann. Um Störungen von Geräten, die im gleichen Frequenzband arbeiten (z.B. WLAN-Netze, Schnurlostelefone, Mikrowellenherde oder Garagentüröffner) möglichst entgegenzuwirken, wird das Band in 79 Kanäle unterteilt. Diese werden bis zu 1.600 Mal in der Sekunde mittels Frequenzsprungverfahren gewechselt und somit verschlüsselt (frequency hopping). Der Frequenzwechsel dient der Sicherheit und bringt mehr Robustheit bezüglich Störungseinflüssen.

5.5.3 Bluetooth-Profile

Nicht jedes Bluetooth-Gerät kann mit jedem anderen beliebigen Bluetooth-Gerät kommunizieren. Manche Geräte unterstützen nicht alle Bluetooth-Profile. Es sollte aber beim Neukauf auf jeder Packung ersichtlich sein, welche Profile ein Bluetooth-Gerät unterstützt.

Ein Bluetooth-Profil unterstützt die Zusammenarbeit von Bluetooth-Geräten der unterschiedlichsten Hersteller und legt fest, wie bestimmte Bluetooth-Protokolle mit den entsprechenden Parametern genutzt werden, damit zwei Geräte herstellerunabhängig kommunizieren können und zum Beispiel eine Übertragung von Bilddateien aufbauen. Grundsätzlich lässt Bluetooth mehrere Profile gleichzeitig zu.

5.5.4 Übertragungsgeschwindigkeit

Die Bluetooth-Hardware überträgt eine Brutto-Datenrate von 1 MBit/s. Abzüglich der Header- und anderer Verwaltungsinformationen bleiben für die Nutzdaten je nach Anwendung dynamisch für Senden oder Empfangen (asymmetrisch) immerhin noch 723,2 kBit/s in Download-Richtung und 57,6 kBit/s in Upload-Richtung. Der symmetrische Datentransfer ergibt 432,6 kBit/s in beide Richtungen.

Mit der Spezifikation 2.0 + EDR (**E**nhanced **D**ata **R**ate) ist die Brutto-Datenrate auf bis zu 3 MBit/s erhöht worden. So sind Netto-Datenraten von bis zu 2 MBit/s möglich.

Die Sendeleistung und Reichweite sind spezifiziert, jedoch variabel bei Hindernissen:

- Class 1: 100 mW (Milliwatt) für 100 m Reichweite
- Class 2: 2,5 mW für 20 m Reichweite (ungebräuchlich, aber standardisiert)
- Class 3: 1 mW für 10 m Reichweite

5.6 Voice over IP (VoIP)

5.6.1 Was ist IP-Telefonie?

Unter „**V**oice **o**ver **I**nternet **P**rotocol" (aber auch Internet-Telefonie oder Voice over IP, kurz VoIP) versteht man das Telefonieren über ein Computernetzwerk. Die IP-Telefonie bietet dem User eine neue Form der Sprach- und Bildkommunikation, die erst mit der zunehmenden Verbreitung schneller Übertragungstechniken der letzten Jahre an Bedeutung gewonnen hat.

Die Grundlage für das Telefonieren über das Internet bietet das Internetprotokoll. Im Gegensatz zur herkömmlichen Telefonie werden Sprachinformationen nicht über eine geschaltete Verbindung in einem Telefonnetz, sondern durch das Internetprotokoll (IP) übertragen. Das IP teilt die Sprachinformationen in Datenpakete auf, welche im Netzwerk (meist Internet) auf nicht festgelegten Wegen zu Ihrem Ziel übertragen werden.

Somit sind die Computernetzwerke der eigentliche Ursprung der VoIP-Technik. Der TCP/IP Standard ist ein Datenübertragungsprotokoll, auf dem die Kommunikation im Internet aufgebaut ist. Er stellt die Kommunikation zwischen den Rechnern sicher.

Für eine Verbindung ist eine eindeutige Adresse durch IP-Adresse und Port nötig. Ports sind Protokollzugangsnummern, die in den Netzwerkprotokollen eingesetzt werden, um Datenpakete den entsprechenden Diensten (Protokollen) zuzuordnen.

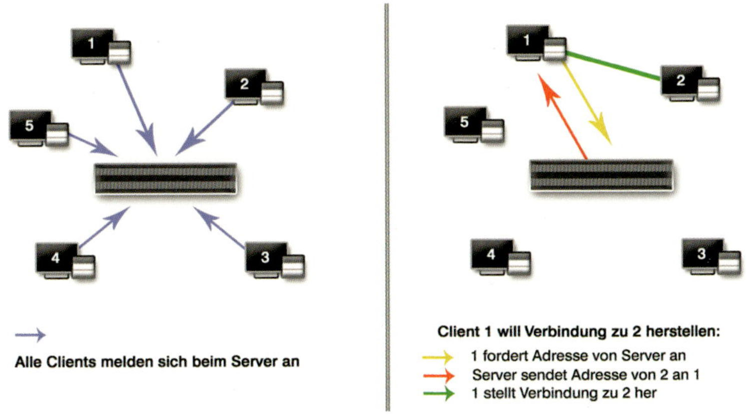

Abbildung 5.6.1 Verbindungsaufbau durch Abfrage der Adresse beim Server (Grafik: CDA Verlag)

5.6.1.1 Verbindungsaufbau

Die Problematik dynamischer IP-Adressen

Die meisten User benutzen derzeit keine festen IP-Adressen. Durch einen DHCP-Server (**D**ynamic **H**ost **C**onfiguration **P**rotocol) wird bei jedem Verbindungsaufbau mit dem Netzwerk eine neue dynamische IP-Adresse vergeben. Des Weiteren verwenden viele Internet-Nutzer Router mit Port Address Translation (PAT), so dass mehrere Geräte sich eine IP-Adresse im Internet teilen können. Dadurch ist es schwierig zu erfahren, unter welcher IP-Adresse und Portnummer der gewünschte Gesprächspartner zu erreichen ist.

5.6.1.2 Funktionsprinzip der IP-Telefonie

- Sprache wird durch ein Mikrofon in elektrische Signale umgewandelt. Diese werden mit einem Analog-Digital-Wandler und dem entsprechenden Codec (Verfahren bzw. Programme, die analoge Audio- oder Videosignale digital **co**dieren bzw. **dec**odieren) in einen digitalen Datenstrom verwandelt. Aufgrund des verwendeten Codecs können die Daten dabei unterschiedlich stark komprimiert werden. Die meisten Codecs benutzen jedoch Verfahren, bei denen die für das menschliche Gehör eher unwichtigen Informationen weggeschnitten werden. Dieses Verfahren reduziert die anfallende Datenmenge und verringert so die zur Übertragung benötigte Bandbreite. Sollten allerdings zu viele Informationen weggelassen werden, ist die Sprachqualität schlecht. Die Audiokompression wird aber von den verschiedenen Codecs unterschiedlich gut beherrscht. Je nach verwendeten Codec variieren die erforderliche Bandbreite sowie die Sprachqualität. Damit die Daten nach dem Transport auch wieder korrekt in Sprache umgewandelt werden können, muss der Empfänger denselben Codec wie der Sender benutzen.
- Der vom Codec komprimierte digitale Datenstrom wird aufgeteilt und in IP-Pakete verpackt. Die IP-Pakete enthalten zwar Audiodaten, unterliegen aber den üblichen Regeln in Netzwerken. Sie können über verschiedene Wege laufen und werden von Routern zum Ziel geleitet.
- Die IP-Pakete werden über ein Netzwerk übertragen.
- Die ankommenden Pakete werden wieder zu einem digitalen Datenstrom zusammengefasst.
- Ein Codec und ein Digital-Analog-Wandler wandeln den Datenstrom wieder in ein analoges Signal zurück. Ein Lautsprecher wandelt diese Signale wiederum in jenen Frequenzbereich um, der für das menschliche Ohr hörbar ist.

5.6.3 IP- Telefonie – Endgeräte

Derzeit werden drei Arten von Endgeräten angeboten, mit denen man die IP-Telefonie nutzen kann.

- **Voice over IP-Software auf Personal Computer installieren.** Bei dieser Möglichkeit wird ein Headset oder ein spezieller Telefonhörer an den Computer installiert.
- **Direkt an ein LAN anschließbares IP-Telefon.** Sowohl kabellose als auch kabelgebundene Verbindungen können genutzt werden.
- **Herkömmliches Telefon**, welches über ein Adaptergerät an das LAN angeschlossen wird.

Abbildung 5.6.2
Telefonate lassen sich mit diesem Kombigerät von AVM wahlweise über das Internet (VoIP) oder das Festnetz (ISDN und Analog) führen (Foto: AVM)

5.6.4 Verbindung von World Wide Web und Telefonnetzen

Damit überhaupt Verbindungen zu herkömmlichen Telefonnetzen zustande kommen, werden entsprechende Gateways (Schnittstelle zwischen verschiedenen Kommunikationssystemen = Vermittlungsrechner) eingesetzt. Das sind Vermittlungsrechner, die Medien, wie hier digital codierte Sprach-, Audio- oder Bildinformationen, von einem Typ eines Netzwerks in den eines anderen Typs umsetzen.

Die Technologie Voice over IP nutzt für die Sprachübertragung die Infrastruktur eines bereits bestehenden Netzwerks und kann sich dieses daher effizient mit anderen Anbietern teilen.

Das Ziel der Hardware- und Softwareentwickler ist es, eine Qualität und Zuverlässigkeit zu erreichen, die der klassischen Telefonie entspricht, wobei sich die Sprachqualität bereits durchaus mit der herkömmlichen Telefonie vergleichen lässt. Entscheidender Faktor für die Qualität der Sprache ist die Geschwindigkeit des Netzwerkes, über das der eigentliche Datentransfer erfolgt.

Vor kurzer Zeit noch konnte man über Internet nur dann telefonieren, wenn beide User über das Internet miteinander verbunden waren. Dies ist heute nicht mehr erforderlich, denn vom WWW werden bereits Verbindungen zum Fernsprechnetz übertragen.

5.6.5 VoIP in der Zukunft

Einer Kommunikation über VoIP stehen viele Telefonbetreiber eher mit gemischten Gefühlen gegenüber, zumal ein anhaltender Trend zum Wechsel auch mit erheblichen Einnahmeverlusten seitens der Anbieter verbunden ist.

Außerdem ist VoIP nicht nur für den Privatgebrauch, sondern auch für viele Firmen eine kostengünstige Alternative, da in den meisten Betrieben eine entsprechende Internetanbindung gegeben ist.

Momentane Nachteile werden in naher Zukunft rasch gelöst werden können, so dass man einem progressiven Wechsel entgegensehen wird müssen.

Vorteile von VoIP

- Keine größeren Extra-Planungsarbeiten für Telefonanschlüsse bei Neuverkabelungen in kleineren Büroräumen
- Telefonieren innerhalb des TCP/IP Netzwerks erfolgt ohne zusätzliche Kosten
- Telefonieren ist direkt vom PC möglich
- ISDN Funktion ist auch ohne ISDN-Telefonanschluss möglich
- Mehrere Endgeräte mit unabhängigen Nummern gleichzeitig möglich, auch ohne ISDN (entsprechende Bandbreite vorausgesetzt)
- Durch die Einbindung in die PC-Netzwerktechnik sind bessere Kontroll- und Steuerungspotenziale vorhanden
- Weltweite Erreichbarkeit

Einschränkungen von VoIP

- Ausfallsicherheit bei Internetverbindungen noch nicht hundertprozentig
- Kostenlose Telefonie nur innerhalb des PC-Netzwerks / Internet möglich, bei Verbindungen ins Festnetz / Mobilfunknetz entstehen Kosten
- Eine hohe Bandbreite in beide Richtungen ist Voraussetzung
- Probleme bei Notruf- und Sondernummern

6

Datenkomprimierung

Foto: Kurt Fuchs/Fraunhofer IIS

6.1 Bildverarbeitung

6.1.1 Bitmap - Die Mutter aller Bildformate

Wenn man ein Bild abspeichert, so speichert man in erster Linie eine Reihe an Informationen für den Computer, damit dieser berechnen kann, an welcher Stelle des Bildes er welche Farbe darstellen muss. Dabei geht der PC Bildpunkt für Bildpunkt vor.

Eines dürfte gleich zu Beginn klar sein: Je mehr Informationen zu einem Bild gespeichert werden, desto besser ist die Qualität der späteren Bildausgabe. Dazu gibt es mehrere Parameter, die durch den Anwender nach Maßgabe seiner Erfordernisse eingestellt werden können.

6.1.1.1 Die Auflösung

Die Bildauflösung ist vor allem dann wichtig, wenn erzeugte Bilder etwa über einen angeschlossenen Drucker ausgegeben werden müssen. Eine Bitmap-Datei ist am ehesten mit einem Mosaik vergleichbar. Jeder Bildpunkt ist ein kleines Mosaiksteinchen und alle Steine ergeben zusammengesetzt das fertige Bild. Wie bei einem Mosaik gilt: Je größer die Steine, desto grobkörniger das Bild. Ein aus der Ferne beeindruckend fotorealistisches Bild ergibt bei der Betrachtung aus der Nähe dann nur noch ein Konvolut aus bunten Steinen.

Um noch mal kurz bei dem Mosaik-Vergleich zu bleiben, ergibt sich im Umkehrschluss, dass innerhalb einer bestimmten Einheit um so mehr Steine untergebracht werden können, je kleiner diese sind. Genau dieses Prinzip greift bei der Festlegung der Bildauflösung. Bei einer Bitmap sprechen wir aber nicht mehr von Mosaiksteinen, sondern von Bildpunkten - oder einfach nur von Punkten. Der englische Begriff für Punkte lautet „dots".

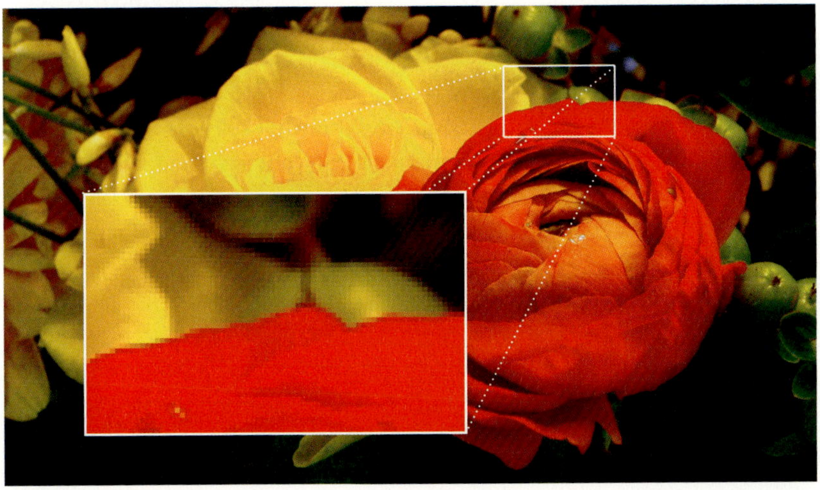

Abbildung 6.1.1
Bei kleinen Ausschnitten und einer geringen Auflösung wirken die Bilder wie ein Mosaik
(Grafik: CDA Verlag)

Die Entwicklung solcher Bildformate fand wie vieles andere rund um den PC in Amerika statt. Dort spielt das uns vertraute metrische System eine eher untergeordnete Rolle. Man misst dort Längen in Zoll, oder englisch „Inches". Ein Zoll entspricht 2,54 Zentimeter. Die Auflösung wird demnach in der Einheit „Dots per Inch" (also „Bildpunkte pro Zoll") bemessen. Die Abkürzung lautet „dpi".

6.1.1.2 Die Farbtiefe

Bei den heutigen Leistungs- und Speicherreserven eines PCs sollte diese Frage eine eher untergeordnete Rolle spielen. Dennoch ist die Farbtiefe deutlich für die Größe der resultierenden Datei verantwortlich. Dies wird an zwei Beispielen verdeutlicht. Doch zunächst wird der Aufbau einer Bitmap-Datei erklärt. Gegeben sei eine Bitmap-Datei in einer Größe von 640 (Breite) x 480 (Höhe) Bildpunkten. Bei der Darstellung auf dem Monitor spricht man dann übrigens von Pixel.

Die Datei verfügt also über 480 Reihen und in jeder Reihe sind 640 Bildpunkte untergebracht. Das ergibt in der Summe 307.200 Punkte. Für jeden einzelnen Punkt muss nun der Farbwert festgelegt und gespeichert werden. Wenn die Datei dann wieder geöffnet wird, wird das Grafikprogramm aus den gespeicherten Zahlen die korrekte Farbe ermitteln und an dem entsprechenden Punkt einfügen.

Palettenfarben

Im einfachsten Fall wird die Datei mit Palettenfarben abgespeichert. Es wird eine Farbpalette aus 256 Farben festgelegt. Diese wird mit abgespeichert. Außerdem bekommt jeder Bildpunkt eine der 256 Farben zugeordnet. Das geschieht mit einer einfachen Zahl. Jede dieser Zahlen beansprucht einen Byte Speicher. Daraus ergibt sich, dass die Bitmap aus dem obigen Beispiel 307.200 Byte, also 300 KByte Speicher belegen wird. Da kommen zwar noch ein paar KByte für weitere Dateiinformationen, wie zum Beispiel die Farbpalette hinzu, aber das ist an dieser Stelle von eher untergeordneter Bedeutung.

Abspeichern nach Palettenfarben kann dann sinnvoll sein, wenn das zu speichernde Bild über nicht wesentlich mehr als 256 Farben verfügt. Die Dateigröße reduziert sich drastisch und wenn eine Situation gegeben ist, Dateigrößen so niedrig wie möglich zu halten, kann dieses Vorgehen dazu beitragen.

> Wenn eine Palette mit den 256 Farben bereit gestellt wird, ist auch oft vom indizierten Farbmodus die Rede.

Wenn ein Bild über mehr als 256 Farben verfügt, aber mit Palettenfarben gespeichert wird, dann werden Farbzwischentöne, die nicht in der Farbpalette aufgenommen werden konnten, dadurch simuliert, dass benachbarte Pixel mit verschiedenen Farbwerten so belegt werden, dass der zu simulierende Farbwert zumindest für das menschliche Auge als solcher wahrgenommen werden kann. Diesen Vorgang nennt man „Dithering".

Echtfarben

Das Bild bleibt nur dann unverfälscht erhalten, wenn die Datei in Echtfarben abgespeichert wird. Der hier verwendete Begriff „Echtfarben" wird in der Praxis kaum verwendet. Viel mehr hat sich der englische Begriff „True Color" eingebürgert.

Um fast jede Farbe im Farbenspektrum darstellen zu können, verwendet der Computer eine Mischung aus den Farben Rot, Grün und Blau. Daher wird auch oft unter Verwendung der Anfangsbuchstaben der drei Farben von RGB-Farben gesprochen. Jede der drei Farben kann einen Wert von Null bis 255 annehmen. Die drei Werte zusammen genommen ergeben die Farbe, die der entsprechende Bildpunkt hat. Ein sattes Rot entsteht zum Beispiel bei einem RGB-Wert von 255,0,0.

Rechnerisch lässt sich schnell ermitteln, dass alle denkbaren Kombinationen zusammen mehr als 16 Millionen Farben ergeben. Dies wird mit dem einfachen Trick erreicht, dass für jeden Bildpunkt nicht ein Farbwert, sondern drei Farbwerte gespeichert werden. Daraus resultiert auch, dass die so entstehende Datei drei Mal so groß ist. Im obigen Beispiel belegt diese Datei 900 KByte.

6.1.1.3 Bildgrößen und Dateigrößen

Wenn man eine Bilddatei nur für die ausschließliche Verwendung auf dem PC anlegen möchte - etwa als Hintergrundbild für den Desktop - , dann ist die Bildauflösung von untergeordneter Bedeutung. Der PC rechnet ausschließlich in Bildpunkten. Die Bildauflösung wird vor allem dann interessant, wenn das fertige Bild auf Papier ausgegeben werden soll. Mit Bildauflösungen und Dateigrößen sollte dann nicht gegeizt werden.

Es soll folgende einfache Berechnung angestellt werden:

Sie haben ein Bild von Ihrer Digitalkamera auf den PC übertragen. Sie speichern die Datei im Bitmap-Format ab. Es handelt sich um ein Standardfoto mit einer Größe von 9 x 13 cm. Per Voreinstellung wird das Bild mit einer Auflösung von 300 dpi gespeichert. Wie groß wird nun die resultierende Datei?

Sie beginnen mit dem Umrechnen: 9 x 13 cm ergeben etwa 3,54 x 5,12 Zoll. Bei 300 Bildpunkten pro Zoll hat das Bild eine Größe von 1.062 x 1.536 Pixel. Insgesamt ergeben sich daraus 1.631.232 Bildpunkte. Da Sie das Bild in Echtfarben abspeichern, belegt jeder Bildpunkt 3 Byte Speicher. Das ergibt 4.893.636 Byte. Wenn Sie diesen Wert durch 1.024 teilen, erhalten Sie eine Dateigröße von 4.779 KByte oder rund 4,7 Megabyte.

Wenn Sie bei Ihrem letzten Urlaub so an die 200 Erinnerungsfotos geknipst haben, haben Sie ein gutes Gigabyte Daten, die in adäquater Form gespeichert werden möchten. Da ist guter Rat teuer.

6.1.2 Andere Bildformate

Angenommen, Sie haben von Ihrem letzten Ibiza-Urlaub ein schönes Panoramafoto mitgebracht, das die beliebte Urlaubsinsel aus gebührender Entfernung vom Meer aus zeigt. Das Bild zeigt außerdem einen strahlend blauen Himmel, der gut die Hälfte des Bildes einnimmt und kaum Farbabstufungen aufweist. Im Bitmap-Format abgespeichert, belegt das Bild mehr als zwei Megabyte mit der schlichten Information, dass der Himmel blau ist. Das ist schlussendlich keine besonders wirtschaftliche Art, Daten zu speichern. Wäre es da nicht viel sinnvoller, wenn Sie etwa nur die Information speichern, dass der Bereich von x1/y1 bis x2/y2 blau ist?

Diese und ähnliche Mechanismen verwenden andere Bildformate und schaffen es so, im Vergleich zum Bitmap-Format wesentlich kleinere Dateien zu speichern. Die Kompressionsmethoden sind dabei so ausgefeilt, dass kaum noch erkennbare Qualitätsverluste im Vergleich zum Originalbild auftreten.

6.1.2.1 Kompressionsmethoden

Andere Bildformate leben vor allem von den verwendeten Kompressionsmethoden. Eine gute Komprimierung zeichnet sich dadurch aus, dass sie bei möglichst geringen Qualitätsverlusten eine möglichst kleine Datei hervorbringt.

Abbildung 6.1.2
Beim Abspeichern von Bildern in ein verlustreiches Dateiformat wie jpg, kann man den Grad der Kompression und somit den Qualitätsverlust selbst bestimmen. Je höher die Qualität, desto größer wird jedoch die gespeicherte Datei
(Foto: CDA Verlag)

Kleine Dateien benötigen logischerweise weniger Speicher auf dem Datenträger. Noch wichtiger ist die Dateigröße aber bei der Übertragung von Daten über das Internet. Hier können zu große Dateien erhebliche Ladezeiten zur Folge haben. Oft bringen Besucher die nötige Geduld nicht auf und verlassen die Seite vorzeitig. Bitmap-Dateien sind an dieser Stelle also denkbar ungeeignet.

Man unterscheidet zwischen verlustreicher und verlustfreier Komprimierung. Eine verlustfreie Komprimierung erreichen Sie zum Beispiel, wenn Sie eine Bitmap-Datei in einem ZIP-Archiv komprimieren. Die Dateigröße sinkt drastisch, aber nach dem Entpacken liegt die zuvor komprimierte Datei wieder unverändert vor.

Verlustreiches Komprimieren bezeichnet jene Kompressionsmethoden, in denen gezielt Bildinformationen herausgefiltert und beim Laden neu dazu gerechnet werden. Diese Methode birgt Vorteile und Risiken. Durch das Herausfiltern gehen viele Detailinformationen irreversibel verloren, die nach erneutem Laden das Bild diffuser und unklarer erscheinen lassen, da die fehlenden Informationen nur noch mittels Näherungswerten rekonstruiert werden können. Den Grad der Komprimierung verlustreicher Dateiformate kann man vor dem Speichern selbst bestimmen. Üblicherweise bieten Grafikprogramme Vorschaumodi an, anhand derer man erkennen kann, ob der gewählte Kompressionsgrad zu groß ist und die Bildqualität zu deutlich darunter leidet. Daher ist es wichtig, dass vor dem Speichern das Vorschaubild genauestens überprüft wird, denn nachdem die Datei gespeichert wurde und das Originalbild weg ist, sind auch alle wichtigen Dateiinformationen unwiederbringlich verloren.

6.1.2.2 Bildformate

Im Laufe der Jahre sind viele Bildformate entwickelt worden. Einige haben sich bis heute gehalten und sind zu Standards geworden, andere sind durch Neuentwicklungen obsolet geworden oder es handelt sich um proprietäre Speicherformate diverser Grafikanwendungen. Spezialformate oder jene Formate, die ein Schattendasein fristen, sollen hier erst gar nicht genauer erwähnt werden. Andere hingegen sind in verschiedenen Anwendungsbereichen Standard geworden und tauchen auch permanent auf.

JPEG

Eines der wichtigsten und am weitesten verbreitete Bildformat ist das JPEG-Format, gekennzeichnet durch die Endung jpg oder jpeg.

Dieses Format ist übrigens der bekannteste Vertreter für eine verlustreiche Komprimierung. Dennoch überwiegen die Vorteile. Bei maßvoller Verwendung der Kompressionsstärke sind die Qualitätsunterschiede kaum erkennbar. Die Dateien werden deutlich kleiner als Bitmaps und das Format hat sich für die Verwendung bei Internet-tauglichen Grafiken bestens bewährt.

Auch Digitalkameras speichern Bilder meist als JPEG-Dateien ab. Damit ist eine hervorragende Bildqualität bei optimaler Speicherplatznutzung gewährleistet.

Die Abkürzung JPEG bedeutet „**J**oint **P**hotographic **E**xperts **G**roup" und bezeichnet die Urheber dieses Formats. Zwischenzeitlich gibt es ein erweitertes JPEG-Format, das JPEG2000 genannt wird und die Dateiendung jp2 erhält. Dieses Format bietet unter anderem eine optionale verlustfreie Komprimierung an und unterstützt auch Alpha-Kanäle. Alpha-Kanäle erlauben die Definition transparenter Bereiche innerhalb des Bildes. Das kann hilfreich sein, wenn Bilder in einem nicht rechteckigen Rahmen dargestellt werden sollen. Der optimalen Verbreitung von JPEG2000 steht derzeit entgegen, dass Zielsysteme über einen Zusatz verfügen müssen, der das Laden solcher Dateien ermöglicht, dieser aber kaum verbreitet ist.

GIF

Die Abkürzung GIF bedeutet „**G**raphics **I**nterchange **F**ormat". Dahinter verbirgt sich ein Dateiformat, das im indizierten Farbmodus (256 Farben) erzeugt wird. Innerhalb der indizierten Farben lässt sich eine transparente Farbe bestimmen, dank derer auch nicht rechteckige Grafiken abgebildet werden können. Die durch die Beschränkung auf 256 Farben bereits recht kleine Datei lässt sich dank der LZW-Komprimierung noch weiter drastisch verkleinern. Hinter dem Kürzel LZW stecken die Namen der drei Entwickler **L**empel, **Z**if und **W**elch. Diese Kompressionsmethode bietet eine verlustfreie Datenkomprimierung. Die Dateigrößen sinken derart, dass auch dieses Format im Internet sehr verbreitet ist. GIF-Dateien können auch kleine Animationen speichern, die eine Website optisch auflockern können. Auch diese so genannten „Animated GIFs" sind oft nur wenige KByte groß.

Innerhalb der Europäischen Union sind Patente auf Software noch kein Thema. Schwieriger wird es da zum Beispiel in den USA, wo man so ziemlich alles zum Patent anmelden kann. Aus diesem Grunde hat das GIF-Format eine etwas unrühmliche Geschichte, denn der Patentinhaber hatte zeitweise eine wahre Hetzjagd auf Entwickler gestartet, die dieses Format in Unkenntnis der patentrechtlichen Lage verwendet oder innerhalb ihrer Software angeboten hatten. Der LZW-Algorithmus, der das GIF-Format so nützlich machte, war durch ein solches Patent geschützt. Diese Verunsicherung hatte dafür gesorgt, dass dieses Format in vielen Grafikprogrammen gar nicht erst eingebunden wurde, sodass die Verbreitung ein wenig gelitten hatte.

PNG

Gewissermaßen als Antwort auf die unerfreuliche Patentlage des GIF-Formats wurde das PNG-Format entwickelt. Hinter dem Kürzel verbirgt sich der Begriff „**P**ortable **N**etwork **G**raphic". Auch PNG-Grafiken werden verlustfrei komprimiert und der Algorithmus erzeugt erfreulich kleine Grafiken. Auch wenn dieses Format noch nicht von allen Web-Browsern unterstützt wird, erfreut es sich zunehmender Beliebtheit. Das Format erlaubt die Speicherung von High Color Grafiken und stellt transparente Bereiche ohne erkennbare Zacken dar. Als Alternative zum GIF-Format hat sich PNG mittlerweile zum Standard entwickelt.

TIFF

TIFF steht für „**T**agged **I**mage **F**ile **F**ormat". Dieses Dateiformat wird von allen Grafikprogrammen angeboten. Ein wesentliches Merkmal dieses Dateiformats besteht darin, dass neben den Bilddaten selbst noch eine Vielzahl anderer Informationen, wie Alpha-Kanäle, Masken, Transparenzen etc. gespeichert werden können. Eine TIFF-Datei kann eine Dateigröße von bis zu vier Gigabyte haben. Allerdings unterstützen viele Grafikprogramme nur Dateigrößen von maximal 2 GB. Der Vorteil dieses Formats liegt insbesondere darin, dass auch komplexe Bildinformationen zwischen unterschiedlichen Grafikprogrammen ausgetauscht werden können. Diesem Format stand ebenfalls die bis dato unsichere patentrechtliche Lage im Weg, da auch hier eine verlustfreie Komprimierung der Dateien mit Hilfe des LZW-Algorithmus erreicht wurde.

WMF und EMF

Ein besonderer Fall sind noch die so genannten Metadateien oder Metafiles, deren bekannteste Vertreter die Formate WMF (Windows Metafile) oder EMF (Enhanced Metafile) sind. Bei Metadateien handelt es sich um vektororientierte Dateiformate. Im Gegensatz zu pixelorientierten Dateien, werden die Informationen nicht Bildpunkt für Bildpunkt gespeichert, sondern basierend auf Vektoren. Je nach Skalierung werden die Bilder anhand der Vektoren berechnet. Der Vorteil liegt auf der Hand: Beim Vergrößern werden die Bilder nicht nach und nach unschärfer, bis schlussendlich nur noch ein Pixelhaufen übrig ist, sondern Bildschärfe und Konturen bleiben erhalten.

Die hier genannten Dateiformate finden vor allem bei Clipart-Sammlungen Verwendung. Auch sehr teure Grafikprogramme, wie zum Beispiel Photoshop des Herstellers Adobe, verwenden als natives Dateiformat vektororientierte Dateien. Somit werden ungeachtet der Skalierung und Auflösung gestochen scharfe Bilder gewährleistet.

6.1.3 Bildbearbeitungsfunktionen

Viele Grafikprogramme bieten immer wieder unisono Bildbearbeitungsfunktionen an, die eine kurze Betrachtung verdienen. Die hier vorgestellten Optionen dienen dazu, die Bildqualität zu verbessern und Dateigrößen, wenn erforderlich, zu minimieren. Für alle Bildbearbeitungsoptionen empfiehlt sich ein maßvolles Vorgehen. Zu extreme Einstellungen führen oft zu Verzerrungen, die in dieser Form gar nicht erwünscht sind.

Eine Sicherheitskopie des zu bearbeitenden Bildes kann vor unerwünschten Folgen bewahren, wenn zunächst mit den verfügbaren Optionen experimentiert wird.

6.1.3.1 Skalieren

Mit der Skalierungsfunktion wird die Bildgröße verändert. Diese Funktion darf nicht mit der Zoom-Funktion verwechselt werden. Letztere verändert lediglich die Darstellungsgröße. Die Datei bleibt hiervon unberührt. Beim Verkleinern treten kaum Probleme auf. Wenn die Datei um mehr als die Hälfte verkleinert werden soll, empfiehlt es sich, zunächst um genau die Hälfte zu verkleinern und dann gegebenenfalls mit einem Scharfzeichnungsfilter zu arbeiten. Auf diese Weise wird verhindert, dass durch allzu starkes Skalieren zu viele Bildinformationen verloren gehen und das Bild diffus und unscharf wird.

Problematischer wird es, wenn ein Bild durch Skalieren vergrößert werden soll. Innerhalb geringer Grenzen mag das noch möglich sein, aber sehr schnell treten Unschärfen und Pixel-Probleme auf, die sich kaum noch abfangen lassen. Lediglich Metadateien eignen sich zur Vergrößerung, aber hier sollten auch zunächst Versuche angestellt werden, in welchem Umfang was möglich ist.

In Filmen wird oft dargestellt, wie von Polizeiexperten ein Auto, das auf einem Digitalfoto lediglich ein paar Bildpunkte in Anspruch nimmt, am Computer so weit herangezoomt wird, bis das Kennzeichen gestochen scharf erscheint. Das mag sehr nett aussehen, aber die dargestellte Präzision und Geschwindigkeit kann in der Realität kaum erreicht werden. Jeder Versuch, aus den eigenen Fotos Ähnliches heraus zu holen, wird leider nicht funktionieren. Dennoch bleibt die Skalierung ein wichtiges Werkzeug bei der Bildbearbeitung und kann innerhalb realistischer Grenzen die kreative Arbeit mit digitalen Bildern unterstützen.

6.1.3.2 Effektfilter

Jedes gute Grafikprogramm bietet eine Vielzahl an Effektfiltern an. Es wäre müßig, diese an dieser Stelle einzeln aufzuzählen. Da können durchaus sinnvolle Effekte, wie Scharfzeichner und Weichzeichner dabei sein, aber auch Spielereien, wie ein Fischauge-Effekt und Bilderrahmen. Der eigenen Kreativität sind also keine Grenzen gesetzt.

Den Filter zum Scharfzeichnen verwendet man am besten, nachdem Bilder skaliert wurden. Dadurch können sie etwas unscharf geworden sein. Das kann mit diesem Filter korrigiert werden. Ein Weichzeichnereffekt macht Sinn, wenn aus bestimmten Gründen Kanten zu scharf erscheinen oder bestimme Pixelfehler auftreten.

Kreative Nutzungsmöglichkeiten ergeben sich mit psychedelischen Effekten, die besonders auffallende Farbkombinationen verwenden oder künstlerische Filter, die sogar in der Lage sind, ein Foto scheinbar in ein Ölgemälde zu verwandeln.

Dahinter stecken jeweils komplexe Berechnungsalgorithmen. Oft genug werden Sie bemerken, dass Ihr Computer einige Sekunden benötigt, um alle erforderlichen Arbeitsschritte durchzuführen, bis das gewünschte Ergebnis erscheint.

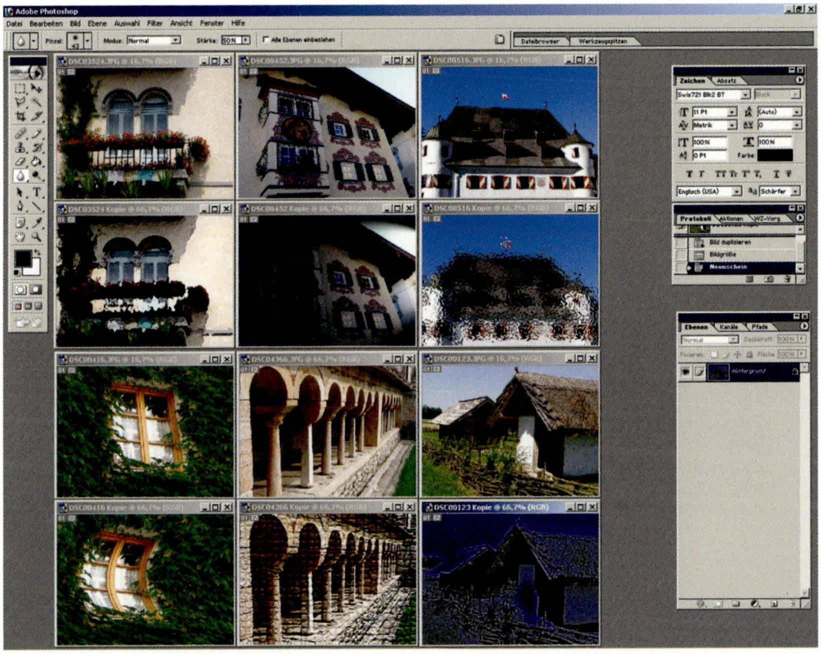

Abbildung 6.1.3
Mit Adobe Photoshop können verschiedene Effekte wie Aquarell, Beleuchtung, Glas, Verbiegen, Kachel oder Neon realisiert werden
(Grafik: CDA Verlag)

6.1.3.3 Antialiasing

Das Antialiasing ist eine der wichtigsten Funktionen bei der Arbeit mit pixelorientierten Grafiken. Da eine Grafik Punkt für Punkt dargestellt wird, kann es passieren, dass eine diagonale Linie so dargestellt wird, dass gerade Linienfragmente treppenartig versetzt angeordnet werden. Das sieht im Allgemeinen sehr unschön aus und ist eigentlich nie erwünscht. Abhilfe schafft die Antialiasing-Funktion. Diese berechnet farbliche Abstufungen zwischen der Linie und dem Hintergrund und fügt selbstständig weitere Pixel mit korrespondierenden Farbtönen ein, bis die diagonale Linie auch für den Betrachter als solche erscheint.

6.1.4 Farbmodi

Farbmodi wurden bereits oben angesprochen, als es darum ging, das Prinzip einer Bitmap-Datei ↻ zu erläutern. Damit sind aber nicht alle Vertreter erläu-

↻ s. Seite 177

tert worden. Bislang sprachen wir nur vom indizierten Farbmodus und von den RGB-Farben. Jedes Grafikprogramm bietet eine Vielzahl unterschiedlicher Farbmodi an, mit deren Unterstützung Bilddateien bearbeitet und ausgegeben werden können.

6.1.4.1 Schwarzweiß

Wenn beim Computer vom Schwarzweiß-Modus die Rede ist, dann sollte das wörtlich genommen werden. Dann werden die Bilder wirklich nur in diesen beiden Farben gespeichert. Zwischenabstufungen gibt es dann nicht und mehr als Konturen können mit diesem Modus nicht dargestellt werden. Es wird sich für jeden Anwender als fataler Irrtum entpuppen, wenn er den Schwarzweiß-Modus im Computer etwa einem Schwarzweiß-Film im Fernsehen gleichsetzt. Dieser Modus wird nur in speziellen Fällen sinnvoll sein. Ansonsten zerstört die Konvertierung in den Schwarzweiß-Modus so viele Bildinformationen, dass ein vernünftiges Arbeiten mit der Datei kaum noch möglich ist.

Schwarz-Weiß-Modus   Graustufen-Modus

Abbildung 6.1.4
Links: Im Schwarz-Weiß-Modus wird das Bild tatsächlich nur in den Farben Schwarz und Weiß gespeichert, Zwischenabstufungen gibt es nicht. Rechts: Im Graustufen-Modus wird jeder Farbton in einen von 256 Grautönen umgewandelt. (Grafik: CDA Verlag)

6.1.4.2 Graustufen

Wer ein Farbfoto in Graustufen umwandelt, erhält genau das, was er bei einem Schwarzweißfoto zu sehen erwartet. Jeder Farbwert wird in einen korrespondierenden Grauton umgerechnet und das Ergebnis ist ein Bild, das lediglich die Farben eingebüßt hat, während jede weitere Bildinformation weitgehend erhalten ist. Dieser Arbeitsschritt lässt sich nicht wieder umkehren. Wenn ein Graustufenbild etwa wieder in den RGB-Modus umgewandelt wird, bleibt es ohne Farbe.

6.1.4.3 CMYK

Echtfarbbilder werden im RGB-Modus dargestellt, indem die Farben Rot, Grün und Blau untereinander in verschiedenen Mischungsverhältnissen zusammengeführt werden. Für die Darstellung auf dem Bildschirm genügen diese Informationen, um ein Bild perfekt abzubilden. Bei der Druckausgabe kann es allerdings zu Farbverfälschungen kommen, die vor allem bei professioneller Nutzung äußerst unerwünscht sind.

Der Grund liegt darin, dass beim Druck auf Papier die Tinte lichtabsorbierend wirkt. Konkret bedeutet das, dass bestimmte Druckfarben Licht innerhalb des sichtbaren Wellenlängenbereiches absorbieren. Diese Absorption bezeichnet man auch als Subtraktion. Andere Farben reflektieren indessen das Licht. Solche Farben bezeichnet man als subtraktive Farben.

Abbildung 6.1.5
Der CMYK-Modus wird vor allem in der Druckvorstufe verwendet, während für die Ausgabe am Bildschirm das RGB-Modell geeignet ist. (Grafik: CDA Verlag)

Aufgrund der besonderen physikalischen Gegebenheiten empfiehlt sich die Verwendung des RGB-Modells für den Druck nicht. Statt dessen kommt die Theorie zum Tragen, dass eine Mischung aus reinem Cyan, Magenta und Gelb die Farbe Schwarz ergeben sollte. Das käme theoretisch auch hin. Aber die Druckfarben sind bei weitem nicht so rein, wie es erforderlich wäre. Daher wird als vierte Farbkomponente Schwarz hinzugefügt, um diese Ungenauigkeit zu umgehen und daraus ergibt sich das CMYK-Farbmodell. Die Buchstaben setzen sich erneut aus den Anfangsbuchstaben der Farben zusammen: **C**yan, **M**agenta, **Y**ellow (Gelb) und **K**ey (Schlüsselfarbe Schwarz). Bilder, die für den professionellen Druck vorbereitet werden sollen, werden daher oft im CMYK-Modus abgespeichert.

Abbildung 6.1.6
RGB steht für die drei Grundfarben Rot, Grün und Blau; CMYK steht für die vier Grundfarben Cyan, Magenta, Gelb und Schwarz (Grafik: CDA Verlag)

6.2 Audio

Im Gegensatz zur üblichen Verwendung der Bezeichnung „Audiokompression", ist die gängigste Form der speicherspezifischen Entschlackung von Audio-Dateien die „Audioreduktion". Das bedeutet, dass diejenigen Audio-Dateien, die sich auf den meisten Rechnern befinden, nicht verlustfrei (Datenkompression), sondern verlustbehaftet (Datenreduktion) in den Speicherblöcken vorhanden sind. Während diejenigen Dateien, welche die Mühlen einer Audiokompression durchlaufen haben, nur eine geringe Kompression aufweisen, sind die „reduzierten" Audiodateien speziell darauf abgestimmt, die Dateigröße effektiv zu verringern.

6.2.1 Audiokompression

Die Audiokompression ist im täglichen Gebrauch nur selten von Relevanz. Denn aufgrund der geringen Kompressionswirkung greifen die meisten Verfahren auf die viel effizientere Datenreduktion zurück.

Trotz allem findet die verlustfreie Komprimierung von Audio-Dateien Anwendung. Als Beispiel seien hier Toningenieure herangezogen, deren oberste Prämisse es ist, Qualitätsverluste zu vermeiden und trotzdem den Speicherbedarf - wenn auch nur geringfügig - zu verringern.

Die Problematik liegt in der Natur der Schallwellen, die sich in der Regel nur schwer vereinfachen lassen. Vor allem natürliche Töne, also Klänge aus der realen Umgebung, eignen sich schlecht zur Komprimierung. Doch auch Tonreihen, die vom Computer erstellt worden sind, lassen oft komplexe Wellenformen wirken, die sich selbst mit mehreren Kompressionsalgorithmen, deren Ziel die Ersetzung redundanter Daten im Eingabestrom durch kürzere Zeichenfolgen sind, nur schwer vereinfachen und in weiterer Folge verkleinern lassen. Des Weiteren sind die Werte in den Audiosamples alles andere als stabil. Durch dieses ständige Wechselspiel und das oftmalige Fehlen von Folgen gleicher Bytes, erzielen allgemeine Datenkompressionsalgorithmen, wie sie etwa bei der Bildkompression Verwendung finden, nur selten den gewünschten Effekt.

6.2.1.1 Beispiele für Audiokompression

FLAC

Das aufgrund mehrere Features beliebte Audioformat FLAC (**F**ree **L**ossless **A**udio **C**odec), das die Dateiendung flac verwendet, wurde von Josh Coalson entwickelt und ist den Open Source-Projekten zuzuordnen. In der Regel sind Kompressionsraten von bis zu 50 Prozent zu erzielen.
Info: ***http://flac.sourceforge.net***

Monkey's Audio

Im Schnitt schafft es dieses Audiokompressionsverfahren, die Musikdatei auf 50 Prozent zu reduzieren. Allerdings können beschädigte ape-Dateien nicht mehr in ihren Ursprungszustand rückkonvertiert werden.
Info: ***http://www.monkeysaudio.com***

Shorten

Neben der verlustfreien Audiokompression bietet dieses digitale Audiokompressionsverfahren auch eine verlustbehaftete Audioreduktion. Besonders prädestiniert für shn-Dateien sind 16 Bit Wave-Dateien.
Info: ***http://www.softsound.com/Shorten.html***

Apple Lossless

Schließlich gibt es auch von Apple einen Codec zur verlustfreien Audiokompression, der ab iTunes Version 4.5 eingesetzt werden kann. Somit kann Musik von CDs oder anderen Quellen (AIFF, WAV) in iTunes transferiert werden. Die Datenrate wird dabei halbiert, so dass die m4a-Dateien nur die Hälfte ihres vormaligen Speicherplatzbedarfs benötigen.
Info: ***http://www.apple.com***

6.2.2 Audioreduktion

Der Löwenanteil der verlustbehafteten Kompressionsalgorithmen basiert auf einfacheren Transformationen. So werden beispielsweise in der „**m**odifizierten **d**iskreten **C**osinus-**T**ransformation (MDCT)" die aufgenommenen Wellenformen in ihre Frequenzabfolgen umgewandelt. Aktuelle Algorithmen benutzen teilweise so genannte Wavelets, also Transformationen, die das Ziel haben, Daten in eine andere Repräsentation zu bringen. In wie weit die Modelle mit Wavelet-Transformationen besser funktionieren als die auf MDCT basierenden, ist noch nicht geklärt.

Da wie dort herrscht das Grundprinzip vor, die subjektive menschliche Wahrnehmung von Tonfolgen zu verbessern. Denn da das menschliche Ohr nicht alle Information eines Tones analysieren kann, ist es möglich, eine Sounddatei stark zu verändern, ohne dass die subjektive Wahrnehmung des Hörers beeinträchtigt wird. Zum Beispiel werden mit einem Codec Teile von sehr hohen oder tiefen Frequenzen weggelassen, die für das menschliche Gehör ohnehin nicht oder kaum hörbar wären (siehe Hörbereichsgrenzen ↻).

↻ s. Seite 189

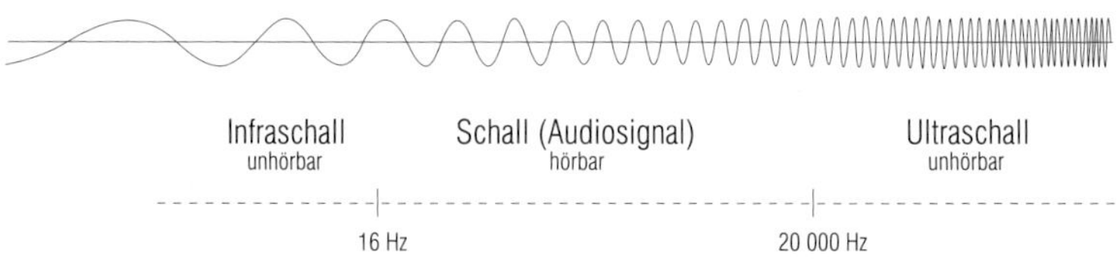

Abbildung 6.2.1
Audiosignale sind das, was man hört, wenn eine Schallwelle das Ohr erreicht hat (Grafik: CDA Verlag)

Auch werden Frequenzen, die von anderen Frequenzen überlagert sind, nur mit geringerer Genauigkeit wiedergegeben. Eine solche Überlagerung liegt zum Beispiel vor, wenn ein leiser Ton unmittelbar vor oder nach einem lauten Ton kommt. Der leise Ton wäre dann nicht erkennbar. Dieses Modell wird im übrigen „psychoakustisches Modell" genannt, da es für die Effekte der Ohr-Gehirn Verbindung verantwortlich ist (Hörbeispiele zur Psychoakustik gibt es auf der Webseite ***http://www.mmk.e-technik.tu-muenchen.de/~tal/demos/demos_content.html***). Zur Nutzung kommen hier die Eigenschaften des menschlichen Gehörs, wie Frequenzgruppenbildung, Hörbereichsgrenzen, Maskierungseffekte und die Signalverarbeitung des Innenohrs.

Hörbereichsgrenzen

Die Hörfläche ist der Frequenz- und Pegelbereich in dem das menschliche Gehör Schall erfassen kann. Sie liegt zwischen den Kurven der unteren stark frequenzabhängigen Hörschwelle und der oberen weniger frequenzabhängigen Schmerzschwelle, mit der gleich darunter liegenden Unbehaglichkeitsschwelle oder Unwohlseinsschwelle.

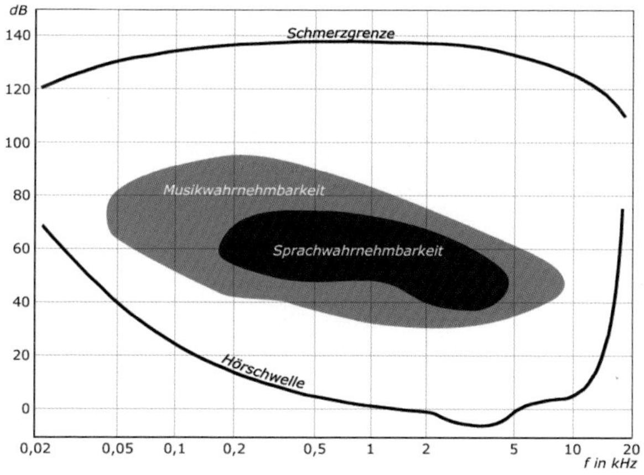

Abbildung 6.2.2
Die Hörfläche des Menschen
(Grafik: Wikipedia)

Frequenzgruppenbildung

Mit Frequenzgruppe bezeichnet man beim menschlichen Gehör Frequenzbereiche, die gemeinsam ausgewertet werden. Eine Auswertung in Frequenzgruppen erfolgt z.B. bei der Bestimmung der Lautstärke, des Klangs oder der Richtung des Schalls. Signalverarbeitungsverfahren wie etwa das nachfolgend besprochene MP3-Format ahmen die Verarbeitung des menschlichen Gehörs nach, indem auch hier die Signale in Frequenzgruppen bearbeitet und alle Informationen, die das Gehör innerhalb der Frequenzgruppen nicht wahrnehmen kann, entfernt werden, was wiederum zu einer erheblichen Reduktion der Datenrate führt.

Maskierungseffekte
Maskierungseffekte bewirken, dass man in einem Geräusch bestimmte Frequenzanteile nicht oder nur mit verringerter Qualität wahrnehmen kann. Beispielsweise lassen sich beim Hören sehr lauter Basstöne, die eventuell vorhandenen, bedeutend leiseren Töne im mittleren Frequenzbereich nicht wahrnehmen.

Doch sind bei der verlustbehafteten Audioreduktion auch hörbare Nachteile zu berücksichtigen. Vor allem so genannte Generationsverluste machen sich bemerkbar, wenn etwa MP3- oder andere mittels Audioreduktion erstellte Dateien als Audio-CD gebrannt werden und von dort aus wieder einer verlustbehafteten Reduktion unterzogen werden. Daher kommen die Algorithmen der verlustbehafteten Audioreduktion auch kaum in professionellen Tonbearbeitungsbereichen zum Einsatz, wo man des Öfteren den Slogan, „Data reduction is Audio destruction", zu Ohren bekommt. Für Enduser erfreuen sich diese Dateien jedoch uneingeschränkter Beliebtheit. Immerhin werden komplette Songs auf erträgliche Datenraten reduziert (je nach Komplexität des Tonmaterials oder der Größe der Bitrate enthält ein Megabyte ungefähr eine Minute Musik) und lassen sich so mundgerecht durch den Downloadkanal schleusen. Darüber hinaus lässt die Kompressionsrate von ca. 1:11 auch eine annehmbare Musik- und Soundqualität zu.

6.2.2.1 Beispiele für Audioreduktion

Advanced Audio Coding
AAC, eine Weiterentwicklung des MPEG-2 Standards, hat gegenüber älteren Formaten (etwa MP3) die Vorteile, eine bessere Qualität bei gleicher Dateigröße und die Unterstützung für Multichannel-Audio zu bieten. Bei der Kodierung werden 48 Haupttonkanäle mit bis zu 96 kHz Abtastrate, 16 Tief-Frequenz-Kanäle, die auf 120 Hz begrenzt sind und 15 Datenströme unterstützt, was jedoch mehr Rechnerressourcen benötigt. Das Komprimierungsverfahren erkennt nun etwa tonale und geräuschhafte Elemente im Eingangssignal effektiver, um sie zu kodieren und auch das Pre-Echo Problem wurde verbessert. m4a-Dateien finden sich derzeit vor allem in Musik Online-Shops, wie etwa dem iTunes Music Store oder dem Real Music Store. Auch auf Handys von Nokia und Samsung kommt AAC zum Einsatz, um über das Mobiltelefon Musik zu hören.
Info: ***http://www.aac-audio.com***

Pre-Echo und Kompressionsartefakte
Bei einigen verlustbehafteten Audioreduktionsverfahren - unter anderem bei MP3 - tritt das Pre-Echo-Problem auf. Dieses verursacht vor einem lauten, plötzlich einfallenden Geräusch (etwa ein schlagartig einsetzendes Schlagzeug) deutliche hörbare Kompressionsartefakte, also durch die digitale, verlustbehaftete Datenreduktion verursachte Signalstörungen. Weitere Kom-

pressionsartefakte sind das Post Echo (nach einem plötzlichen Geräusch sind deutliche Artefakte zu hören), ein verwaschener Klang (besonders bei Höhen und Tiefen, sowie bei bestimmten Instrumenten), unpassende Lautstärkeänderungen, Veränderung der Stereofonie und Verringerung des räumlichen Eindrucks.

WMA

Der Audio-Codec von Microsoft, **W**indows **M**edia **A**udio (WMA), wird zur Komprimierung von digitalen Audioinhalten verwendet und unterstützt bis zu 24 bit/96 KHz bei einer variablen Bitrate von bis zu 768 kb/s und Surround-Ton mit bis zu 7.1 Kanälen. Wie auch bei der MP3-Kompression werden Frequenzen, die der Mensch nicht hören kann oder die sich überlagern, herausgefiltert. Der Unterschied zum MP3-Verfahren besteht jedoch in einer besseren Klangqualität bei niedrigen Bitraten unter 128 kbps. Die Dateinamen tragen zumeist die Endung wma.

Das WMA-Format unterstützt auch die Einbindung von DRM (**D**igital **R**ights **M**anagement), welche dem Urheber von geistigem Eigentum die Regelung der Zugriffsrechte auf Tonmaterial ermöglichen soll. Diese Technik wird häufig als Kopierschutzmaßnahme bzw. als Abspielbeschränkung eingesetzt und ist vor allem in Online Musik-Shops zu finden.
Info: ***http://www.microsoft.com/windows/windowsmedia/9series/codecs/audio.aspx***

ATRAC

Das Audiokompressionsverfahren, das ausgeschrieben für „**A**daptive **T**ransform **A**coustic **C**oding" steht, basiert auf psychoakustischen Grundregeln. Der ATRAC-Codec wurde von Sony mit der Einführung der MiniDisc im Jahre 1992 eingeführt und bis dato weiterentwickelt. Aktuell kommen hauptsächlich ATRAC3plus-Dateien mit Bitraten von 256/64/48 kbit/s zur Anwendung, da dieser Codec verschiedene Kopierschutzmechanismen (etwa auch das Digital Rights Management) beinhalten kann.
Info: ***http://www.sony.net/Products/ATRAC3/***

Digital Theater Systems (DTS)

Das Mehrkanal-Tonformat, das im Kino, bei Laserdisks und DVDs zum Einsatz kommt, verwendet verlustbehaftete Verfahren zur Komprimierung der Audiodaten. Entwickelt wurde es von Digital Theatre Systems Inc.
Info: ***http://www.dtsonline.com/***

Musepack

Musepack, das früher auch als „MPEGplus" bekannt war, ist ein Codec, der auf dem MP2-Algorithmen basiert. Die Musepack-Dateien, die mit der Dateiendung mpc oder mp+ versehen sind, bieten dank der Verwendung von variablen Bitraten eine Transparenz bei Bitraten zwischen 170 und 200 kBit/s.

Auch der schnelle Prozess bei Kodierung und Dekodierung sollte Erwähnung finden. Dagegen können Musepack-Dateien nicht gestreamt werden. Der Codec ist allerdings Open Source.
Info: ***http://www.musepack.net***

Ogg Vorbis

Der Codec, der im Rahmen des Ogg-Projektes als Alternative zu MP3 entwickelt wurde, unterstützt bis zu 255 Kanäle mit variabler Bitrate und ist darüber hinaus streamingfähig. Die zur Kodierung benötigten Bibliotheken sind Open Source, also frei nutzbar. Für ogg-Dateien, die in ihrer Komprimierungsrate effektiver sind als mp3-Dateien, bestehen mittlerweile schon eine Reihe von Abspielgeräten und auch Software für die gängigsten Betriebssysteme.
Info: ***http://www.vorbis.com***

MP3

Der bekannte Dateiname mp3 wurde vor zehn Jahren am Fraunhofer IIS (**I**nstitut für **I**ntegrierte **S**chaltungen) eingeführt. Wissenschaftler haben sich damals als Abschluss langjähriger Entwicklungsarbeiten am so genannten Audiokompressionsverfahren zu dieser Namensgebung entschlossen. Bei einer internen Befragung am 14. Juli 1995 hatte sich der Name durchgesetzt und avancierte schnell zum Synonym für „ISO MPEG Audio Layer 3". Seit 1992 wird das Format von der ISO-Standardisierung vor jeder Veränderung geschützt.

MP3 wurde zunächst von der Industrie nicht ernst genommen, weil sie die Technologie für nicht einsetzbar hielt, aber die Entwicklung erwies sich bald als entscheidender technologischer Fortschritt. Bis heute hat kein anderes

Abbildung 6.2.3
Das Audioteam 1987 (v.l.): Harald Popp, Stefan Krägeloh, Hartmut Schott, Bernhard Grill, Heinz Gerhäuser, Ernst Eberlein, Karlheinz Brandenburg und Thomas Sporer (Foto: Kurt Fuchs/ Fraunhofer IIS)

Format MP3 als digitalen Musikdatenträger ablösen können. Der Unterhaltungselektronik erschloss sich mit den MP3-Playern schließlich ein völlig neuer Markt, dessen Wachstum heute noch nicht seinen Höhepunkt erreicht hat.

Das verlustbehaftete Kompressionsverfahren nutzt wie seine „Mitbewerber" auch die psychoakustischen Effekte der Wahrnehmung aus, um Audiosignale so aufzubereiten, dass sie weniger Speicherplatz benötigen, aber sich trotzdem genau so anhören wie das Original. So wird also nicht das Originalsignal exakt abgespeichert, sondern es genügt, nur diejenigen Signalanteile abzuspeichern, die das menschliche Gehör auch wahrnehmen kann. Hörbare Verluste hängen von der Qualität des Kodierers, der Komplexität des Signals, der Datenrate, der verwendeten Audiotechnik (Verstärker, Verbindungskabel, Lautsprecher) und schließlich auch vom Gehör des Hörers ab. Das MP3-Format erlaubt Datenraten von 8 kBit/s bis zu 320 kBit/s. Eine Besonderheit ist zudem die Möglichkeit, die Kodierung nicht nur mit einer konstanten Datenrate zu betreiben, sondern auch mit einer schwankenden, dafür aber mit konstanter Qualität. Somit können Qualitätseinbrüche an schwierig zu kodierenden Musikstellen vermieden werden.
Info: ***http://www.iis.fraunhofer.de/amm/techinf/layer3/***

MP3 Surround

Mit MP3 Surround kann Multikanalton in hoher Qualität komprimiert werden, und das mit einer nur unwesentlich größeren Datenmenge, als bisher für die Codierung von Stereomaterial notwendig war. Somit braucht MP3 Surround im Vergleich zu anderen verbreiteten Surround-Formaten nur etwa die halbe Datenrate. Darüber hinaus ist das Format vollständig rückwärtskompatibel zu herkömmlicher MP3-Software und zu bereits auf dem Markt

Abbildung 6.2.4
MP3 Surround ermöglicht Multikanalton in hoher Qualität (Foto: Kurt Fuchs/ Fraunhofer IIS)

befindlichen MP3-Geräten. MP3 Surround wurde vom Fraunhofer IIS in Zusammenarbeit mit Agere Systems entwickelt. Das „Binaural Cue Coding"-Verfahren basiert auf psychoakustischen Modellen. Dabei wird die Raumklanginformation sehr kompakt dargestellt, so dass MP3 Surround-Dateien kaum größer sind als entsprechende Stereo-Dateien. Diese Technologie ermöglicht Multikanalton in einer Vielzahl von Anwendungen, wie z.B. in Internet-Musikportalen, im Autoradio, sowie in allen audiovisuellen Anwendungen auf dem PC (Spiele, Filme, etc.).
http://www.iis.fraunhofer.de/amm/download/mp3surround/

6.2.3 Ausblick

Das Basteln an optimierten Komprimierungsarten ist auf lange Sicht wohl eingestellt. Vor allem die zunehmende Breitband-Vernetzung der Haushalte lässt es nicht mehr dringend notwendig erscheinen, die Bits und Bytes von Sounddateien über die Maßen zu schrumpfen. Viel mehr lässt sich der Trend zur Optimierung der Klangqualität erkennen. Dies käme dann auch den fleißig sprießenden Musikdownload-Shops zugute, die bislang mit Einbußen bezüglich Klangqualität gegenüber der Audio- oder Super Audio-CD zu kämpfen hatten. Wenn dann auch noch download- und ausdruckbare Booklets im Preis inbegriffen sind, dann könnten diese Online-Musikgeschäfte durchaus Erfolg haben.

Was die Kompression der Daten anbelangt, so gibt es derzeit Bemühungen, den erstellten Files einen Mehrwert an Informationen beikommen zu lassen. Was mit diversen Tags, also Informationen über Interpret, Song, Album, Erscheinungsjahr, Genre usw., den Anfang nahm, steht nun mit integrierten Kopierschutzmechanismen, Lizenzierungsmodellen und dem vorher schon öfters erwähnten DRM in vollster Blüte. Was hier noch alles in eine „simple" Musikdatei gepackt werden kann, ist nicht abzusehen. Eine diesbezügliche Idee hat allerdings das Fraunhofer Institut: „Audio-Identifikation (AudioID) und Akustischer Fingerabdruck". Das AudioID-System ermöglicht es, Audiodaten automatisch zu erkennen und die damit verbundenen Informationen, wie Liedtitel oder Namen des Interpreten in Echtzeit zu übermitteln. Mit Hilfe eines „Fingerprinting-Verfahrens" werden für die verschiedenen Audiodaten eindeutige Signaturen generiert, so dass - ähnlich der Personenidentifizierung mittels Fingerabdruck - eine eindeutige Erkennung des Musikstücks möglich wird. Die Basistechnologie ist dabei Teil des internationalen ISO/IEC MPEG-7 Audiostandards der **M**oving **P**icture **E**xperts **G**roup (MPEG).

6.3 Video (MPEG-Familie)

6.3.1 Datenreduktion durch Codecs

Die meisten europäischen TV-Produktionen arbeiten mit Videoaufzeichnungen, deren Auflösung im PAL-Format 768 x 576 Pixel bei 24 Bit Farbtiefe und 25 Bildern pro Sekunde beträgt.

Dieses Videosignal in Studioqualität erzeugt große Datenmengen. Solche Signale sind auch von modernen Durchschnitts-PCs oder Geräten der Unterhaltungselektronik sehr aufwändig zu verarbeiten. Es musste daher eine Möglichkeit geschaffen werden, um die Datenrate effektiv reduzieren zu können. Daten durch Kompression zu verringern, bezieht sich zunächst nur auf digital gespeicherte Daten. Man kann auch bei Video zwei Arten von Kompressionen unterscheiden, die verlustfreie und die verlustreiche.

6.3.1.1 Verlustfreie Kompression

Im Allgemeinen ist die verlustfreie Komprimierung bei digitalisierten Videos und gescannten Bildern nicht sehr effektiv, da die Farben in diesen Bildern meist durch starkes Dithering (Bezeichnung für die Emulation von Zwischenfarben durch spezielle Verteilung der Grundfarben) und Verwischen dargestellt werden und nur wenige Bereiche flächiger Farbe enthalten.

6.3.1.2 Verlustreiche Kompression

Die verlustreichen Komprimierungsmethoden entfernen Bildinformationen, die dem Betrachter normalerweise nicht auffallen. Diese Methoden bewahren die Originaldaten nicht und es gehen dadurch Bildinformationen verloren, die auch nicht wiederhergestellt werden können. Das Verhältnis der Komprimierung gibt quasi den Grad an verloren gegangener Datenmenge an. Eine hohe Qualitätseinstellung für einen Film bewirkt einen geringeren Informationsverlust als eine niedrige.

Verschiedene Codecs, die bereits einige Entwicklungsstufen hinter sich haben, arbeiten nach einem Prinzip, welches einen unkomprimierten Video- und/oder Audiostrom nach einem definierten Algorithmus komprimiert und wieder entschlüsselt.

Für die Bearbeitung von Videos gibt es verschiedene Verhältnisse zwischen Kompression und Qualität. Es wird festgestellt, wie viele Megabyte an Videodaten pro Sekunde verarbeitet werden müssen bzw. wie viele Minuten Videofilm auf einem Gigabyte (1 GB) gespeichert werden können. Das Kunstwort setzt sich aus **CO**mpressor - **DEC**ompressor zusammen und wird schließlich zu CODEC verschmolzen.

Tabelle 6.2.1
Die Qualitätsunterschiede verschiedener Videonormen

Kompressions-verhältnis	PAL (MB/s)	NTSC (MB/s)	Minuten pro GB (PAL / NTSC)	Bildqualität
1:1	21,2	17,6	00:48 / 00:58	Fernseh-Studiokamera direkt
2:1	10,6	8,8	01:36 / 01:56	Direktübertragung TV
3:1	7	5,9	02:26 / 02:54	Betacam Digital SP, sendereif
4:1	5,3	4,4	03:13 / 03:53	Betacam Digital SP (prof.)
5:1	4,2	3,5	04:04 / 04:53	Betacam (semi-professionell)
5:1	3,5	2,9	05:16 / 06:14	Digital Video DV
7:1	3	2,5	05:41 / 05:50	Hi 8, S-VHS (professionell)
10:1	2,1	1,76	08:08 / 09:42	Hi 8, S-VHS (Amateurqualität)
15:1	1,4	1,2	12:11 / 14:13	VHS (Amateurqualität)

Codecs gibt es sowohl in Form von Hardware, die man in einen Steckplatz (meistens PCI) oder an einen externen Port (meistens Parallel- oder USB-Port) steckt, wie auch als Software, wobei dank der Leistungsfähigkeit moderner Prozessoren die sogenannten Soft-Codecs die schnelleren sind. Zu den bekanntesten Codecs zählen die von Quicktime verwendeten Sorenson-Codecs, die sehr populären MPEG-Varianten und DivX.

6.3.1.1 AVI-Codec

Eines der ältesten Formate ist **A**udio **V**ideo **I**nterleaved (AVI). Das Hauptmerkmal dieses Formats ist, dass sowohl die Audiodateien als auch die Videodateien in derselben Datei zusammengeführt sind. Deshalb ist es möglich den Speicherplatz zu verringern, schließlich wird nur etwa jedes fünfzehnte Bild vollständig dargestellt. Dazwischen liegen nur die Informationen, was sich zum jeweils vorhergehenden Bild verändert hat. Dieses Format lässt sich im unkomprimierten Zustand abspielen, ohne dass man einen Codec benötigt.

6.3.1.2 MJPEG oder Motion JPEG

Eine Variante von AVI trägt die Bezeichnung MJPEG oder Motion JPEG. Viele Digitalkameras verwenden dieses Format. Hierbei wird auf den integrierten Sound verzichtet, dafür sind die Aufnahmen zusätzlich als JPEGs gesichert, was wiederum die Dateigröße verringert. In diesem Fall also findet eine Kompression statt, wenn auch nur bei Einzelbildern.

6.3.1.3 Der Quicktime Codecs

Das Quicktime-Format mit den Datentypen track, media, data, und movie ist eine Erweiterung des Macintosh-Betriebssystems, welches Erstellung, Abspielen, Komprimierung und Editierung von zeitbasierten Daten (Bild- und Tonfolgen) ermöglicht. Eine Erweiterung des Gerätes mit Spezialhardware ist nicht erforderlich. Die Videosequenzen werden in Form von Dateien auf der Festplatte abgelegt. Dabei entscheidet das Fassungsvermögen der Festplatte über die Länge eines Videos, da sämtliche Daten direkt von dort abgespielt werden.

Des Weiteren beinhaltet der Funktionsumfang des Medienformates der Firma Apple auch das Streaming von Videos im Internet. Diese Methode ermöglicht eine Echtzeit-Übertragung von Videos, ohne zuvor die gesamte Datei auf den Rechner herunterladen zu müssen.

6.3.1.4 MPEG Codecs

MPEG steht für **M**otion **P**icture **E**xperts **G**roup und bezeichnet ein 1988 gegründetes Gremium, das Standards für die Kodierung von bewegten Bildern, Audiodaten und deren Kombination entwickelt. MPEG-Codecs speichern fertige Filme platzsparend und spezifizieren ein Datenmodell zur Kompression von bewegten Bildern und Tonsignalen. Die Motion Picture Experts Group zeichnet unter anderem für MPEG-1, MPEG-2, MPEG-4 und MPEG-7 sowie für viele weitere Standards verantwortlich.

MPEG-1

Das erste Kodierungsformat der Motion Picture Experts Group ist das 1991 eingeführte Verfahren MPEG-1. Dieser Standard ist ein Audio/Video-Format, das sich vor allem durch ausgesprochen gute Kompatibilität auszeichnet. Für die meisten Heimanwendungen (Digitalisierung von Urlaubsvideos) sowie für den Businessbereich (Image-Videos, Dokumentation) ist die Qualität von MPEG-1, die in etwa mit VHS vergleichbar ist, völlig ausreichend. Auf einen 650 MB-CD-Rohling können ca. 74 Minuten an Videodaten abgespeichert werden.

MPEG-2

Der MPEG-2 Standard gilt seit 1995 und erlaubt hohe Datenraten für Bild und Ton. Dieser Standard kommt besonders bei digitalem Fernsehen, Videofilmen auf DVD-ROM und in professionellen Videostudios zum Einsatz. Für den Gebrauch im Internet aber ist dieser Codec wegen der zu hohen Datenraten momentan noch nicht brauchbar, selbst DSL ist zu langsam. MPEG-2 bietet bei guter Codierung eine wirklich brauchbare Bildqualität, die auf normalen Fernsehern oft fast nicht mehr von unkomprimiertem Material zu unterscheiden ist.
Die Datenrate bei einer typischen MPEG-2-Wiedergabe für Bild und Ton liegt bei etwa 150 kByte/s, also etwa 1,2 MBit/s.

Für die Kodierung der HDTV ↻ Signale war ursprünglich ein MPEG-3-Format vorgesehen. Nach eingehenden Untersuchungen wurde jedoch festgestellt, dass schon der MPEG-2 Codec bei hohen Bitraten ausreichend gute Qualität produzierte und so wurde ein MPEG-3 Format nie eingeführt.

↻ s. Kapitel 10.1.2.5

MPEG-4

MPEG-4 ist eine Weiterentwicklung von MPEG-2. Dieser Codec befindet sich seit 1996 in der Entwicklung und wurde ursprünglich zur Übertragung von Filmen über das Internet bei extrem niedrigen Datenraten im Bereich zwischen 10 KBit/s und 1 MBit/s entwickelt. Dabei bedient sich MPEG-4 ausgeklügelter Algorithmen, die eine weitaus stärkere Kompression ermöglichen als viele andere Codecs.

DivX sowie diverse andere ähnliche Codecs beruhen oft auf MPEG-4. Derzeit etabliert sich dieses Format besonders zum illegalen Tauschen von Kinofilmen, weil diese dank MPEG-4 auf einem einzigen CD- Rohling Platz finden. Die Qualität ist sichtlich besser als bei MPEG-1.

MPEG-7 (Multimedia Content Description Interface)
Die Motion Picture Experts Group begann im Jahre 1997 an dem neuen Standard „Multimedia Content Description Interface" zu arbeiten, der eine sinnvolle Ergänzung zu den Standards MPEG-1,2 und 4 darstellt. MPEG-7 beinhaltet kein Verfahren zur Kompression von audiovisuellen Daten, was schon die Abgrenzung der Ordnungszahl sieben anzeigt (es gibt keine MPEG 3, 5 oder 6 Standards).

MPEG-7 bietet eine standardisierte audiovisuelle Standardsprache zur Beschreibung von Multimedia-Daten und dient dabei als jene Metainformation, die unabhängig von den anderen MPEG-Standards eingesetzt werden kann.

Ausblick auf MPEG-21
Ein so genannter Framework-Standard, der diese Aspekte aufgreift und spezifiziert, wird innerhalb von MPEG mit MPEG-21 bearbeitet. Hierzu werden Digital Items betrachtet, die zunächst einen Container für digitale Information zur Verfügung stellen. Solche Digital Items können neben den multimedialen Inhalten und deren Beschreibungen beispielsweise auch Charakterisierungen hinsichtlich Anforderungen an Übertragungskanäle, rechtliche Befugnisse bzw. Wahlmöglichkeiten beinhalten, um die bestehenden Rahmenbedingungen zur Handhabung des Digital Items mit den Anforderungen abzugleichen.

6.3.1.5 DivX-Codec

Ein französischer Filmliebhaber und Hacker konnte von dem deutschen Codeknacker „Max Maurice" das Knacken des MPEG-4-Codecs nachahmen und nannte dieses Produkt DivX. Der Name ist einfach aus „**Di**stributive **V**ideo E**x**press" zusammengesetzt, der von einem Disney-Videoservice stammt. DivX wurde immer weiterentwickelt und in den ersten Versionen sogar als „Open Source" in das Internet gestellt. Damit war es möglich, einen Spielfilm auf 700 MB bis 1,2 GB in bester Qualität zu speichern.

7

Internet

Foto: Cisco

7.1 Internet

7.1.1 Geschichtlicher Rückblick

Als Vorläufer des Internets gilt das Arpanet, das ursprünglich von einer Forschergruppe unter der Leitung von Paul Baran entwickelt wurde. Das von der US-Luftwaffe 1962 unter der Annahme eines Nuklearkrieges in Auftrag gegebene Projekt sollte ein dezentrales Netzwerk bereitstellen können, um im Kriegsfall die Kommunikation weiter aufrecht zu erhalten, selbst wenn mehrere Knotenpunkte von einem Ausfall betroffen gewesen wären. Die Verbindungen zu den einzelnen Punkten wurden mittels Telefonleitungen hergestellt.

Im Jahre 1969 ging Arpanet sprichwörtlich ans Netz und verknüpfte folgende vier Forschungseinrichtungen: Stanford Research Institute, University of Utah, University of California in Los Angeles und University of California in Santa Barbara.

Eine weitere, für das heutige Internet bedeutsame Entwicklung dieser Zeit war das Zustandekommen des Betriebssystems UNIX und der Programmiersprache C. Da UNIX in der Programmiersprache C umgeschrieben wurde und nun auf den diversen Maschinenplattformen verfügbar war, konnte die Entwicklung von Kommunikationsanwendungen und Protokollen vorangetrieben werden. Schließlich sorgte das Arpanet auch noch für den schnellen Datentransfer zwischen den einzelnen Einrichtungen, so dass die netzinterne Kommunikation wesentlich vereinfacht und beschleunigt wurde.

Anfang der 90er-Jahre bekam das Internet einen gehörigen Auftrieb, indem das **W**orld **W**ide **W**eb (WWW) entwickelt wurde. Dank der nun zur Verfügung stehenden Webbrowser konnten auch Laien auf das Internet zugreifen.

Hosting Tabelle

Jahr	Rechner im Netz
1981	200
1983	500
1985	2.000
1990	313.000
1995	6.600.000
2000	93.000.000
2003	172.000.000

Historische Tabelle

1969	Die ersten vier Knoten des Arpanets gehen in Betrieb.
1971	Das Arpanet besitzt nun schon 15 Knoten. Des Weiteren werden Telnet und ftp entwickelt.
1972	Das erste e-Mail-Programm wird von Ray Tomlinson entwickelt.
1973	Das Transmission Control Protocol (TCP) wird publiziert.
1977	Arpanet besitzt 111 Knoten.
1984	Das Domain Name System (DNS) wird entwickelt. Zudem hat Arpanet inzwischen 1.000 angeschlossene Rechner.
1987	Die Namensgebung „Internet" entsteht; in diesem sind nun 27.000 Rechner vernetzt.
1989	Eine erste Rohfassung für das World Wide Web wird mit Tim Berners-Lees Publikation „Information Management: A Proposal" veröffentlicht.
1990	Arpanet quittiert seinen Dienst, während Tim Berners-Lee und Robert Cailliau ein Konzept für ein weltweites Hypertext-Projekt enthüllen.
1991	WWW wird im Europäischen Kernforschungslabor CERN eingesetzt.
1993	WWW-Software wird nun auch außerhalb von CERN eingesetzt, so dass binnen kurzer Zeit auf der ganzen Welt rund 500 WWW-Server online gehen.
1994	Die Anzahl der Rechner im Internet übersteigt die 3-Millionen-Grenze, wobei erstmals die Anzahl der kommerziellen Nutzer diejenige der wissenschaftlichen User übersteigt.
1997	Das auf einem Glasfaser-Backbone basierende Projekt „Abilene" für ein Internet2 wird gestartet.
1998	Die **I**nternet **C**orporation for **A**ssigned **N**ames and **N**umbers (kurz ICANN) wurde gegründet, um die Grundlagen der Verwaltung von Namen und Adressen im Internet zu regeln und technische Standards und Verfahrensstandards zu setzen. Denn damit das Internet reibungslos funktioniert, dürfen bestimmte Namen und Adressen weltweit nur einmal vergeben werden, weshalb ein übergeordneter Koordinator wie die ICANN unablässig geworden ist.
2004	Von nun an sind auch Domains mit Umlauten möglich.

7.2 Technik des Internets

7.2.1 Das Netzwerk

Ein Netzwerk, oder besser gesagt ein Computernetzwerk, ist ein Zusammenschluss von verschiedenen, selbstständigen Rechnern, die aufgrund einer Vernetzung miteinander kommunizieren können. Basis für die Kommunikation bilden dabei verschiedene Protokolle, die auf Basis des ISO/OSI-Modells in Struktur gebracht werden.

Die bekannteste und demnach am meisten verbreitete Netzstruktur ist diejenige des Internets, wo vorrangig das TCP- und IP-Protokoll zum Tragen kommen. Doch auch andere Protokolle kommen im Internet zum Einsatz. Ebenso ist das Internet an sich kein homogenes Netz, da es aus vielen, teilweise sehr unterschiedlich konzipierten Teilnetzen besteht. Grundsätzlich wird dabei zwischen lokalen Netzwerken (etwa LAN und Intranet), nicht-lokalen Netzwerken (beispielsweise Extranet), drahtgebundenen Netzwerken (z.B. Ethernet, Token Ring oder Glasfaserkabel) und drahtlosen Netzwerken (Wireless LAN, Bluetooth oder UMTS) unterschieden.

7.2.1.1 Die Netzstruktur

Wie die einzelnen Computer in einem Computernetz verbunden sind, wird anhand der diversen Topologien veranschaulicht. Diese sind entscheidend für die Standfestigkeit und Verlässlichkeit eines Computernetzes. Denn nur, wenn - im Falle eines Ausfalls einer Verbindung - alternative Wege für den Datenaustausch zwischen den Knoten zur Verfügung stehen, kann das Netzwerk aufrecht erhalten werden. So stehen dem Datenstrom neben dem üblichen Arbeitsweg auch Ersatzwege, respektive Umleitungen zur Verfügung. Darüber hinaus wird zwischen physischer und logischer Topologie unterschieden. Während die physische Netzstruktur den „sichtbaren" Aufbau der Netzverkabelung beschreibt, wird mit der logischen Topologie der Datenfluss zwischen den Endgeräten bezeichnet.

Stern-Topologie

Bei topologischen Netzwerken in „Sternenform" werden sämtliche Endgeräte an einen zentralen Teilnehmer angeschlossen, der in Computernetzen beispielsweise in Form eines Hubs oder Switches seinen Dienst versieht. Die Ausfallwahrscheinlichkeit ist allerdings relativ hoch, da der Ausfall des Verteilers die komplette Netzstruktur lahm legen würde. Als diesbezüglicher Behelf wird der zentrale Teilnehmer oft auch gedoppelt. Der Ausfall von Endgeräten hat hingegen keine Auswirkungen auf das restliche Netz. Darüber hinaus kommen mit Hilfe der Stern-Topologie hohe Übertragungsraten zu Stande und es ist leicht verständlich und erweiterbar.

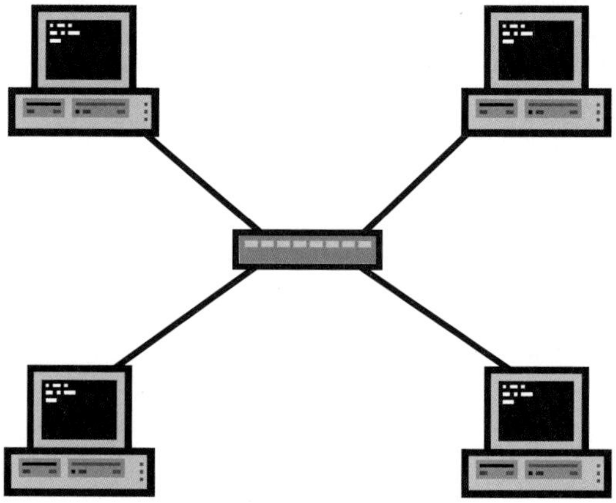

Abbildung 7.1.1
Jedes Endgerät ist mit dem Verteiler verbunden, die Endgeräte untereinander sind nicht verbunden. Die Stern-Topologie kommt etwa beim Telefonnetz, dem Fast Ethernet und dem Token Ring (jeweils in physischer Natur) zum Einsatz (Grafik: CDA Verlag)

Ring-Topologie

Im Falle einer Ring-Topologie werden sämtliche Teilnehmer nacheinander verbunden, so dass ein Ring entsteht. Jeder Rechner ist also mit zwei weiteren Teilnehmern verbunden. Der Datenstrom wird von Rechner zu Rechner weitergeleitet, bis er seinen Zielrechner erreicht. Um zu verhindern, dass das gesamte Netz zusammenbricht, wenn einer der Teilnehmer ausfällt, kann dank einer Protection-Umschaltung der Datenstrom auch in die andere Richtung erfolgen.

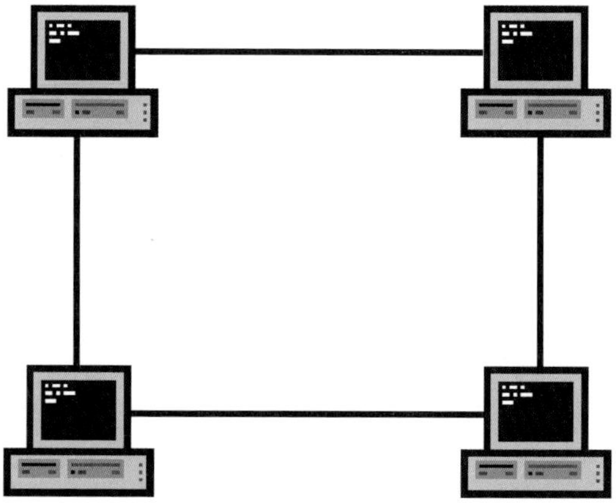

Abbildung 7.1.2
Jedes Endgerät ist mit zwei weiteren Geräten verbunden. Anwendung findet die Ring-Topologie bei der logischen Topologie des Token Rings, sowie in Glasfaserkabel-Netzwerken (Fiber Distributed Data Interface) (Grafik: CDA Verlag)

Bus-Topologie

Bei der Bus-Struktur hängen alle Teilnehmer eines Netzwerks an einem Hauptkabel, dem sogenannten Bus. Damit sich die Endgeräte nicht gegenseitig stören bzw. damit geregelt wird, welcher Teilnehmer den Bus zu welchem Zeitpunkt nutzen kann, gibt es spezielle Zugriffsverfahren. Zwar ist die Bus-Topologie angesichts der geringen Verkabelung mit weniger Kosten verbunden, allerdings ist es - aus ähnlichem Grund - äußerst anfällig für Ausfälle (Störungen im Bus legen das ganze Netz lahm) und Attacken von außen, da ein Abhören des Datenstroms nicht bestmöglich unterbunden werden kann.

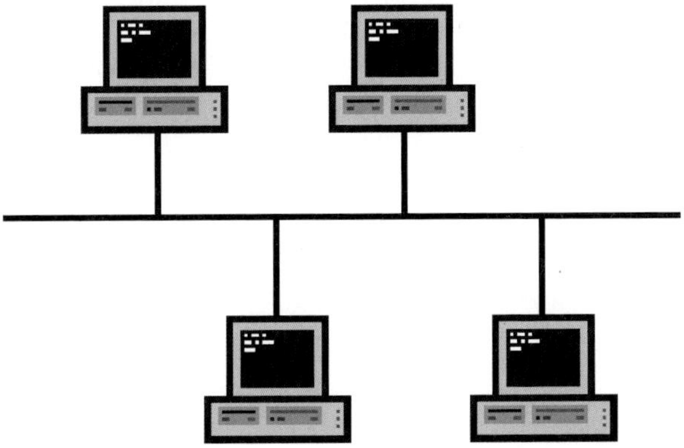

Abbildung 7.1.3
Bei der Bus-Topologie sind sämtliche Endgeräte an den Bus angeschlossen. Vor allem im Bereich des physisch angewandten Ethernets (Thin und Thick Ethernet) kommt diese Struktur zur Verwendung
(Grafik: CDA Verlag)

Vermaschtes Netz

Von einem vermaschten Netz ist dann die Rede, wenn jedes Endgerät mit einem oder mehreren anderen Endgeräten vernetzt ist. Sollten im „Idealfall" alle Knoten miteinander verbunden sein, so hat man ein vollständig vermaschtes Netz. Der hohe Energieverbrauch, sowie die aufwändige und kostspielige Verkabelung sind wohl die augenscheinlichsten Nachteile dieser Topologie. Allerdings hat das vermaschte Netz den Vorteil, dass es die sicherste Variante eines Netzwerks darstellt. Denn fällt ein Teilnehmer aus, so kann durch Umleitungen (auch „Routing") der Datenstrom weiterhin flüssig aufrecht gehalten werden. Das Internet als solches besteht im Übrigen zu großen Teilen aus einem vermaschten Netz. Gewisse Leitungen (etwa Backbone-Leitungen) sind jedoch eher in einer Bus-Topologie ausgeführt.

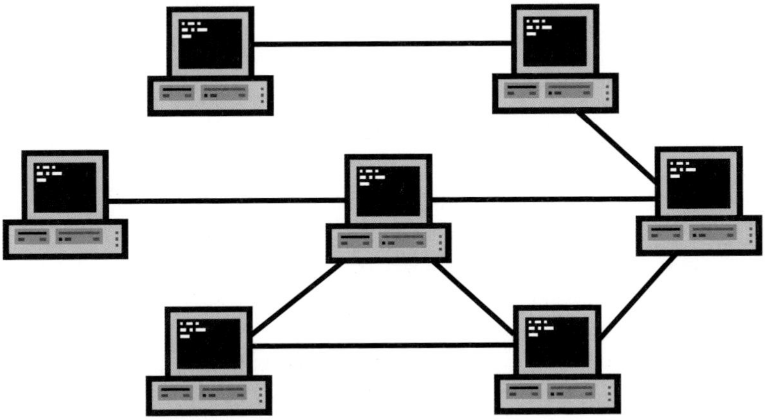

Abbildung 7.1.4
Die Endgeräte sind miteinander verbunden. Das Internet ist zu weiten Teilen als vermaschtes Netz geknüpft
(Grafik: CDA Verlag)

7.2.1.2 Netzinterne Kommunikation

Damit sich die Rechner im Netz untereinander austauschen und mitteilen können, bedarf es einer eigenen Sprache bzw. standardisierter Kommunikationsmittel. Für das Internet sind dabei vor allem die TCP/IP-Protokolle von Bedeutung. Insgesamt umfasst die Internet-Protokoll-Familie ungefähr 500 Netzprotokolle.

Die einzelnen Protokolle der Internet-Protokoll-Familie werden in vier Ebenen bzw. Schichten unterteilt, die jeweils unterschiedliche Aufgaben erfüllen. Der Protokollstapel der TCP/IP-Protokolle basiert dabei auf dem OSI-Modell, das seinerseits sieben Schichten beinhaltet.

Die einzelnen Schichten des Protokollstapels lauten: Anwendungsschicht (z.B.: HTTP, FTP, SMTP, POP3, Telnet, DNS), Transportschicht (TCP, UDP, SCTP), Internet- bzw. Vermittlungsschicht allen voran IP (Internet Protocol), ICMP, ARP) und Netzzugangsschicht bzw. physikalische Schicht (Ethernet, WLAN, Token Ring, FDDI, PPP).

7.2.1.3 Die wichtigsten Protokolle

Internet Protocol (IP)

Das **I**nternet **P**rotocol stellt die Grundlage des Internets dar, da mit seiner Hilfe Computer innerhalb eines Netzes mittels IP-Adresse und Subnetmaske in logische Einheiten, sprich Subnetze, gegliedert werden können. Somit ist es möglich, die einzelnen Rechner auch in größeren Netzwerken zu adressieren und zu kontaktieren.

Derzeit ist noch die vierte Version (IPv4) weltweit maßgeblich verbreitet, obwohl sie schon 1981 von Jon Postel definiert wurde. IPv4 benutzt 32-Bit-Adressen, die im Normalfall in vier Blöcken geschrieben werden, wobei in jedem Block acht Bit zusammengefasst werden, so dass dieser einen Wertebereich von 0 bis 255 definieren kann. Durch diese Beschränkung auf 32-Bit-Adressen können maximal „nur" knapp vier Milliarden eindeutige Adressen ermöglicht werden, weshalb das IPv4 ein Protokoll mit bald endendem Ablaufdatum ist.

Der in den Startlöchern wartende Nachfolger hört auf den Namen IPv6 und verwendet 128-Bit-Adressen, was einem IP-Adressen Volumen von rund 340 Sextillionen entspricht. Darüber hinaus geht mit der neuen Generation des Internet Protocols eine Vereinfachung des Protokollrahmens einher, da dieser bei IPv6 eine feste Länge besitzt.

Transmission Control Protocol (TCP)

Das **T**ransmission **C**ontrol **P**rotocol legt fest, wie Daten zwischen Computern auszutauschen sind. Das verbindungsorientierte Transportprotokoll stellt dazu einen virtuellen Kanal zwischen den beiden Rechnern her, auf dem die Daten beidseitig übertragen werden können. Das von Robert E. Kahn und Vinton G. Cerf 1973 begonnene Protokoll wurde 1981 standardisiert.

Hypertext Transfer Protocol (HTTP)

Das HTTP-Protokoll, das zum Übertragen von Daten über ein Netzwerk dient, wird vorrangig von Webbrowsern verwendet, um auf Webserver zugreifen zu können. Da es sich um ein zustandsloses Protokoll handelt, das nach Beendigung der Datenübertragung die Verbindung zwischen den „Kommunikationsrechnern" wieder trennt, muss bei weiteren zu übertragenden Daten die Verbindung erneut hergestellt werden. Eine Besonderheit des **H**ypertext **T**ransfer **P**rotocols ist die Erweiterung HTTPS, bei der die Übertragung verschlüsselt erfolgen kann. HTTP gilt gemeinsam mit URL und HTML als Geburtshelfer des World Wide Webs und wurde 1989 von Tim Berners-Lee zum Leben erweckt.

File Transfer Protocol (FTP)

FTP wird zum Übertragen von Daten zwischen Server und Client (auch als Download bekannt), Client und Server (Upload) sowie clientgesteuert zwischen zwei Servern benutzt. Im Gegensatz zum oben erwähnten Hypertext Transfer Protocol nutzt das **F**ile **T**ransfer **P**rotocol mehr als nur eine Verbindung, indem der Port 21 des Servers die Verbindung aufnimmt, im Bedarfsfall eine Authentifizierung verlangt und für die eigentliche Datenübertragung eine separate Verbindung, die allgemein über Port 20 in die Wege geleitet wird, initiiert.

Zum Benutzen von FTP wird ein Software-Client benötigt. Die bekanntesten Clients für Windows-Nutzer sind WS-FTP, FileZilla oder LeechFTP. Unix-User nutzen oft gftp, kbear oder AxY FTP und Linux-Anwender kennen unter anderem Fetch, Captain FTP und Anarchie. Doch die meisten Webbrowser haben ohnehin FTP implementiert und können somit ebenso als Clients fungieren.

Domain Name System (DNS)

Eine ganz besondere Bedeutung kommt dem **D**omain **N**ame **S**ystem zu. Denn das DNS ist grob gesehen eine Datenbank, die den Namensraum im Internet verwaltet - quasi ein Telefonbuch der Internetadressen. Das Domain Name System setzt dabei die Domainnamen in IP-Adressen um. Auch eine umgekehrte Auflösung (also von IP-Adressen zu Namen) ist möglich.

Domain

Die Domain ist quasi die Textvariante der IP-Adresse. Dabei umfasst die Domain die gesamte untergeordnete Baumstruktur einer Webadresse (z.B.: cda-verlag.com mit Host www.cda-verlag.com, sowie Subdomain cdaustria.cda-verlag.com usw.). Der Domainname besteht grundsätzlich aus einer Folge von Namen, die durch Punkte getrennt sind. Die Top Level Domain gibt dabei die höchste Ebene der Namensauflösung wieder und trägt entweder länderspezifischen Angaben oder allgemeinen Top Level Domains Rechnung.

Allgemeine Top Level Domains

.aero - für in der Luftfahrt tätige Organisationen
.arpa - Top Level Domain des ursprünglichen Arpanet; jetzt jedoch als „Address and Routing Parameter Area" in Verwendung
.biz - nur für Handelsfirmen
.com - ursprünglich nur für amerikanische Firmen, jetzt frei für jeden
.coop - „cooperatives"
.edu - nur für Bildungseinrichtungen
.eu - Europäische Union
.gov - nur für Regierungsorgane der USA
.info - Informationsanbieter
.int - internationale Regierungsorganisationen
.mil - nur für militärische Einrichtungen der USA
.museum - Museen
.name - nur für natürliche Personen oder Familien, sprich Privatpersonen
.net - Netzverwaltungseinrichtung
.org - für nichtkommerzielle Organisationen
.pro - nur für in Amerika ansässige Berufsgruppen wie Anwälte, Steuerberater, Ärzte, ...

Heutzutage kann man die Endungen nicht mehr zwingend mit ihrer ursprünglichen Bedeutung in Verbindung bringen. Denn durch die liberalen Vergaberegeln weisen die Top Level Domains nicht mehr auf ihren entsprechenden Gebrauch hin. Gleiches gilt für den geografischen Wildwuchs bei den länderspezifischen Top Level Domains.

Einige Top Level Domains werden trotz ihrer länderspezifischen Kennung global vermarktet

.ag - Aktiengesellschaft (eigentlich Antigua und Barbuda)
.am - Radio (Amplitudenmodulation, eigentlich Armenien)
.bz - Alternative zu .biz (eigentlich Belize)
.cc - (eigentlich Kokosinseln)
.cd - Compact Disc (eigentlich Demokratische Republik Kongo)
.fm - Radio (Frequenzmodulation, eigentlich Mikronesien)
.ms - Message, könnte auch Microsoft suggerieren (eigentlich Montserrat)
.to - engl. zu, nach (eigentlich Tonga)
.tm - engl. trademark (eigentlich Turkmenistan)
.tv - Television (eigentlich Tuvalu)
.ws - Web-Site (eigentlich Samoa)

7.3 Dienste im Internet

7.3.1 e-Mail

Der wohl am meisten genutzte Dienst im Internet ist das Verfassen und Lesen von e-Mails. Das Wort an sich lässt sich aus dem Englischen „electronic mail" (also „elektronischer Brief") ableiten und hat die „normalen" Postsendungen zu Snail Mails (also zur Schneckenpost) degradiert.

Mehr oder weniger erfunden wurde die elektronische Post vom Computertechniker Ray Tomlinson, der 1971 erste Tests mit dem von ihm entwickelten Programm SNDMSG/READMAIL startete. Heute, also 35 Jahre später, werden die Mails vorrangig via SMTP (kurz für „**S**imple **M**ail **T**ransfer **P**rotocol") über das Internet und in lokalen Netzen übertragen.

Zum Wesen der e-Mails sei vorab so viel gesagt, dass sie nur aus Textzeichen und im Grunde aus zwei Teilen bestehen. Zum einen ist da der „Header", der die wesentlichen Informationen zur Weiterleitung einer Mail beinhaltet (etwa Absender, Empfänger, Datum der Erstellung usw.). Zum anderen besteht eine e-Mail aus dem „Body", quasi dem Inhalt, der im „Reinformat" vom Header durch eine Leerzeile getrennt ist. Im Grunde dürfen die Inhalte nur Zeichen des 7-Bit ASCII-Zeichensatzes verwenden, doch kodieren die aktuellen und gängigen Mail-Clients andere Zeichen und Daten wie etwa Bilder automatisch, so dass sie versendet werden können. Darüber hinaus lassen sich e-Mails auch als HTML-Dateien versenden, um etwa Hyperlinks, Formatierungen und anderes zum Empfänger zu transportieren. Doch bergen diese Mails gewisse Sicherheitsrisiken, etwa bei der Verwendung von Javascript oder anderen Ressourcen.

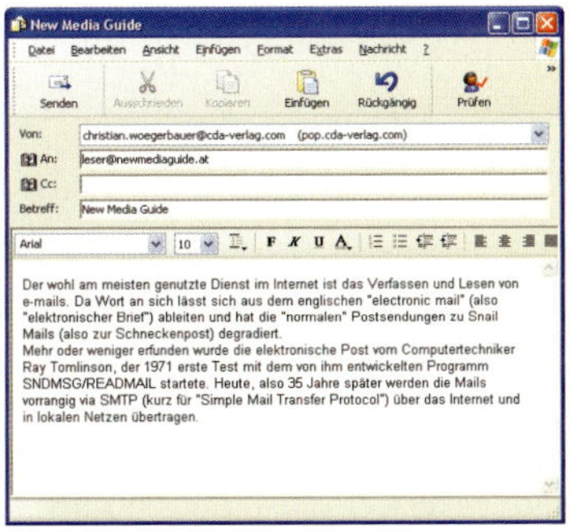

Abbildung 7.3.1
Outlook Express ist einer der bekanntesten e-Mail-Clients (Foto: CDA Verlag)

Die Größe einer e-Mail ist grundsätzlich nicht beschränkt, doch gibt es diverse Beschränkungen im technischen oder administrativen Bereich, die ab einer gewissen Megabyte-Anzahl das Empfangen oder Versenden von e-Mails unmöglich machen. In der Regel treten bei Mails ab etwa 20 MB Probleme auf.

7.3.2 Usenet

Das Usenet, das aus dem Unix User Network hervorgegangen ist, gilt als elektronisches Netzwerk, das aus Newsgroups besteht, an denen sich jeder beteiligen kann. Als Newsreader fungieren dabei zumeist die normalen Mailprogramme. An abonnierte Newsgroups wird eine Nachricht geschickt oder zu bestimmten Themen (bzw. Threads) Stellung bezogen. Die Vorteile gegenüber dem mit einem ähnlichen Funktionsumfang ausgestatteten Forum auf einer Webseite sind mit der hohen Geschwindigkeit und der großen Teilnehmerzahl gefunden, die es möglich machen, binnen weniger Stunden riesige Diskussionsbäume wachsen zu lassen. Durch seine redundante Verteilung auf viele, auf der ganzen Welt verstreute Newsserver ist das Usenet zudem äußerst unempfindlich, was eine mögliche Zensur betrifft.

Damit man im Usenet so halbwegs die Übersicht behalten kann, ist es nach diversen Hierarchien gegliedert. So existiert zum Beispiel die Hierarchie at., wo über Österreich-relevante Inhalte diskutiert wird. Für den deutschsprachigen Raum wird de. verwendet. Geht man einen Schritt weiter, schlüsseln sich die Hierarchien in de.rec. (für Freizeit usw.), de.sci. (für Wissenschaftliches) oder sonstiges auf und haben ihrerseits weitere Unterkategorien.

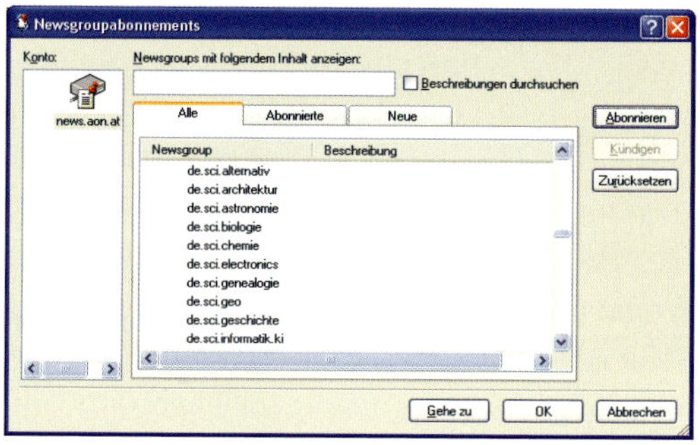

Abbildung 7.3.2
Auswahlfenster für Newsgroups in Outlook Express (Foto: CDA Verlag)

Die wichtigsten Hierarchien

- comp: Themen rund um den Computer
- sci: Wissenschaft und Technik
- soc: Gesellschaftliche Themen
- talk: Allgemeine Gespräche über Dies und Das
- rec: Alle Themen rund um Freizeit und Erholung
- news: Themen rund um das Usenet
- misc: Alles andere

7.3.3 Chat

Das vom englischen Wort „plaudern" abstammende Wort gibt auch im Internet-Jargon die Unterhaltung mit einer oder mehreren Personen wieder. In diesen Computerkonferenzen, die meist ohne Sichtkontakt auskommen müssen, werden daher oft Avatare oder Emoticons eingesetzt. Oft gibt es für jedes Thema eigens eingerichtete Chaträume. Darüber hinaus lassen sich zumeist eigene Separees eröffnen, wo man ungezwungen zu zweit plaudern kann, ohne von anderen Chatteilnehmern „belauscht" zu werden. Um die Kommunikation im Chat zu vereinfachen und vor allem zu beschleunigen, hat sich ein bestimmter Chat-Slang etabliert, der auf Abkürzungen und Emoticons (besser bekannt als Smilies) basiert. Eine ausführliche Sammlung dieser Abkürzungen ist im Übrigen auf der Seite ***http://www.rdxchat.de/htmls/chatlex/*** zu finden.

7.3.4 Instant Messaging

Gewissermaßen eine Weiterentwicklung zum Chat stellt das Instant Messaging („sofortige Nachrichtenübermittlung") dar. Mittels eines speziellen Clients, etwa dem Instant Messenger, werden in Echtzeit Mitteilungen an andere Teilnehmer geschickt oder empfangen. Auch Dateien lassen sich auf diesem Weg austauschen. Ähnlich wie bei den Mail-Programmen verfügen die Instant Messenger-Programme über Kontaktlisten, die jedoch nicht vorrangig Adressbuch, sondern Buddy-List genannt werden. Hier werden nicht nur mögliche Adressaten abgespeichert, sondern es wird darüber hinaus auch noch angezeigt, ob diese Teilnehmer online sind oder nicht.

7.3.5 Streaming Media

Eine zunehmende Bedeutung kommt dem Streamen von Audio und Video Dateien über ein Computernetzwerk zu. Damit man diese Angebote nutzen kann, ist zumeist eine spezielle Software notwendig, die entweder in einem Webbrowser integriert ist (mittels Plug-In) oder als eigenständige Software ihren Zweck erfüllt. Da die Wiedergabe nahezu zeitgleich mit dem Empfang, respektive Download über die Bühne gehen soll (um unterschiedliche Laufzeiten der Daten-Pakete im Netz auszugleichen und damit verbundene Stockungen zu verhindern, wird in den Mediaplayer ein Puffer verwendet, weshalb die Wiedergabe leicht verzögert erfolgt), muss ausreichend Bandbreite zur Verfügung stehen.

7.3.6 Ausblick

Die Grundlage für die Zukunft des Internets wurde mit dem Breitband-Ausbau geschaffen, wofür die Telekom-Firmen seit Jahren in Millionenhöhe investieren. So wie Professor Dr. Zemanek vor 50 Jahren bereits existierende Bauelemente wie Transistoren oder Dioden zu einem funktionstüchtigen Computer veredelte, so setzen auch die Telekom-Firmen heute auf vorhandene Technologien auf – etwa jene Kupferleitungen, die seit Jahrzehnten zur flächendeckenden Telefonversorgung im Boden liegen – und veredelt sie mittels ADSL-Technologie zu Breitband-Internet.

Mit den steigenden Bandbreiten lassen sich die bereits zur Verfügung stehenden Technologien und Dienste noch optimaler und in besserer Qualität nutzen. Sei es Video-Telefonie über das Internet, Streaming-Angebote on Demand oder interaktive Online-Spiele. Das Internet legt somit seinen primären Informationszweck ab und entwickelt sich rasant zu einem ernsthaften Transportmittel für Kommunikation, Unterhaltung und Dienstleistungen.

8

Datensicherheit

Foto: GData

8.1 Bedrohungsszenarien

Grundlegend muss man diese in zwei große Kategorien einteilen:

- die Bedrohung durch Malware (Computerviren, Trojaner, Würmer, etc.)
- die Bedrohung durch Hacker, die in Systeme eindringen und Daten ausforschen, manipulieren, oder zum eigenen Vorteil stehlen.

Im Folgenden werden die einzelnen Bedrohungsszenarien aufgelistet, sowie Möglichkeiten und Strategien zu ihrer wirkungsvollen Bekämpfung geboten.

8.1.1 Bedrohung durch Malware

Der Begriff Malware wurde im Rahmen einer Tagung von EICAR (= European Institute for Computer Antimalware Research, ***www.eicar.com***) im Jahre 1992 eingeführt.

Unter Computermalware versteht man all jene Programme, die zur Veränderung von Daten, deren Diebstahl, deren Löschung oder deren Ausspionierung verwendet werden können. Dazu gehören Computerviren, Trojaner, Internetwürmer, Hoaxes (= unerwünschte e-Mailkettenbriefe), Scherzprogramme, Backdoors, Spammeldungen (unerwünschte e-Mailwerbungen), sowie Hilfsprogramme, mit denen sich Hacker Zugriffe in fremde Computersysteme verschaffen können.

8.1.1.1 Computerviren

Computerviren sind Programme, die Teile oder ihren gesamten Code in andere Programme einschleusen können. Sie manipulieren die infizierten Programme derart, dass diese den Viruscode an weitere Programme übertragen (= Infektion) und eine mögliche Schadfunktion (= Payload) zu einem bestimmten Zeitpunkt (= Trigger) ausführen.

Die Schäden können mannigfaltig sein: Ausgabe von Fehlermeldungen auf dem Bildschirm, Löschen von einzelnen Dateien, Formatieren von Festplatten, Daten- und Programmverschlüsselung, Darstellung von Grafiken und Erzeugung von Geräuschen über den Lautsprecher, Simulation von Programmfehlern, Verlangsamung der Rechnerleistung, Systemneustart, Totalabsturz und Zusammenbruch des Netzwerkes, um nur ein paar zu nennen. Der Fantasie des Virenprogrammierers sind praktisch keine Grenzen gesetzt.

Bootsektorviren

Bootsektorviren befallen den Bootbereich von Disketten und Festplatten. Bekannteste Beispiele sind „Boot.Stoned.A", „Boot.Michelangelo.A", „Boot.Form.A".

Sie wurden ausschließlich für das Betriebssystem MS-DOS konzipiert, können aber unter Windows-95/98/ME/NT, Windows-2000 und XP aktiv werden, wenn beispielsweise eine mit einem Bootvirus infizierte Diskette im Diskettenlaufwerk vergessen wird. Ihre Bekämpfung kann in dem Fall nur mit Hilfe einer MS-DOS Notfallbootdiskette und einem MS-DOS-Virenscanner erfolgen (Start von der DOS-Diskette, Desinfektion des Virus mit dem DOS-Scanner).

Dateiviren für das Betriebssystem MS-DOS

Sie gehören neben den Bootsektorviren zu den ältesten Computerviren überhaupt. Viele von ihnen nisten sich mit Hilfe von Tarnkappenmechanismen im Speicher des Rechners ein und werden durch befallene Programme mit Hilfe von Disketten, CD-ROMs, Festplatten und Netzwerken übertragen. Bekannteste Vertreter sind der DOS.VIENNA.648.A (vermutlicher Ursprung TU Wien, 1986), der DOS.CASCADE.1701.A (1987), der DOS.CASCADE.1704.A (1987), der DOS.JERUSALEM.STANDARD.A (1987) und weitere 60.000 Vertreter. Da der Großteil von ihnen auf Windows-2000 und XP nicht mehr funktionsfähig sind, gelten sie praktisch als ausgestorben.

Polymorphe Viren

Sie waren total verschlüsselt und konnten bei jeder Infektion ihren Viruscode neu schreiben. Neben den Tarnkappenviren (STEALTH-Viren) bildeten sie eine erste echte Herausforderung für die Hersteller von Antivirensoftware. Einer der bekanntesten polymorphen Viren war der DOS.TREMOR.4000.A, der über ein bekanntes Kabelmedium in Umlauf kam.

Multi-Partite-Viren

Diese Form der MS-DOS-Viren kann sich über Bootbereiche und über Dateien vermehren. Der bekannteste Vertreter von ihnen war der DOS.MPARTITE.TEQUILA.2468.A, der von zwei Schülern in der Schweiz programmiert und hauptsächlich über infizierte Shareware in Umlauf gebracht wurde. Wie die DOS-Viren gelten auch die Multi-Partite-Viren de facto als ausgestorben.

Dokument- und andere Windows-Viren

Sie verbreiten sich entweder über ausführbare Windowsprogramme (PE-Viren) oder über Dokumente der MS Office-Palette (Word, Excel, Powerpoint, Access und Outlook). Letztere werden entweder als Makros (= Makroviren, wie beispielsweise W97M.Melissa.A) mit Hilfe der Makroprogrammiersprache oder Skriptviren (VBS.Loveletter.A) mit Hilfe der Programmiersprache VBS geschrieben und hauptsächlich über infizierte e-Mailanhänge verbreitet. W97M.Melissa.A und VBS.Loveletter.A haben die Malware im Grunde revolutioniert: Innerhalb weniger Stunden waren Tausende und Abertausende Rechner infiziert und ganze Netzwerke lahm gelegt. Die Reparatur befallener Systeme dauerte tagelang und war obendrein sehr kostspielig.

E-Mailwürmer (= Mass-Mailer)

Sie zählen seit der Jahrtausendwende zu den Hauptvertretern der infektiösen Malware und stehen nach wie vor in den Top-10-Listen der einzelnen Hersteller von Antivirensoftware, aber auch auf der vom Virenforscher Joe Wells erstellten Wildlist (das sind Viren, die von mindestens zwei Computerbenutzern an Antivirenhersteller gemeldet werden) gehören sie nach wie vor zu der wichtigsten Spezies ihrer Art. Zu ihren bekanntesten Vertretern zählen W32.Navidad.A, W32.Magistr.B, zahlreiche W32.Bagle- und W32. MyDoom-Varianten, sowie weitere 50.000 unterschiedliche Schädlinge der Familie der e-Mailwürmer.

Abbildung 8.1.1
Security Suites wie die von Kaspersky schützen die Daten vor Viren, Hackern und Spam (Foto: CDA Verlag)

Abwehrstrategien

Der beste Schutz gegen Computerviren ist nach wie vor die Installation einer geeigneten Antivirensoftware und eines Online-Schutzschildes (= Guardmodul, Gatekeeper), der aktiv alle Dateizugriffe überwacht.

8.1.1.2 Trojaner

Trojanische Pferde sind Programme, die neben erwünschten Programmfunktionen (beispielsweise Verbesserung der Bildschirmausgabe, Beschleunigung der Rechnerleistung) zusätzliche, nicht erwünschte Schadfunktionen ausführen. Diese werden durch einen Trigger (bestimmtes Datum, bestimmte Uhrzeit, bestimmte Tastenkombination, bestimmte Anzahl von Aufrufen, etc.) ausgelöst. Zu ihren bekanntesten Vertretern gehören neben DOS.TROJAN. EGABTR.EXE und DOS.TROJAN.AIDS.EXE mittlerweile auch eine Fülle von Makro- und e-Mailtrojanern, deren Hauptaufgabe in den meisten Fällen das Ausspionieren sicherheitsrelevanter Daten ist, wie beispielsweise der Zugriff auf Systempasswörter, e-Mailadressen oder die Ermöglichung des Fernzugriffes auf Rechner und Netzwerke mit Hilfe von Backdoors.

Abwehrstrategien

Wichtigste Abwehrmaßnahmen sind die Installation einer geeigneten Virenschutzsoftware, die bei der Installation automatisch einen Virenwächter (Online-Schutz) einrichtet.

8.1.1.3 Backdoors

Backdoors sind Programme, die den Zugriff auf fremde Rechner über so genannte Fernwartungsmodule ermöglichen. Dabei sind dem Programmierer eines Backdoorprogramms praktisch keine Grenzen gesetzt. Er kann auf dem Zielrechner praktisch alle Aktionen ausführen wie am eigenen. Bekannte Vertreter sind Back Orifice und Netbus.

Abwehrstrategien

Ein gutes Virenschutzprogramm.

8.1.1.4 Hoaxes

Darunter versteht man Kettenbriefe, die über e-Mails in Umlauf gebracht werden. In den meisten Fällen wird eine Virenfalschmeldung platziert, die der Benutzer an möglichst viele andere e-Mailadressen weiterleiten soll. Hoaxes (engl., Streich, Scherz) wollen den Benutzer in Angst und Schrecken versetzen, sowie eine Überlastung der Hotlines der Sicherheitsanbieter herbeiführen. Bekannte Beispiele: „Goodtimes" und „Valentine´s Day".

8.1.1.5 Jokeprogramme

Dabei handelt es sich um Scherzprogramme, die dem Benutzer eine Infektion durch Malware simulieren und diesen durch lustige Meldungsausgaben auf dem Bildschirm in Angst und Schrecken versetzen sollen. Leider reagieren viele Benutzer auf derartige unnötige Scherze oftmals mit einer sofortigen Formatierung der Festplatte.

8.1.1.6 Spamming, Junkmail

Darunter verbirgt sich unerwünschte Werbepost per e-Mail, die der Benutzer nie angefordert hat. Spamming konnte in letzter Zeit von den Internetprovidern und den Herstellern von Antimalware (insbesondere Firewallherstellern) stark eingedämmt werden, trotzdem beträgt die Anzahl an Spams im Schnitt zwischen 10 und 1.000 pro Tag und Computer. Spam-Mails verleiten den Benutzer zum einen zur Bekanntgabe seiner e-Mail-Adresse (diese wird dann von Spammern an Firmen verkauft), zum anderen wird mit Hilfe von Spamming Fee-Frauding betrieben. Dabei handelt es sich um betrügerische e-Mails durch internationale Täterbanden, die dem Benutzer vorgaukeln, dass er auserwählt sei, das große Geld zu machen. Nur müsse er im Vorfeld der Transaktion selber ein paar Hundert bis zu mehrere Tausende Euro investieren. Lässt sich der Betroffene auf diese Machenschaften ein, sieht er seinen eigenen Geldeinsatz nie wieder, geschweige die versprochenen Millionen.

Junkmails werden oftmals zum Ausspionieren von Passwörtern, dem Surfverhalten der betroffenen Benutzer, bis hin zur Zerstörung sensibler Daten verwendet.

Abwehrstrategien

Keine e-Mails öffnen, von deren Herkunft man nichts weiß und deren Absender man nicht kennt. Niemals auf unbekannte e-Mails antworten, sondern diese sofort löschen. Geeignete Internet Security Suites diverser Antimalwarehersteller haben Spam- und Junkmailfilter in ihre Software integriert.

8.1.1.8 Spyware, Adware und Dialer

Spyware und Adware werden häufig zusammen mit Shareware oder Freeware auf dem Rechner des Benutzers installiert oder auch direkt bei der Arbeit im Web ohne Zutun des Internetsurfers in die Registry eingefügt und auf die Festplatte kopiert. Diese Programme erstellen dann je nach Wunsch des Autors ein Inhaltsverzeichnis der laufenden und installierten Programme, überwachen im Hintergrund die Surfgewohnheiten des Benutzers oder durchforsten die Festplatte nach installierten Datensicherheitsprogrammen und e-Mail-Adressen. Alle Daten werden fein säuberlich in einer verschlüsselten Log-Datei gespeichert und an den Hersteller der Spionagesoftware via FTP oder e-Mail versandt. Nebenbei verlangsamen sie oftmals auch die Rechnerleistung und den Zugriff auf das Internet und die e-Mail-Übertragung. Nicht selten kommt es durch sie auch zu unvorhergesehenen Systemabstürzen.

Ein Dialer kann als spezieller Trojaner angesehen werden, der automatisch über ein Telefonmodem eine kostenpflichtige Telefonleitung (0910-Nummer) anwählt und zu Lasten des betroffenen Benutzers dessen Telefonrechnung in astronomische Höhe treiben kann.

Abwehrstrategien

Einige Hersteller von Antivirensoftware und Internet Security Suites haben Strategien in ihrer Software implementiert, die gegen Spyware, Adware und Dialer schützen. Besonders gute Schutzwerkzeuge gegen derartige Programme bietet die Website ***www.grc.com***, auf der Steve Gibson eine Vielzahl von Schutzstrategien anbietet.

Gegen Dialer kann man sich am besten dadurch schützen, indem man von Haus aus 910er Nummern von der Telefongesellschaft oder dem Mobilfunkbetreiber sperren lässt. Besitzer von Kabelmodems (High Speed-Leitungen von Kabelgesellschaften) haben von Dialer-Programmen nichts zu befürchten, da diese zur Ausübung ihrer kriminellen Aktionen unbedingt eine Telefonleitung (herkömmliche Leitung mit Tonwahl oder ISDN) benötigen.

8.1.1.9 Frauding, Social Engineering und Phishing

Diese drei Gefahrenquellen werden mit Sicherheit eine führende Rolle in der zukünftigen Datenschutzproblematik einnehmen.

Frauding (= Betrug, Vorgaukelung falscher Tatsachen) via Internet (oder mit althergebrachtem Brief per Post) gibt es schon seit längerer Zeit. Wie bereits weiter oben ausgeführt, steht am Ende der Betroffene als betrogener Betrüger da und zieht sich meist stillschweigend aus der Affäre, anstatt Anzeige zu erstatten. Diese Form des Fraudings wird vor allem von nigerianischen Täterbanden praktiziert. Andere Täter versuchen es mit der Mitleidsmasche und ersuchen den betroffenen Benutzer per e-Mail um eine Spende für ein krebskrankes Kind oder den an Leukämie leidenden Neffen. In allen Fällen ist jeder Cent verschwendetes Geld und landet letzthin in den Kassen organisierter Betrügerbanden. Obendrein werden die eingegangenen Benutzerdaten von den Betrügern unter der Hand ausgetauscht bzw. an Adressfirmen weitergegeben, die das Datenmaterial ihrerseits gewinnbringend an Firmen verkaufen und zu Postwurfsendungen einsetzen.

Social Engineering ist nicht unbedingt an Computer gebunden und läuft zunächst meist über einen Telefonkontakt zwischen Täter und Opfer. Der Täter gibt sich als Sicherheitsbeauftragter der Firma XY aus und ersucht sein Opfer um die Bekanntgabe von Login-Namen und Passwort, da dringend Wartungsarbeiten am Account des Benutzers durchgeführt werden müssen. Dass dieser Trick sehr erfolgreich ist, bedarf sicherlich nicht weiterer Erwähnung. In acht von zehn Fällen ist der Täter erfolgreich.

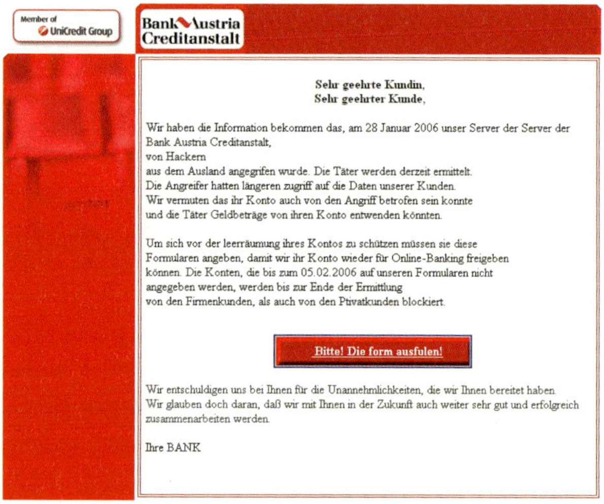

Abbildung 8.1.2
Phishing Mails verraten sich nicht selten durch zahlreiche Rechtschreibfehler (Foto: CDA Verlag)

Beim Phishing (= Password Fishing) versuchen die Täter mit Hilfe von Fake-Mails und Fake-Websiten (vorgetäuschten realistisch nachgebildeten e-Mail-adressen und Websites) von Banken und Versicherungen den Benutzer dazu zu bringen, seine Internetbanking-Daten oder Kontozugangsdaten bekannt zu geben. Mit Hilfe dieser Daten und Transaktionsangaben führen die Netzverbrecher Überweisungen von den Konten der betrogenen Kunden durch und verursachen dadurch ungeheure Schäden.

Phishing wurde sowohl in Deutschland als auch in Österreich bereits mehr oder minder erfolgreich durchgeführt und stellt somit vorerst das letzte Bindeglied in der langen Liste der Angriffsszenarien dar.

Abwehrstrategien
Lassen Sie sich keinesfalls von Unbekannten via Telefon, e-Mail oder persönlichem Kontakt (eher selten) sicherheitsrelevante Informationen entlocken und geben Sie diese niemals über das Telefon oder durch e-Mail-Übertragung bekannt. So sollten beispielsweise TAN-Code-Listen keinesfalls per e-Mail versandt und an Mitarbeiter verteilt werden.

Man sollte auch misstrauisch gegenüber e-Mails sein, in denen man zur Bekanntgabe von Kontoinformationen und anderer Telebanking Informationen aufgefordert wird. Auch werden oft weiterführende Links zu Sicherheitsseiten eines Bankinstitutes mit der Aufforderung der Bekanntgabe von Zugangsdaten geboten um ihre Authentizität zu überprüfen. Bankinstitute machen dies aber niemals auf dem Weg per e-Mail, Webzugang oder per Telefon.

8.1.2 Bedrohung durch Hacker

Sicherheitslücken, die bei Hackern beliebt sind:

- Wichtige Informationen über das Betriebssystem, Anwenderversion, Benutzer- und Computernamen, Netzwerkinformationen und NETBIOS können vom Hacker von außen eingesehen werden.
- Der FTP-Dienst (Datenübertragungsdienst) ist nicht ausreichend geschützt.
- Die Benutzer verwenden leicht zu erratende Passwörter und ändern diese nie.
- Firewalls und andere Schutzsoftware sind falsch oder unzureichend konfiguriert.
- Auf Servern und Stand Alone PCs erfolgt keine Installation von Patches bzw. sind die Installationen veraltet.
- Uneingeschränkte Freigabe auf alle Benutzerdaten.
- Es sind keine Sicherheitsrichtlinien vorhanden oder diese sind total veraltet.
- Die Mindestvoraussetzungen zum Datenschutz werden nicht eingehalten bzw. von den Benutzern umgangen.

8.1.3 Schutzstrategien

Allein im Jahr 2004 entstand durch Computerwürmer, Trojaner und andere Malware, sowie durch Angriffe von Hackern in Österreich und Deutschland ein Schaden von mehreren Milliarden Euro. Diese wurden von Privatpersonen, Firmen, Behörden und Schulen zum Schutz vor Angriffen, zur Bereinigung von Schäden, für Schulungen und zur Datenrückgewinnung eingesetzt.

Auf der einen Seite ist ein Rückgang bei der Erstellung von Viren und anderer Malware erkennbar. Zu den im Moment vorhandenen 170.000 Schädlingen kommen monatlich nur mehr 10 bis 20 neue hinzu, wovon ein Großteil nur reinen Laborcharakter hat und nie wirklichen Schaden bei Benutzern anrichtet. Auch die Spamproblematik ist am Abklingen, obwohl noch immer ca. 60 Prozent des gesamten e-Mail-Verkehrs Spamnachrichten sind. Hier beginnt der internationale Schulterschluss der Provider und Gratisanbieter von e-Mail und Webspace allmählich zu greifen.

Auf der anderen Seite nimmt die Anzahl der Direktzugriffe auf Computer und Netzwerke durch Hacker rasant zu. Pro Tag werden im Schnitt 4.000 bis 20.000 Portscans pro Personal Computer verzeichnet. Mit Hilfe von Portscannern können Hacker feststellen, ob ein Rechner im Web online ist und welche Ports (Kanäle für den Datentransfer via Internet und e-Mail) und Netzwerkverbindungen aktiv sind. Jeder zweite Privatanwender ist bereits wissentlich oder unwissentlich Ziel einer Hackerattacke geworden. Und es werden täglich mehr.

Ein optimaler Schutz vor Computerviren und anderer Malware, sowie vor Hackerangriffen, Spams und Phishing ist daher zwingend notwendig geworden. Auch für den Privatanwender und im besonderen für alle Behörden, Ämter und Schulen.

Bei einer Blitzuntersuchung, durchgeführt an 100 Schulen in Oberösterreich, waren drei von vier Schulen schlecht gegen Computerviren und Datendiebstahl geschützt. An keiner Schule wurde im Informatikunterricht das Thema Datenschutz und Antihacking behandelt, obwohl diese im Lehrplan der Informatik vorgesehene Themen sind. Von 500 befragten Schülern war für 75 Prozent das Thema Datenschutz unbedeutend. Viele von ihnen wussten nicht einmal, ob sie zuhause einen Virenschutz installiert haben, geschweige denn welchen.

Es ist besonders wichtig, bereits bei den Jugendlichen ein umfassendes Datenschutzbewusstsein zu schaffen. Erster Ansatz in dieser Richtung könnte folgendes Mehrpunkteprogramm sein, das Denkanstöße und Anregungen für einen wirksamen Schutz gegen Malware und Hackerattacken anbieten soll:

8.1.3.1 Vorbereitung der Festplatte

Die von vielen Händlern durchgeführte Vorinstallation des Betriebssystems und der Software ist oft unzureichend. Es ist sinnvoller, die Installation selber durchzuführen oder von einem Spezialisten durchführen zu lassen. Dazu sollte die Festplatte in mindestens zwei Partitionen (einer für alle Programme und das Betriebssystem, sowie einer zweiten für die Daten) eingeteilt werden. Ideal wäre die Erstellung einer dritten Partition, auf der ein Backup der endgültigen Programmpartition ausgelagert werden kann. Geeignete Backup-Software wird unter anderem von Symantec (***www.symantec.de***) und Acronis (***www.acronis.de***) bereitgestellt.

8.1.3.2 Die Installation des Betriebssystems und der Programme

Die Erstinstallation sollte wenn möglich völlig ohne Internetanbindung erfolgen. Trennen Sie den zu installierenden Rechner vollständig vom Netz und schalten Sie Modem, Breitband-Internetverbindungen oder andere LAN-Verbindungen vor der Installation ab. Nachdem Sie die Installation des Betriebssystems abgeschlossen haben, sollten Sie sofort lebenswichtige Patches und Service Packs (zum Beispiel Blaster Patch, Service Pack 4 bei Windows-2000, etc.) einspielen. Diese Patches sollten Sie auf einer CD zur Installation ohne Webzugriff zur Verfügung haben. Erst wenn alle Patches und Service Packs installiert sind, sollten Sie den Zugriff auf das Web und die Registrierung des Betriebssystems freigeben.

Wichtiger Tipp!

Bei Verwendung von Windows-XP ist die Installation von Service Pack 2 nicht empfehlenswert, da sie zu Problemen mit Anwenderprogrammen und Sicherheitssoftware führen kann.

8.1.3.3 Automatische Updates und Remote-Zugriff

Im Anschluss an die Installation dieser essenziellen Patches sollten Sie über „Start Einstellungen - Systemsteuerung - System" die Funktion „automatische Updates" deaktivieren (dies sollte besser wöchentlich manuell über den Button „Start - Windows Update" durchgeführt werden). Im Anschluss sollten Sie sofort über die Registerkarte „Remote" die Remote-Unterstützung deaktivieren.

8.1.3.4 Installation von Software

Noch bevor Sie alle Ihre Programme installieren, sollten Sie einen guten Virenschutz und eine effiziente Firewall (beide werden von vielen Antimalwarefirmen preiswert im Kombinat unter dem Sammelbegriff „Internet Security Suite" angeboten) einspielen und wenn nötig folgende Konfigurationen nachträglich durchführen, falls diese nicht schon per Default bei der Installation eingestellt werden:

Beim Online-Virenschutz (= Guardmodul, Gatekeeper) und bei der manuellen Virenprüfung sollte unbedingt „Alle Dateien prüfen" und die „Archivsuche" eingestellt sein. Ebenfalls sollte die eingehende und ausgehende e-Mail-Prüfung aktiviert sein. Das Update der Virenkennungen kann automatisch erfolgen, sollte aber so konfiguriert sein, dass der Benutzer über ein neues Update informiert wird.

Bei der Firewall sollten nur ausgehende Aktionen bei IcQ (einem Dienstprogramm mit Chat-, Nachrichten- und auch Datentransferfunktion) zugelassen werden. Ebenfalls sollten folgende Ports überwacht werden: Port 20, 21 (FTP-Dienste), 119 (Newsgroups), 135-137, 139 (Netbios) und 445. Diese sind besonders anfällig für Hackerattacken und meistens nicht voreingestellt.

Wenn Sie keinen integrierten Schutz vor Adware und Spysoftware in Ihrer Internet Security Suite integriert haben, dann sollten Sie auch daran denken, einen geeigneten Schutz dafür zu installieren. Ein empfehlenswerter Spyschutz kann gratis von der Website ***http://www.safer-networking.org/de/index.html*** heruntergeladen werden.

8.1.3.5 Updates von Antivirensoftware und anderen Schutzprodukten

Nur aktuelle Produkte schützen wirkungsvoll im Kampf gegen Malware und Hacker. Daher ist unbedingt wichtig, dass Sie immer die neueste Version Ihrer Sicherheitsprodukte installiert haben. Weiterhin sollten Sie die aktuellen Viren- und Sicherheitsdefinitionen automatisch beim Einstieg ins Internet von Ihrem Sicherheitssoftware Hersteller tagesaktuell (am besten 2 x pro Tag oder noch besser stündlich) beziehen können.

8.1.3.6 Unbekannte Dateianhänge und e-Mails von unbekannten Absendern

Öffnen Sie keine Dateianhänge (= Attachments) mit seltsamen Namen oder solche, deren Herkunft Sie nicht kennen. Auch sollten Sie keine e-Mails von unbekannten Absendern öffnen, da diese meist Spams oder Links zu Webseiten enthalten, die auf Ihrem Rechner Spyware und andere Spionagesoftware installieren können.

8.1.3.7 Information und Schulung

Informieren Sie sich auf den Webseiten der Hersteller von Sicherheitssoftware über die aktuellen Gefahren und Trends im Datensicherheitsbereich. Besuchen Sie Schulungen, die sich mit dem Thema beschäftigen und beziehen Sie vom Hersteller Ihrer Wahl einen Newsletter, der Sie über aktuelle Gefahren und Bedrohungsszenarien informiert.

8.1.3.8 Und zu guter Letzt - Don't panic!

„Wer die Gefahr erkennt, braucht sich vor ihr nicht mehr zu fürchten! Wenn es auch keinen 100-prozentigen Schutz gibt, so gibt es doch immer ein Licht am Ende eines Tunnels!"

8.2 Ausblick

Zweifelsohne wird es in Hinkunft auch Computerviren, Trojaner und andere Malware geben. Mit Sicherheit wird es weniger, aber dafür um so effizientere Schädlinge mit ungleich größerer Durchschlagskraft als bislang geben. Dies muss nicht unbedingt im immer wieder kolportierten Supervirus münden, der Virus, Wurm, Trojaner, Backdoor, Spyware, Hackertool und vieles mehr in einem einzigen Schädling vereint. Sicher aber wird es Plattform übergreifende Schädlinge geben, die auf mehreren Betriebssystemen (Linux, Apple, alte Windowsversionen, Windows-2000, Windows-XP und der im November 2006 vorzustellenden neuen Betriebssystemversion Windows Vista, die wie bereits von Microsoft verlautbart, auch über einen eigenen Viren- und Antihackerschutz verfügen wird) aktiv werden können.

Sicher wird parallel zur weiter abebbenden Virenbedrohung die Bedrohung durch Hackangriffe und vor allem Phishing und Social Engineering verstärkt zunehmen. Eine besondere Stellung nehmen dabei die Hacker ein, die sich auch als Virusautoren betätigen. Sie stellen ein sehr destruktives Gefahrenpotenzial dar, da sie sich in der Gesellschaft völlig unauffällig verhalten. Es muss an dieser Stelle vielleicht gesagt werden, dass die Virenautoren und Hacker der Gegenwart überhaupt nichts mehr mit denen der 90er Jahre gemeinsam haben. Die Täter des 3. Jahrtausends sind gebildet, gut gekleidet, verfügen über ein gehobenes Einkommen und gehören der sozialen Mittel- bzw. Oberschicht an.

9

Unterhaltungselektronik

Foto: Fujitsu Siemens

9.1 Multimedia-Handys

9.1.1 Geschichtlicher Rückblick

Als Vorreiter der heutigen Handy-Alleskönner gilt der PDA ↻ (**P**ersonal **D**igital **A**ssistant). Diese Taschencomputer boten bereits Ende der 90er-Jahre neben kompletten Betriebssystemen (wie zB. PalmOS oder Windows CE) auch e-Mail Clients und Internet-Browser, die jedoch nur über ein externes Gerät, beispielsweise über ein Handy oder einen PC, eine Verbindung zum Internet herstellen konnten.

↻ s. Kapitel 1.3

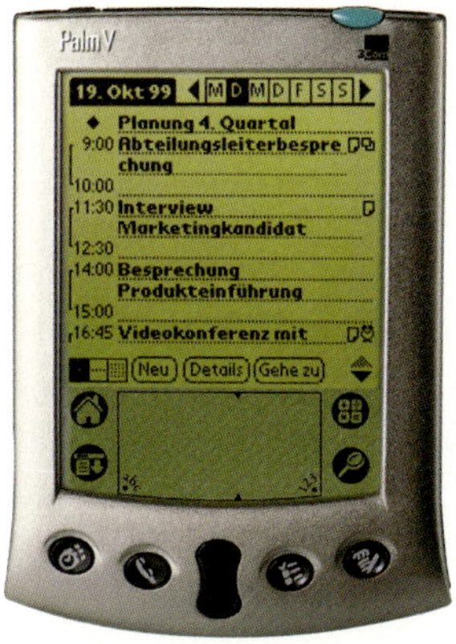

Abbildung 9.1.1
Der Palm V galt bei seinem Erscheinen im Jahr 1999 als eines der elegantesten und modernsten Geräte am Markt (Foto: Palm)

Der PDA Hersteller Palm gilt als Erfinder der heute zum Standard gehörenden, stiftgesteuerten PDAs. Beliebt wurden deren Geräte vor allem durch das intuitive, ressourcenschonende Betriebssystem - wodurch lange Zeit der PDA Markt von PalmOS basierten Geräten beherrscht wurde. Microsoft gelang es jedoch, mit dem Pocket PC Betriebssystem und den dazugehörigen Geräten, Palm die Monopolstellung am PDA Markt streitig zu machen. Microsoft selbst produzierte aber keine eigenen Geräte, sondern ließ diese von namhaften Herstellern wie Compaq oder HP fertigen. Diese Pocket PCs verfügten über ein besseres Display, satteren Sound und schnellere Hardware und - was wohl für die meisten Benutzer das überzeugendste Argument darstellte - über ein Windows ähnliches Betriebssystem, das im Grunde eine Weiterentwicklung von Windows CE darstellte.

9.1.2 Multimedia-Handys (Hybridgeräte)

Bereits Ende der 90er-Jahre wurden auf dem Handymarkt Versuche unternommen, dem Benutzer mehr als nur simple Telefoniefunktionen zu bieten - anfangs in Form von einfachen Spielen und kleineren Anwendungen, wie etwa simplen Kalenderfunktionen. Komplexe Applikationen wurden jedoch erst mit dem Aufkommen von Farbdisplays und den damit verbundenen höheren Auflösungen möglich. Wo früher noch Schwarzweiß LCDs verbaut wurden, findet man heute moderne Farbdisplays, die in puncto Auflösung und Darstellungsqualität an die eines Miniatur TFTs heranreichen.

Der Trend ging bzw. geht immer mehr in Richtung eines Multifunktionsgerätes - wodurch sich aus dem ursprünglichen Handy, das ausschließlich zum Telefonieren genutzt wurde, Hybridgeräte entwickelten. Grundsätzlich lassen sich diese „neuen" Handys in drei Kategorien unterteilen, wobei manche Geräte genauso gut in mehrere Kategorien passen würden.

- **Fotohandy (bzw. GSM/GPRS mit Multimediafunktionen)**
  Handy mit integrierter Kamera und meist auch MP3 Funktionen, jedoch eher einfach gehalten.

- **Smartphone (bzw. GSM/GPRS mit erweiterten Multimedia- und Organizerfunktionen)**
  Hybrid zwischen Handy und PDA, je nach Produkt größerer Schwerpunkt auf Handy oder PDA, verfügt über ein Betriebssystem.

- **UMTS-Handy (bzw. Handy der dritten Generation, das UMTS nutzt)**
  Vom Funktionsumfang her meist ähnlich dem Smartphone, jedoch mit UMTS, wodurch erweiterte Multimediafunktionen, wie etwa Videotelefonie, möglich werden.

Was ist Multimedia

Für den Begriff „Multimedia" gibt es eigentlich keine richtige Definition. Im Allgemeinen spricht man jedoch erst dann von Multimedia, wenn mindestens ein Medium zeitabhängig ist. Beispiele hierfür sind Video- bzw. Audiodateien oder Animationen. Ein Text mit Bildern würde nach dieser Definition daher nicht als Multimedia gelten.

9.1.2.1 Fotohandy (GSM / GPRS)

Als 2001 das erste Fotohandy, also ein Handy mit integrierter Kamera, auf den Markt kam, stieg die Nachfrage nach multimediafähigen Mobiltelefonen schlagartig an. Viele Menschen schätzten die Möglichkeit, trotz der anfangs sehr geringen Auflösungen, mit ihren Handys Schnappschüsse machen zu können und diese dann, beispielsweise per MMS, zu versenden. Vor allem Jugendliche ließen sich für die Multimediafunktionen neuer Handys leicht begeistern, weshalb immer mehr Hersteller versuchten, diesen Wünschen nachzukommen.

Kameras mit besserer Bildqualität und höheren Auflösungen wurden erst 2004 immer verbreiteter. Siemens bot mit dem S65 eines der ersten GSM-

Abbildung 9.1.3
Das Siemens S65 kostete bei seiner Markteinführung um die 500 € und zählte somit zu den Oberklassen-Handys von Siemens; neben der Fotofunktion bietet das S65 auch die Möglichkeit, Videos mit einer Auflösung von 176 x 144 Pixel aufzuzeichnen (Foto: Siemens)

Mobiltelefone mit einer 1,3 Megapixel Kamera an. Die Fotos hatten eine Auflösung von 1.280 x 960 Pixel und waren im Vergleich zu anderen GSM-Handys um einiges besser. Seit kurzem lassen sich mit diesen Handys auch Videos aufzeichnen.

So gut wie jedes moderne Handy ist heute mit einer oder mehreren Kameras und MP3- bzw. Videofunktionen ausgestattet. Ein aktuelles Beispiel ist das SonyEricsson K750i, das neben einer integrierten 2 Megapixelkamera, auch noch über MP3- und Videoplayer, Bluetooth, Infarot, einen FM-Radio Tuner und Java Unterstützung verfügt.

Die Grenze zwischen Digitalkamera und Handy scheint in Zukunft noch mehr zu verwischen, denn Samsung präsentierte mit dem Modell SCH-V770 auf der CeBit 2005 das erste „7 Megapixel Handy" der Welt. Features wie ein Weitwinkel- und Telconversion-Objektiv, sowie dreifacher optischer Zoom lassen das Gerät schon genauso Kamera wie Handy sein.

Features

- Nutzen Handydienst der zweiten Generation (GSM bzw. GPRS)
- Integrierte Fotokamera
- Java Unterstützung (Spiele, etc.)
- MP3 und Videoplayer
- Vereinzelt auch e-Mail- und Webfunktionen

9.1.2.2 Smartphone (GSM / GPRS)

Eine Verschmelzung des Funktionsreichtums eines PDAs mit den Mobilfunkfunktionen eines Mobiltelefons stellt das Smartphone dar. Aus diesem Grund ist auch die Bezeichnung „PDA-Phone" sehr verbreitet. Ähnlich wie bei Fotohandys, werden auch in den meisten Smartphones Kameras integriert. Beim Smartphone kann der Benutzer aber auch auf, sonst nur von PDAs bekannte, Anwendungen zugreifen. So zum Beispiel auf Terminkalender, Adressbuch, Notizen und Online-Applikationen, wie etwa einem e-Mail Client und Webbrowser.

Nokia 7650

Das Nokia 7650 war eines der ersten Handys mit integrierter Kamera und Multimediafunktionen. Aufgrund seines breiten Funktionsumfangs war es bei seinem Verkaufsstart im Jahr 2002 eines der besten Produkte unter den Multimedia-Handys. Es verfügte neben der bereits erwähnten Kamera, die eine maximale Auflösung von 640 x 480 Pixel zuließ, über einen umfangreichen Organizer, Infarot, Bluetooth und GPRS. - Das Smartphone war geboren. Als Betriebssystem diente Symbian.

Foto: Nokia

Ein weiteres Merkmal eines Smartphones besteht darin, dass meist auch ein Betriebssystem vorinstalliert ist. Weitverbreitete Betriebssysteme sind zum Beispiel PalmOS, Windows Mobile oder das, speziell für Smartphones entwickelte, Betriebssystem SymbianOS.

Die meisten Handys, die als Smartphones bezeichnet werden, verfügen zwar über die Features eines PDAs, bieten aber im Gegensatz zu einem echten PDA nicht die Möglichkeit mittels Stiftsteuerung (Stylus) zu arbeiten. Neuere Modelle wie das MDA III von T-Mobile verfügen jedoch bereits über eine Stiftsteuerung.

MDA III

Das MDA III von T-Mobile wird zwar als Smartphone verkauft, in puncto Funktionsreichtum und Hardware reicht es aber an einen modernen PDA heran. Nur um einige Daten zu nennen: Intel XScale-Prozessor mit 400 MHz, 128MB RAM, Windows Mobile 2003, Farbdisplay (65.536 Farben, 240 x 320 Pixel), Kamera (640 x 480 VGA) und WLAN.

Foto: T-Mobile

Features

- Nutzen Handydienst der zweiten Generation (GSM bzw. GPRS)
- Integrierte Fotokamera, vereinzelt auch mehrere
- Java Unterstützung
- PIM (**P**ersonal **I**nformation **M**anagement) - Organizer, Adressbuch, Kalender, Notizen
- Businessanwendungen (PocketExcel, PocketWord, ...)
- Navigationssystem
- MP3- und Videoplayer
- e-Mail- und Webfunktionen
- Infrarot, Bluetooth, vereinzelt WLAN

9.1.2.3 UMTS-Handy

Multimediale Inhalte auch mobil empfangen und betrachten zu können, gehört mittlerweile zum guten Ton und wird daher von den meisten modernen Handys unterstützt. Die Möglichkeiten von GPRS sind jedoch begrenzt. Videotelefonie wurde deshalb erst mit der Einführung des Hochgeschwindigkeitsstandards UMTS ermöglicht. Heute können mit Hilfe von UMTS-fähigen Geräten sehr hohe Up- und Downloadraten erreicht werden. Dadurch wird neben der bereits erwähnten Videotelefonie, auch Fernsehen in hoher Qualität via UMTS möglich. Dennoch stehen weltweit lediglich 32 Millionen 3G-Mobilfunk Nutzern 1,5 Milliarden GSM Nutzer gegenüber.

Abbildung 9.1.4
Ein typisches UMTS-Handy wie das E1000 von Motorola, verfügt über ein großes Display und zwei separate Foto- bzw. Videokameras. Die Fotokamera besitzt eine Auflösung von 1,3 Megapixel und ermöglicht so hochauflösende Bilder (Foto: Motorola)

Features

- Nutzen Handydienst der dritten Generation (UMTS)
- Videotelefonie
- Video- und Foto-Messaging
- Java Unterstützung
- Navigationssystem
- e-Mail- und Webfunktionen

9.1.4 Ausblick

Die Verschmelzung von Mobilfunk, Multimedia und Internet wird in Zukunft wohl noch weiter voranschreiten. Auch die Zahl der Handynutzer steigt immer mehr an. In Deutschland besitzen etwa rund 88% aller Einwohner ein Handy.

Mobilfunkstandards als Motor der Handyentwicklung
Natürlich lässt sich die Zukunft der Mobilfunktelefone nicht exakt vorhersagen, sondern nur anhand vergangener Entwicklungen erahnen. So hat sich etwa gezeigt, dass der Mobilfunkstandard an sich eine treibende Kraft für das Hervorbringen neuer Kommunikations- und Mobilfunktechnologien ist. Mit der Einführung von UMTS wurde beispielsweise Videotelefonie ermöglicht, was vor einigen Jahren noch als Zukunftsmusik galt. Im Jahr 2006 werden UMTS Betreiber mittels HSDPA (**H**igh **S**peed **D**ownlink **P**acket **A**ccess) höhere Downloadraten bieten können. Theoretisch werden mit dieser Technik 10,8 Mbit/s ermöglicht.

Alleskönner statt spezialisiertem Einzelgerät
Der Trend hin zum Hybridgerät und weg vom Einzelgerät scheint auch in Zukunft den Handymarkt zu bestimmen. Logischerweise wird es aber auch in Zukunft kein Handy geben, dass eine richtige Digitalkamera in puncto Bildqualität und Leistungsfähigkeit schlagen wird. Es wird auch keine standardisierten Handys geben, die ähnlich wie beim PC nur eine kleine Auswahl an Formfaktoren und Betriebssystemen bieten, da bei einem Handy das Betriebssystem bzw. die Bedienelemente an das Gerät und das Design angepasst werden müssen.

Die Vergangenheit hat gezeigt, dass Innovationen, wie zum Beispiel integrierte Kameras und Farbdisplays, schnell zum Standard und von den Konsumenten akzeptiert werden - trotz teilweise recht hoher Anschaffungspreise. Daher geht man davon aus, dass die Entwicklung am Handysektor in Zukunft ähnlich rasant weitergehen wird wie in den letzten Jahren.

9.2 Spielkonsolen

Konsolen sind im Grunde computerähnliche Geräte, die sich dem primären Zweck unterworfen haben, Entertainment ins Wohn- und Kinderzimmer zu tragen. Dabei wird grundlegend zwischen stationären Geräten, die an einem Fernseher angeschlossen werden, und tragbaren Geräten mit integriertem Monitor unterschieden.

Für Spielentwickler haben Konsolen einen wesentlichen Vorteil. Müssen sie bei der Entwicklung für PCs auf verschiedene Komponenten achten, so muss bei der Konsole nur eine einzige Hardware-Plattform in Betracht gezogen werden. Daraus ergibt sich allerdings auch der größte Nachteil der Spielkonsolen. Denn die Plattform ist auf ihren einheitlichen Entwicklungsstand eingefroren und lässt sich nicht - wie bei einem PC - leistungsmäßig steigern. Deshalb ist der Lebenszyklus einer Konsole deutlich kürzer als beim PC.

9.2.1 Geschichtlicher Rückblick

9.2.1.1 Erste Generation (1969 - 1977)

Als erste Spielkonsole der Welt wird die 1969 von Ralph Baer entwickelte Magnavox Odyssey angesehen. Hierzulande waren die ersten Systeme auch als Telespiele bekannt. Die Geräte an sich verfügten noch nicht über eigene Programme, sondern die Spiele wurden direkt durch fest verdrahtete elektronische Schaltkreise erzeugt. Eines der ersten und das wohl bekannteste Spiel diese Ära ist das auf Tischtennis basierende „Pong".

9.2.1.2 Zweite Generation (1977 - 1984)

Danach folgte die 8-Bit-Ära, die Geräte mit einfachen 2D-Grafikmöglichkeiten und beschränktem Speicher hervorbrachte. Geräte wie Interton VC4000, Atari 2600 und 5200, Vectrex, Intellivision oder Colecovision griffen dabei auf austauschbare Module zurück, die als Speichermedium für Spiele fungierten.

9.2.1.3 Dritte Generation (1984 - 1990)

Die nächste Generation mit Sega Master System, NES und Atari 7800 brachte eine verbesserte Grafik mit mehr Farben und einer Grafikbeschleunigung mit sich. Darüber hinaus verfügten die Geräte über mehr Speicher.

9.2.1.4 Vierte Generation (1990 - 1995)

Darauf folgten die Konsolen mit 16-bit-Prozessoren. Selbstverständlich ging damit auch eine Steigerung der grafischen Möglichkeiten einher. Die bekanntesten Geräte dieser Zeit waren mit Sicherheit der Sega Mega Drive und der Super NES.

9.2.1.5 Fünfte Generation (1995 - 2000)

Mit der fünften Generation begann dann auch der Einzug der CD anstelle der Module in die Konsolen. Geräte wie Segas Saturn, Sonys PlayStation oder Nintendos Nintendo 64 warteten darüber hinaus mit einfacher 3D-Grafik auf.

9.2.1.6 Sechste Generation (2000 - 2005)

Die gegenwärtigen Systeme erweiterten ihren Leistungsumfang um Multimediafähigkeiten (etwa das Abspielen von Film-DVDs oder Audio-CDs). Eine bessere 3D-Grafik und der Onlinezugang stellten weitere Meilensteine in der Videospielgeschichte dar. Die Vertreter dieser Zeit sind Segas Dreamcast, Sonys PlayStation 2, Nintendos GameCube und Microsofts Xbox.

9.2.1.7 Siebte Generation (heute)

Die heutige bzw. kommende Generation verspricht noch mehr grafische Brillanz und Multimediafähigkeit. Zudem wird immer intensiver auf die Onlinefähigkeit gesetzt, wobei die Zielsetzung der maßgeblichen Konsolenhersteller (Nintendo mit seinem Nintendo Revolution, Sony mit ihrer PlayStation 3 und Microsoft mit ihrer Xbox 360) ziemlich klar erscheint: Die Eroberung das Wohnzimmers.

9.2.2 Xbox 360

War der erste Versuch des Redmonder Konzerns, den Markt der Spielkonsolen aufzumischen, noch ein bemühtes, jedoch nicht von Erfolg gekröntes Anrennen gegen die Marktführerschaft Sonys, so will man diesmal einiges besser machen. Ein Zauberwort, das von den Marketingexperten Microsofts hierfür gerne in den Mund genommen wird, lautet „Multimediales Home Entertainment". Von daher lässt sich auch die inkorrekte Namensgebung der Konsole ableiten, indem die Xbox 360 den Spieler oder besser Nutzer in den Mittelpunkt multimedialer Unterhaltung setzen will. Und von ebendieser Mitte soll der Konsument mit 360-gradiger Rundumsicht alle Vorteile der Konsole in sich aufsaugen. Dass die Xbox 360 zu diesen Zweck in der Mitte des Wohnzimmers platziert werden muss, steht außer Frage.

Auch in puncto Design trägt Microsoft der gewünschten Platzierung im Wohnzimmer Rechnung. Verschwunden ist das klobig schwarze Ungetüm und machte einer weißen Diva Platz, die deutlich schlanker und mit angenehmen Rundungen versehen danach trachtet, dem Fernseher eine verführerische Tischdame zu sein. Einzig das überdimensionierte, externe Netzteil mit seinen 22 x 5,6 x 7,7 Zentimetern muss irgendwo verstaut werden, damit es niemand sieht.

Damit die Xbox 360 auch zum restlichen Mobilar passt, kann die Frontpartie ausgetauscht werden. Die einzeln zu erwerbenden Frontblenden, auch

„Faces" genannt, können der eigenen Konsole somit ein unverwechselbares Aussehen geben. Doch es zählen bekanntlich die inneren Werte. Und hier hat die Xbox 360 einiges zu bieten. Insbesondere wenn es um Multimedialität geht, erweist sich die Konsole als begabter, jedoch nicht begnadeter Alleskönner.

Abbildung 9.2.1 Die Microsoft Xbox 360 hat ein gefälliges Outfit und ist ein begnadeter Alleskönner (Foto: Microsoft)

Lässt man die spielerischen Qualitäten einmal außer Acht, unterstützt das DVD-Laufwerk folgende Medien: DVD-Video, DVD-ROM, DVD-R/RW, DVD+R/RW, CD-DA, CD-ROM, CD-R, CD-RW, WMA CD, MP3 CD und JPEG Photo CD. Darüber hinaus finden sich vier USB 2.0-Steckplätze, wobei zwei frontseitig unter einer Abdeckklappe untergebracht sind und vor allem für den Anschluss weiterer Controller, MP3-Player, PDAs, Digitalkameras oder USB-Sticks gedacht sind. Hier spießt es sich allerdings im wahrsten Sinne des Wortes ein wenig. Denn nennt man einen etwas größer dimensionierten USB-Stick oder MP3-Player sein Eigen, wird man manches Mal vor das Problem gestellt, diesen in die etwas schmal geratene Öffnung hinein zu manövrieren. Die weiteren USB-Anschlüsse sind an der Rückseite angebracht, wobei einer für das Funkmodul des Wireless Controllers reserviert ist. Der andere kann hingegen für einen USB-WLAN-Adapter mit bis zu 54 Mbit/s verwendet werden. Und auch diesbezüglich hat Microsoft schon vorgesorgt, indem der für rund 80,- Euro erhältliche Xbox 360 Wireless Network Adapter es ermöglicht, die vollkommene Spielerfahrung im digitalen Heim durch nahtlose Synchronisation eines Media Center PCs mit dem Xbox 360 System zu erleben. Videos und Musik lassen sich problemlos von Media Center PCs auf die Xbox 360 übertragen, Unterhaltungen mit Freunden, Spiele über Xbox Live und vieles mehr ist ebenfalls möglich - alles ohne lästigen Kabelsalat. Der Wireless Network Adapter unterstützt dabei die **Wi-Fi**-Übertragungsstandards 802.11a, 802.11b und 802.11g.

Was ist Wi-Fi

Unter dem Wi-Fi Standard versteht man, dass sich Produkte verschiedener Hersteller auf der Basis des IEEE 802.11 Standards untereinander verstehen. Mit Hilfe dieses Standards ist die Kompatibilität zwischen verschiedenen Wireless Geräten gewährleistet.

Natürlich ist es auch möglich, „normal" mit einem Kabel die Verbindung zwischen einem bestehenden Netzwerk oder Breitband-Anschluss mit der Xbox 360 herzustellen, denn ein Ethernet-Anschluss steht zur Verfügung. Wer über keinen Media Center PC verfügt, sondern lediglich mit einem Windows XP-Rechner sein Auskommen findet, muss leider auf diverse Streaming-Funktionen zwischen dem Media Center PC und der als Extender fungierenden Xbox 360 verzichten. Aber hier ist sicherlich noch nicht das letzte Wort gesprochen, denn immerhin kann die Xbox 360 auf Bilder und Musik-Dateien im passenden Codec von einem herkömmlichen Windows XP-PC zugreifen. Und eine volle Unterstützung des medialen Datentransfers scheint technisch realisierbar zu sein.

Als Basisstation dient dem Nutzer eine übersichtliche Benutzeroberfläche, die sich in die Bereiche Xbox Live, Spiele, Medien und System gliedert. Die klare Struktur, die in allen Menüs vorzufinden ist, lässt den Anwender sich mühelos zurechtfinden.

Zur Navigation kommen entweder die Controller zum Einsatz oder die Xbox 360 Universal Media Fernbedienung, die für rund 30,- Euro erhältlich ist. Diese stellt das integrierte Kontrollzentrum für sämtliche Aktivitäten mit der Konsole dar. Mit nur einem Knopfdruck erschließt sich dem Nutzer die ganze Welt des digitalen Entertainments, indem er mit der Fernbedienung DVDs und Musik abspielt oder TV-Gerät und Media Center PC bedient, einschließlich Lautstärkeregelung, Stummschaltung und beidseitigem Kanalwechsel. Der zentral platzierte, leuchtende Xbox Guide Button verschafft schnellen Zugang zu digitalen Filmen, zur Musiksammlung und zu Spielen. Beleuchtete Funktionstasten erleichtern zudem die Bedienung im abgedunkelten Home Cinema.

Neben der Fernbedienung gilt natürlich auch der Game Controller als Basisinstrument für angehende oder ambitionierte Spieler. Hier bekleidet der Xbox 360 Wireless Controller eine anwenderfreundliche Position. Unter Einsatz einer optimierten Technologie lässt der Wireless Controller dem Spieler mehr als neun Meter Bewegungsfreiraum und hält mit zwei AA-Batterien bis zu 40 Stunden durch. Durch Verbindung des Xbox 360 Headsets mit dem Controller ist volle Duplex-Sprachkommunikation garantiert. Mit einem Xbox 360 Play and Charge Kit, das rund 20 Euro kostet, erhält man des Weiteren eine spezielle, wieder aufladbare Batterie für den Xbox 360 Wireless Controller sowie ein Ladekabel. Mit dem Ladekabel kann die Batterie im Controller während des Spielens aufgeladen werden.

9.2.3 Handhelds

9.2.3.1 Nintendo DS

Dass Nintendo sein Geschäft in Sachen Handhelds versteht, geht aus der Unternehmensgeschichte eindrucksvoll hervor, in der mit ähnlich „großen" Systemen bereits Erfolge eingefahren werden konnten (Game&Watch oder die Game Boy-Saga). Der Nintendo DS gilt als der inoffizielle Nachfolger - und erneut erweist sich Nintendo als treibende Kraft hinter innovativen Spielkonzepten.

Abbildung 9.2.2
Typisch für den Nintendo DS: Der Dual-Bildschirm (Foto: Nintendo)

Am augenfälligsten ist mit Sicherheit der Dual-Bildschirm, der es den Spieleentwicklern ermöglicht, auf dem oberen Screen das primäre Spielgeschehen darzustellen, während unten Karten, Inventory oder sonstige Auswahlmenüs angezeigt werden könnten. Doch der untere Bildschirm kann noch mehr, ist er doch mit einem Touchscreen ausgestattet, der neue Steuerungsmöglichkeiten eröffnet. So fungiert der Eingabestift in der beim Kauf mitgelieferten Demo Metroid Prime Hunters als Maus-Ersatz. Ebenfalls innovativ ist das eingebaute Mikrofon, das bei manchen Spielen sogar schon als zusätzliches „Eingabegerät" benutzt werden kann. Nicht zu vernachlässigen ist zudem die kabellose Multiplayer-Funktion, die es erlaubt mit anderen DS-Spielern in der Nähe zu spielen, zu chatten oder gemalte Notizen auszutauschen.

Der knapp 300 Gramm schwere und rund 15 x 8 Zentimeter große DS hat eine Bildschirmauflösung von 256 x 192 Pixel bei 260.000 Farben. Zwei Prozessoren (67 & 33 MHz), sowie ein 4 MB-Speicher (+ 656 KB für die Grafik) sorgen für die Geschwindigkeit. Die Ohren werden zudem von eingebauten Stereo-Speakern verwöhnt. Neben einem Slot für die DS-Spiele (etwa in der Größe von SD- oder MMC-Speicherkarten), gibt es auch einen für **GBA**-Spiele, die auf dem DS genutzt werden können. Die DS-Spiele werden im Übrigen rund 30 Euro kosten. Erwähnenswert ist noch der Verzicht von Batterien, denn der DS kommt mit seinem aufladbaren Lithium Ionen Akku rund zehn Stunden aus.

Was ist GBA

Der Vorgänger des Nintendo DS war das erste Modell der Game Boy-Linie, das nicht auf der Technik des ursprünglichen Game Boys basierte, und zudem eine andere Form (Quer- statt Hochformat) einnahm. Der **G**ame **B**oy **A**dvance, der 2001 auf den Markt kam, und seine überarbeitete Version, der Game Boy Advance SP, sind ebenso abwärtskompatibel bis zum ersten Gameboy, wie der Nintendo DS zum GBA.

Trotz aller interessanten Features, kann man dem Nintendo DS noch keine erfolgreiche Karriere garantieren. Denn wie es bei allen Konsolen der Fall ist, steht und fällt das Interesse an einem Spielsystem mit dem angebotenen Spielen. Des Weiteren ist fraglich, ob die Entwickler genügend Kreativität einbringen werden, um die Besonderheiten des DS - wie Touchscreen oder Dual-Bildschirm - wirklich zu nutzen und Spiele danach auszurichten.

9.2.3.2 Sony PlayStation Portable (PSP)

Viele Jahre lang wurde der Konsolen-Handheld-Markt nur von einer einzigen Marke dominiert. Nintendos GameBoy ließ keinen der Mitbewerber an sich heran. Zu groß war bislang die uneingeschränkte Unterstützung der Publisher und zu innovativ der Erfindungsgeist der Entwickler. Letzteres kann sich Nintendo nach wie vor auf die Fahnen heften, bewiesen doch die Japaner mit dem aktuellen Nintendo DS erneut ihre Kreativität.

Sony setzt dagegen auf trendsicheres Design und ausgereifte Technik. Die PSP vereint dabei die Stärken einer mobilen Spielkonsole mit denjenigen tragbarer Multimedia-Handhelds. Denn neben Spielen können auf der Konsole auch Filme, Musik und Bilder abgespielt werden. Darüber hinaus kann die PSP auch dazu eingesetzt werden, Multiplayer-Duelle via Funknetzwerk auszutragen, über das heimische WLAN im Internet zu surfen oder an WiFi Hotspots Video-Content und Spiele-Trailer herunterzuladen.

In der Handhabung erweist sich das mit zwei Schultertasten, einem Steuerkreuz, sowie vier Aktionstasten ausgestattete Gerät als handlich. Lediglich das Gewicht von rund 280 Gramm mag auf die Dauer etwas schwer sein. Die Abmessung von 170mm x 74mm x 23mm ist vor allem auf das überdimensional große Display zurückzuführen. Der 16:9 Wide-Screen TFT LCD-Schirm hat es jedoch in sich: immerhin werden dort 16,77 Millionen Farben in einer 480 x 272 Pixel-Pracht zur Geltung gebracht. Vor allem Video-Freunde werden dies gutheißen.

Im Gehäuse der PSP werkt schließlich noch eine 333 MHz CPU, sowie eine Main Memory mit 32 MB, und ein Embedded DRAM mit vier MB. Dies ist zwar großteils ausreichend, doch sind bei manchen Spielen stolze Ladezeiten in Kauf zu nehmen. Leichte Kritik gilt es auch am Lithium-Ionen Akku ↻ zu üben, der bei Spielen nur an die sechs und bei Filmen gar nur bis zu drei Stunden durchhält.

↻ s. Kapitel 1.2.5

Abbildung 9.2.2
Die Sony Play-Station Portable will sich eher den erwachsenen Spielern zugeordnet wissen (Foto: Sony)

Sony hat mit der PSP wohl die erste tragbare Spielkonsole geschaffen, die sich eher dem Markt der erwachsenen Spieler zugeordnet wissen will. Indiz dafür liefern der stolze Preis für die Hardware an sich, sowie für die Spiele und Filme, die multimediale Ausrichtung und das Angebot an Spielen und Filmen.

9.3. Flat TVs

9.3.1 Geschichtlicher Rückblick

Mit der Erfindung des Fernsehers ging der Begriff „Röhren-Fernseher" einher, da der Hauptbestandteil dieser Geräte die Kathodenstrahlröhre war bzw. ist. Dieser Umstand änderte sich jedoch mit der zunehmenden Verbreitung von Flachbild-Fernsehern (Flat TVs), welche grundsätzlich in LCD-TVs und Plasma-TVs unterteilt werden können. Diese zwei Panel-Typen (LCD und Plasma) gelten als die Zukunft des Fernsehens, weshalb Kathodenstrahl-Fernseher bereits in wenigen Jahren von der Bildfläche verschwinden werden. Außerdem sind viele Flachbild-Geräte HDTV-fähig (HD ready) ↻, wohingegen nur einige wenige aktuelle Röhrenfernseher diesen Standard unterstützen.

↻ s. Kapitel 10.1.2.5

Eine Alternative zu LCD- und Plasma-TVs stellen Rückprojektionsfernseher dar, wobei bei diesen Geräten nicht von „Flat TVs" die Rede sein kann, da sie eine deutlich höhere Bautiefe aufweisen als LCD- bzw. Plasma-TVs. Bei der Rückprojektionstechnik wird ein Lichtstrahl mittels eines Spiegels von hinten auf den Bildschirm projiziert. Es können dabei zwar große Bilddiagonalen erreicht werden, durch die Aufteilung des Lichtstrahles leidet jedoch zum einen das Kontrastverhältnis und zum anderen wird der Betrachtungswinkel stark eingeschränkt. Dadurch müssen Personen, die beispielsweise nicht auf Augenhöhe vor dem Gerät sitzen, Qualitätseinbußen hinnehmen.

9.3.2 Flüssigkristallbildschirme (LCD-TVs)

Im Computer-Sektor haben sich LCD-Bildschirme bzw. TFTs längst etabliert und viele Benutzer schätzen diese Geräte aufgrund ihrer Platz sparenden Größe und den, im Vergleich zu Röhrenmonitoren (CRTs), geringen Emissionen. Diese Technologie auch im TV-Bereich einzusetzen, ist spätestens seit dem HDTV-Boom ein großes Anliegen vieler namhafter Hersteller.

Im direkten Vergleich zu Röhrenmonitoren überzeugen LCDs vor allem mit ihrer geringen Bautiefe bzw. ihrem geringen Gewicht und den damit verbundenen, flexiblen Einsatzmöglichkeiten. Lange Zeit galten LCDs jedoch als unausgereifte und vor allem auch zu teure Geräte. Eingeschränkte Betrachtungswinkel, zu helle Schwarzwerte und hohe Reaktionszeiten gehören bei aktuellen Top-Geräten jedoch größtenteils der Vergangenheit an. Bei der Bilddiagonale kommen aktuelle, erschwingliche LCD-TVs bisher nicht an die Größe eines Plasma-TVs heran. Dass aber auch sehr große Bildschirmdiagonalen mit der LCD-Technologie möglich sind, bewies das südkoreanische Unternehmen Samsung auf der CeBit 2005. Dort präsentierte es einen LCD TV mit einer Bilddiagonale von 82 Zoll (205 cm).

Abbildung 9.3.1
HD ready LCD Fernseher KLV-V40A10E von Sony im 16:9 Format mit hochauflösenden Bildprozessoren (Foto: Sony)

Vorteile von LCD-TVs

- ausgereifte Technik
- geringer Stromverbrauch
- geringes Gewicht
- geringe Bautiefe

Nachteile von LCD-TVs

- eingeschränkter Betrachtungswinkel
- nicht perfekte Schwarzwerte
- ggf. hohe Reaktionszeiten

9.3.3 Plasma-TVs

Obwohl die LCD-Technologie in den letzten Jahren immer beliebter und vor allem ausgereifter wurde, blieben die Versuche, an die Bildqualität eines Plasma-TVs heranzukommen, erfolglos. Die Vorteile von Plasma TVs gegenüber LCD-TVs liegen klar auf der Hand; denn neben den größeren Bilddiagonalen, der exzellenten Farbdarstellung, den sehr niedrigen Reaktionszeiten und der geringeren Winkelabhängigkeit, überzeugen Plasma-TVs vor allem durch ausgezeichnete Schwarztöne, die mit denen eines CRT Bildschirmes vergleichbar sind.

Dieses Höchstmaß an Bildqualität hat aber auch seinen Preis. So sind Plasma Fernseher verhältnismäßig schwer und vor allem auch teuer. Jedoch sind Plasma-TVs auch mit einer Bilddiagonale von beispielsweise 55" zu haben und schlagen somit selbst gängige Rückprojektionsfernseher in puncto Bilddiagonale - natürlich ohne auf ein qualitativ hochwertiges und kontrastreiches Bild verzichten zu müssen.

Abbildung 9.3.4
Der PDP-506XDE von Pioneer ist ein Plasma-TV der 6. Generation; Dank 2 HDMI Eingängen für HDTV-Quellen und 50 Zoll Bilddiagonale ist er bestens für die Zukunft gerüstet (Foto: Pioneer)

Bei der Plasma-Technologie wird, anders als bei der LCD-Technologie, an jedem einzelnen Pixel eine Lichtquelle erzeugt. Daher gibt es keinen Helligkeitsunterschied zwischen der Bildmitte und den Rändern. Außerdem lassen sich Plasma-Displays auch in sehr hellen Räumen einsetzen. Da das Bild mit Hilfe von ionisierten Gasen entsteht, sind die Reaktionszeiten der Displays sehr gering. Beim Betrachtungswinkel haben Plasmadisplays den Vorteil, dass das Bild direkt an der Bildschirmoberfläche erzeugt und nicht, wie bei LCD und Rückprojektionsfernsehern, darauf projiziert wird. Es werden daher sehr große vertikale und horizontale Betrachtungswinkel möglich.

Vorteile von Plasma-TVs

- satte Farben
- kontrastreiches Bild
- hohe Helligkeit
- geringe Bautiefe
- größere Bilddiagonalen

Nachteile von Plasma-TVs

- empfindliches Glasdisplay
- hoher Stromverbrauch
- hohes Gewicht
- relativ hoher Preis

9.4 Digitale Video-Rekorder

Ähnlich wie bei analogen Video-Rekordern lassen sich mit Hilfe von digitalen Video-Rekordern Fernsehsignale aufnehmen und in analoger bzw. digitaler Form abspeichern. Spätestens seit dem Siegeszug der DVD ↻ Ende der 90er-Jahre verlor die analoge Videokassette immer mehr an Relevanz und digitale Medien nahmen ihren Platz ein. Es gab zwar bereits vor der DVD die so genannte VCD (Video-CD) ↻, auf dieser konnte jedoch höchstens 74 Minuten Videomaterial in VHS Qualität aufgezeichnet werden. Dies führte dazu, dass der Datenträger während des Films mitunter mehrmals getauscht werden musste. Eine weniger verbreitete, DVD ähnliche Technik war die Laserdisc, die jedoch eher von High-End-Usern benutzt wurde.

↻ s. Kapitel 4.3.3

↻ s. Kapitel 4.3.2.4

Grundlegend lassen sich digitale Video-Rekorder in DVD-Rekorder und HDD-Rekorder (HDD = **H**ard **D**isk **D**rive = Festplatte ↻) unterteilen. Moderne Geräte kombinieren jedoch beide Varianten und werden daher meist als HDD-DVD-Rekorder bezeichnet.

↻ s. Kapitel 4.1

9.4.1 DVD-Rekorder

Bei normalen DVD-Rekordern lassen sich Fernsehsignale digital auf einem Wechseldatenträger (DVD) speichern. Technisch gesehen gleichen DVD-Player und DVD-Rekorder einander weitgehend. Einige Geräte bieten neben einem DVD-Laufwerk auch noch ein VHS-Laufwerk, um das Überspielen von VHS-Kassetten auf DVD zu erleichtern. Mittels DVD-Rekorder lassen sich etwa 4 Stunden Video in DVD Qualität aufzeichnen (4,7GB DVD).

Abbildung 9.4.1
DVD-Recorder von Sony mit digitalem i.LINK-Anschluss (ideal als Verbindung zu DV-Camcordern) sowie progressivem Video-Ausgang für Plasma- und LCD-Fernseher (Foto: Sony)

9.4.2 HDD-DVD-Rekorder

Im Gegensatz zu DVD-Rekordern wird bei HDD-Rekordern kein Speichermedium mehr benötigt. Die Fernsehsignale werden auf eine interne Festplatte aufgezeichnet und können direkt über das Gerät verwaltet bzw. wiedergegeben werden. Reine HDD-Rekorder sind jedoch eher selten, die meisten Geräte bieten sowohl DVDs als auch Festplatten als Speicherplatz an.

Abbildung 9.4.1
Der DVR-920H von Pioneer kann Videos auf DVD und einer 250 GB Festplatte speichern
(Foto: Pioneer)

9.5 Digitalkameras

9.5.1 Geschichtlicher Rückblick

Über hundert Jahre lang wurden Fotografien auf ein und dieselbe Weise angefertigt: Man belichtete ein lichtempfindliches Material und nach dem Entwickeln im Fotolabor erhielt man das genaue Abbild des fotografierten Objektes auf Papier oder als Dia. Seit dem Einzug der Digitalkameras hat sich das grundlegend geändert. Statt lichtempfindliches Material wird nun ein Chip belichtet, der das abzulichtende Objekt in digitaler Form speichert.

Abbildung 9.5.1
Ein Fotoapparat aus den 50er-Jahren (Foto: CDA Verlag)

Die Vorteile liegen auf der Hand. Man benötigt kein Fotolabor mehr, um Filme zu entwickeln. Auch die Anschaffung von Filmen entfällt. Eine Speicherkarte kann immer wieder verwendet werden und dank dieser lassen sich geknipste Bilder sofort auf den PC übertragen und betrachten. Die immer bessere Qualität führt dazu, dass die klassische Methode Fotos zu machen, mehr und mehr ein Schattendasein fristet.

9.5.2 Die Bestandteile einer Digitalkamera

Eine Digitalkamera unterscheidet sich vom Prinzip her kaum von einem klassischen Fotoapparat. Lediglich der Film wurde durch die digitale Speicherung ersetzt. Daraus resultiert ein deutlicher Zuwachs an Elektronik, was sich generell auf die Bedienung dieser Geräte auswirkt.

Abbildung 9.5.2
Querschnitt einer Digitalkamera (Foto: Sony)

9.5.2.1 Die Optik

Auch eine Digitalkamera kann nur so gut sein, wie die Optik es zulässt. Billige Modelle verwenden ein Fixfokusobjektiv, das kaum Tiefenschärfe und überhaupt keinen Zoom zulässt. Teure Modelle hingegen bieten qualitativ hochwertige Zoomobjektive, die sich teilweise sogar wie bei alten Spiegelreflexkameras auswechseln lassen. Wichtig ist dabei der optische Zoom. Daran lässt sich messen, in welchem Bereich das Objektiv der Kamera zoomen kann. Digitaler Zoom ist indessen lediglich in der Lage, den eingefangenen Bildausschnitt künstlich zu vergrößern. Dabei nimmt die Bildqualität drastisch ab.

Abbildung 9.5.3
Bei Spiegelreflexkameras kann man das Objektiv wechseln und somit je nach Situation die passenden Effekte erzielen
(Foto: Canon)

9.5.2.2 Der Fotosensor (CCD)

Dahinter verbirgt sich ein elektronischer Chip, der die Aufgabe des Films bei der klassischen Fotografie übernimmt. Auf einer kleinen Platte wird das durch die Optik gebündelte Bild projiziert. Millionen kleinster Sensoren speichern die Informationen, die sie erreichen, ab. Die Summe dieser Informationen ergeben das Bild, das elektronisch gespeichert wird.

Es mag einleuchten, dass die resultierenden Bilder um so präziser werden, je mehr Informationen gespeichert werden. Eine Kamera mit 1 Million Bildpunkten kann eben nur so viele Informationen erfassen und speichern. Bei 8,3 Millionen Bildpunkten wird hingegen der zu fotografierende Ausschnitt viel präziser und mit viel mehr Details erfasst. Wenn bei einer Kamera von Megapixel die Rede ist, dann bezeichnet dies genau die Anzahl der Bildpunkte. 1 Megapixel entspricht demnach 1 Million Bildpunkte.

Mittlerweile hat der daraus entstandene Megapixel-Wahn Kameras hervorgebracht, die kaum noch den Vergleich zur klassischen Fotografie zu scheuen brauchen. Beim Kauf einer Digitalkamera ist die Angabe der Auflösung in Megapixel ein entscheidendes Kriterium für die Auswahl.

9.5.2.3 Das Speichermedium

Besonders billige Geräte verfügen lediglich über einen internen RAM, der nicht erweiterbar ist und nur eine begrenzte Anzahl an Bildern speichert. Wenn man unterwegs über keinerlei Möglichkeiten verfügt, die fertigen Bilder auf einem Datenträger zu sichern, ist die Kamera, sobald sie voll ist, aus dem Rennen. Oft genug verfügt sie noch über einen Bildsensor, der lediglich eine Auflösung von 640 x 480 Pixel erlaubt. Solche Geräte empfehlen sich nur für recht begrenzte Einsatzgebiete. Die Möglichkeit, Speicherkarten ↻ einzusetzen, hat die Flexibilität dieser Kameras deutlich erhöht. Speicherkarten lassen sich für wenig Geld im Fachhandel erwerben und spezielle

↻ s. Kapitel 4.4

Kartenlesegeräte, die in den neuen PCs bereits serienmäßig eingebaut werden, erlauben ein unkompliziertes Übertragen der Daten. Je nach Geldbeutel lassen sich die Speichermedien auch in unterschiedlichen Kapazitäten erwerben, so dass davon die Anzahl der speicherbaren Bilder abhängt.

9.5.2.4 LCD-Monitor

Viele Digitalkameras verfügen zudem über einen kleinen LCD-Monitor, mit dessen Hilfe sich zuvor geknipste Fotos sichten lassen. Außerdem dienen diese kleinen Monitore dazu, über ein integriertes Menü die Kamera zu steuern und Einstellungen vorzunehmen. Diese Monitore sind nicht bei allen Kameras vorhanden, allerdings im mittleren bis oberen Preissegment Standard. Da dadurch eine sofortige Kontrolle der geknipsten Fotos möglich ist, sollte man beim Kauf einer Digitalkamera auch nicht auf dieses Feature verzichten.

Abbildung 9.5.4
Mit einem LCD-Monitor lässt sich der Bildausschnitt einfach kontrollieren (Foto: Sony)

9.5.2.5 Der Sucher

Einfache Kameras verfügen über eine kleine Zusatzoptik, die grob das anzeigt, was hinterher auf dem Bild erscheint. Diese Sucher sind für die meisten Zwecke zwar brauchbar, aber der richtige Fotograf setzt indessen auf digitale Spiegelreflexkameras.

Digitale Spiegelreflexkameras verfügen über eine Reihe von Umlenkspiegel, die das Motiv, so wie es das Objektiv wahrnimmt, auf den Sucher projizieren. Man hat somit nicht nur den genauen Bildausschnitt im Auge, sondern kann auch sofort sehen, ob die Tiefenschärfe stimmt. Auch bei Makroaufnahmen sind Spiegelreflexkameras unabdingbar. Eine einfache Sucherkamera würde durch den Sucher etwa die Grashalme in der unmittelbaren Umgebung zeigen, während das Objektiv auf eine Biene auf einer Blüte ausgerichtet ist.

Bei Kameras mit LCD-Monitoren ist es üblich, dass die Kamera zwar über einen einfachen Sucher verfügt, der Monitor selbst aber die Aufgabe eines Spiegelreflexsuchers übernimmt.

Abbildung 9.5.5
Dieses Einsteigermodell in die digitale Spiegelreflextechnologie bietet alles, was ein ambitionierter Fotograf braucht (Foto: Canon)

9.5.2.6 Die Elektronik

Die Zeiten, in denen die Steuerung einer Kamera mit einer Reihe mechanischer Bedienelemente vonstatten ging, sind mit dem Siegeszug der Digitalkameras endgültig vorbei. Die eingebaute Elektronik übernimmt alle Aufgaben von der Einstellung der Verschlusszeiten bis hin zur Verwaltung der bereits gespeicherten Fotos. Allerdings wird die Bedienung einer solchen Kamera besonders für Anfänger nicht immer leichter. Ein ausgiebiges Studium der mitgelieferten Handbücher ist daher kaum zu vermeiden.

Im einfachsten Fall verfügen die ganz billigen Geräte über einige wenige Tasten und ein LCD-Display, das lediglich einige Symbole und Zahlen anzeigt. Die Einstellung der Bildgröße und die Option, alle Fotos direkt aus dem internen Speicher zu löschen, ist oft schon alles, was diese Kameras erlauben. Das mag für einfache Schnappschüsse genügen, passionierten Fotografen vermag dies aber nur ein müdes Lächeln zu entlocken.

Würde man für alle Einstellungen, die eine gute Kamera bietet, entsprechende Bedienelemente direkt am Gehäuse anbringen, wäre ein solches Gerät von Schaltern und Knöpfen übersät. Das kann nicht im Sinne des Erfinders sein. Erstens sind solche mechanischen Elemente tendenziell störanfällig und zweitens würde dies den Preis einer Digitalkamera nach oben treiben.

Die Lösung des Problems kennen wir vom Computer: Zusammen mit einem LCD-Monitor wird ein Menüsystem realisiert, über das alle Einstellungen vorgenommen werden können. Daher ist es sinnvoll, sich nach dem Kauf einer solchen Kamera zunächst das Menüsystem genau einzuprägen. Damit ist eine gute Bedienbarkeit gewährleistet.

9.5.3 Das Digitalfoto

Digitalfotos unterscheiden sich mittlerweile in puncto Qualität nicht mehr von klassischen Fotos. Genau genommen überwiegen die Vorteile. Die Nachteile der Digitalkameras der ersten Generationen sind längst behoben. Die Entwicklung, die daraus resultiert, ist nicht mehr aufzuhalten: In wenigen Jahren wird die klassische Fotografie weitgehend ausgestorben sein. Bereits jetzt sind die ersten Hersteller, die sich nicht rechtzeitig auf die geänderten Bedingungen eingestellt haben, pleite gegangen. Selbst namhafte Firmen mussten einen Konkursantrag einreichen.

9.5.3.1 Die Vorteile der digitalen Fotografie

Wer bereits mit der klassischen Methode fotografiert hat, kennt sicherlich einige der besonders unangenehmen Szenarien: Unwiederbringliche Motive sind verloren, weil die Belichtungszeiten falsch eingestellt waren und die Fotos unter- oder überbelichtet aus dem Labor kamen. Eine direkte Kontrolle der Bilder gab es nicht. Man musste vorwiegend mit Berechnungen und Schätzwerten arbeiten oder man verließ sich einfach auf Sucherkameras mit Fixfokus-Objektiven und einfachster Bedienung, die zwar immer brauchbare, aber niemals wirklich gute Fotos machten.

Auch Filme waren nicht wirklich billig. Man musste sich die Filme kaufen, danach wurden sie zum Entwickeln ins Fotolabor geschickt und erst Tage später konnten die Ergebnisse gesichtet werden. In der Summe verschlang da so mancher Urlaub noch viel Geld für die Erinnerungsschnappschüsse.

Digitale Fotos werden auch digital gespeichert. Mit nur geringem Aufwand lassen sich beliebig viele Sicherungskopien anfertigen. Digitale Fotos verblassen nicht während der Zeit und sie lassen sich nicht nur auf Papier, sondern auf vielfältige Weise darstellen.

Das übliche Prozedere beim Umgang mit Digitalfotos ist das folgende: Die Fotos werden in der Kamera auf einer Speicherkarte abgelegt. Je größer die Speicherkarte, desto mehr Fotos können darauf gespeichert werden. Die Speicherkarte selbst ist eine einmalige Investition. Bei manchen Kameras ist sie sogar schon Standard-Zubehör. Hinterher werden die Fotos auf beliebige Speichermedien übertragen und die Daten auf der Karte können wieder gelöscht werden. Damit steht der gesamte Speicherplatz erneut zur Verfügung.

Die fertigen Fotos können je nach Ausstattung sofort geprüft und gegebenenfalls verworfen und neu angefertigt werden. Die Anzahl möglicher Fotos kann nur noch bestimmten natürlichen Grenzen unterliegen, denn vielfältiges Zubehör, das weiter unten noch zur Sprache kommt, hilft dabei, die wertvollen Aufnahmen bereits vor Ort sicher zu speichern.

Hinzu kommt, dass die Form der Präsentation der Bilder viel freier gewählt werden kann. In den Zeiten der klassischen Fotografie konnte man die Fotos entweder auf Papier oder als Dias zeigen. Welche Form der Präsentation gewünscht war, musste bereits beim Kauf der Filme feststehen, denn für Dias gab es spezielle Filme. Es war zwar möglich, auch von Diafilmen Fotos auf Papier anzufertigen, aber die Abzüge waren dann gleich doppelt so teuer. Heute sind Dias weitgehend ausgestorben. Allerdings lassen sich nun Fotos auf CDs und DVDs brennen. Diese können dann mit jedem handelsüblichen DVD-Player auf dem heimischen Fernseher angezeigt werden. Der Video-Beamer ↻ kann hierbei auch die klassische Diavorführung ersetzen. Schlussendlich gibt es spezielle Drucker, mit deren Hilfe sich Fotos ganz traditionell auf Papier ausdrucken lassen.

↻ s. Kapitel 9.7

9.5.3.2 Die Nachteile der digitalen Fotografie

Als die ersten digitalen Kameras eingeführt wurden, betrachtete die Fachwelt diese Neuentwicklung mit einigem Nasenrümpfen. Kaum jemand hatte erwartet, dass Digitalkameras mal einen solchen Siegeszug antreten würden. Zu dieser Zeit war die Skepsis durchaus berechtigt. Die Fotos waren außer für persönliche Schnappschüsse kaum zu gebrauchen und die Kameras waren sündhaft teuer.

Doch wie so vieles in der digitalen Welt haben sich auch diese Probleme im Laufe nur weniger Jahre von selbst relativiert. Die Bildsensoren wurden immer besser und waren in der Lage, immer mehr Bildpunkte zu erfassen. Gleichzeitig wurde die Technologie in der Herstellung billiger, was sich auch auf die Preise der Geräte auswirkte. Gute Digitalkameras sind heutzutage für jedermann erschwinglich.

Das Hauptaugenmerk der Entwickler liegt in der digitalen Präsentation der gemachten Fotos. Die Herausgabe auf Papier ist indessen eine recht teure Angelegenheit. Papierabzüge von Digitalfotos können leicht doppelt so teuer sein, wie die Pendants aus der klassischen Fotografie. Hier sind vor allem die Hersteller der Ausgabehardware gefragt. Bestimmte Verfahren lassen sich vielleicht noch preiswerter gestalten und damit dürfte auch der Präsentation der eigenen Lieblingsfotos nichts mehr im Wege stehen.

9.5.4 Zubehör für die digitale Fotografie

Wer digitale Fotos macht, kommt kaum an weiteren Geräten vorbei, um Bilder zu betrachten und zu speichern. Im einfachsten Fall ist es der heimische PC, auf dem die Dateien übertragen werden, um sie dort nach eigenem

Wunsch zu überarbeiten. Doch damit ist die Vielfalt möglicher Zusatzgeräte nicht erschöpft. Da vieles in der digitalen Fotografie mit Hilfe des Computers erledigt wird, ist es sinnvoll, zwischen Software und Hardware zu unterscheiden.

9.5.4.1 Software für die digitale Fotografie

Unter Software werden alle Programme für den PC zusammengefasst, die sich optional im Fachhandel erwerben und auf den heimischen Computer installieren lassen. Digitalkameras der mittleren bis gehobenen Preisklasse liefern oft eine CD mit einer Auswahl an nützlichen Tools mit, die für den Anfang durchaus ausreichend sein können.

Bildbearbeitungsprogramme

Bildbearbeitungsprogramme gab es schon lange, bevor die digitale Fotografie salonfähig wurde. Es war zeitweise gar nicht unüblich, Bilder mittels Scanner ↻ einzuscannen und dann am PC zu bearbeiten. Diese Arbeitsschritte, die mit erheblichen Qualitätsverlusten einher gingen, sind mittlerweile dank der Digitalkameras weitgehend obsolet geworden. Die Programme indessen nicht.

↻ s. Kapitel 3.2

Mit Bildbearbeitungsprogrammen lassen sich Fotos nachbearbeiten, unerwünschte Bildausschnitte wegschneiden, unerwünschte Details wegretuschieren und auf Wunsch die Bilder mit Texten versehen oder ganz verfremden. Vielleicht möchte man bestimmte Motive in Schwarzweiß wiedergeben. Das ist meist mit einem Mausklick erledigt. Solche Programme sind oft für wenig Geld im Fachhandel erhältlich. Auch auf CD-ROMs diverser Computermagazine sind interessante Vollversionen zu finden, die außer dem Heftpreis gar nichts mehr kosten.

Bildverwaltungsprogramme

Sobald die eigene digitale Fotosammlung einen bestimmten Umfang erreicht hat, geht die Übersicht vollends verloren. Die auf der Festplatte gelagerten Bilder möchten verwaltet werden, damit gewünschte Fotos rasch wieder gefunden werden. Oft verfügen solche Programme noch über bestimmte Zusatzfunktionen, wie etwa ein Diashow-Modul, das in einigen Fällen sogar unabhängig vom Programm auf CD weitergegeben werden kann. Außerdem sind rudimentäre Bildbearbeitungsfunktionen oft Standard.

Video-CD-Brennprogramme

Bestimmte Brennprogramme, die auf diese Aufgaben spezialisiert sind, erlauben es, Bilder zu Diashows zusammenzufassen, diese noch mit Musik zu untermalen, mit interessanten Bildübergängen zu versehen und das Ergebnis auf eine Video-CD oder gar DVD zu brennen. Das Ergebnis lässt sich anschließend auf jedem handelsüblichen DVD-Player abspielen. Somit übernimmt der heimische Fernseher die Aufgaben, die zuvor den Diaprojektoren vorbehalten waren.

Fotobuch-Programme

Diese Programmgruppe geht meist mit einer Dienstleistung einher. Mit Hilfe einer Fotobuch-Software können Bilder zusammen mit Texten frei gelayoutet werden. Das Ergebnis wird anschließend auf CD gebrannt oder direkt online an den Anbieter geschickt. Nach einer gewissen Wartezeit kommt das selbst gelayoutete Buch gedruckt und gebunden zurück. Mit Hilfe solcher Fotobücher lassen sich besondere Erinnerungen auf geeignete Weise präsentieren oder sie bieten sich als persönliches Geschenk an. Die Preise für die Fotobücher variieren von Anbieter zu Anbieter - 25 Euro für solch ein Buch sind ein grober Richtwert. Die Software dazu gibt es in der Regel kostenlos.

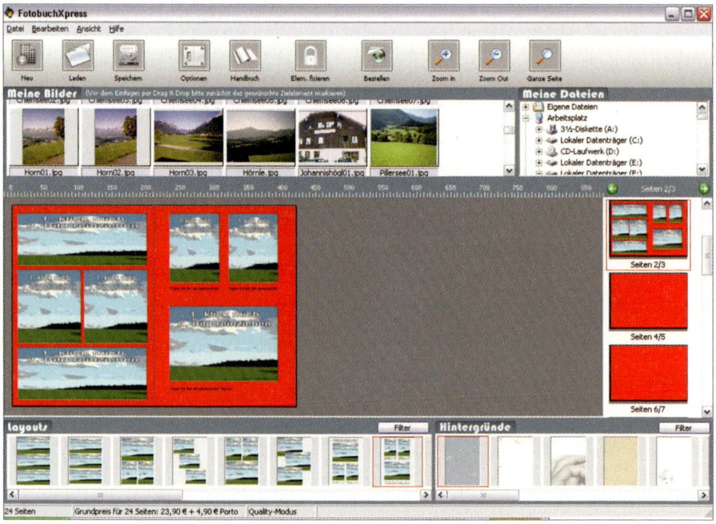

Abbildung 9.5.7
Fotobuch-Software kann man sich z.B. auf *www.fotobuch-express.de* gratis downloaden (Foto: CDA Verlag)

9.5.4.2 Hardware für die digitale Fotografie

↻ s. Kapitel 1.2

Im einfachsten Fall verfügt der Hobbyfotograf für seine digitalen Fotos über ein Notebook ↻, auf das er die Bilder übertragen und gegebenenfalls weiter bearbeiten kann, sobald die Speicherkarte voll ist. Als weitere preisgünstige Alternative bietet sich an, mehrere Speicherkarten mit sich zu führen, um ausreichend Speicherplatz zur Verfügung zu haben. Doch nicht immer möchte man noch ein Notebook mit sich herumtragen oder man möchte vielleicht die digitale Fotografie auch unabhängig von einem Computer betreiben. Die Industrie hat auf die Wünsche der Anwender reagiert und für bestimmte Nutzungen maßgeschneiderte Lösungen entwickelt. Die wichtigsten Produktgruppen werden nachfolgend vorgestellt.

↻ s. Kapitel 3.1.4

Fotodrucker ↻

Ein Wunsch ist auch im Zeitalter der Digitalfotografie nicht ausgestorben: Viele Anwender möchten fertige Fotos auf einem Stück Papier im Postkartenformat in der Hand halten können. Fotolabors bieten diesen Service mittlerweile standardmäßig an. Fotos auf einer eingesendeten CD werden in guter Qualität auf Papier gebracht. Die Preise sind für diesen Service mittlerweile erschwinglich. Allerdings kann jeder Anwender diese Arbeiten auch selbst durchführen. Wo früher noch ein heimisches Fotolabor mit einem Konvolut an Geräten, Werkzeugen und Chemikalien vonnöten war, reicht heute ein einfaches kleines Gerät.

Ein Fotodrucker ist ab ca. 150 Euro im Fachhandel erhältlich. Die Geräte sind sehr klein und können überall hin mitgenommen werden. Die Daten werden einfach von der Speicherkarte aus der Kamera übertragen. Passende Kartenslots sind an den Druckern vorhanden, sodass es nicht nötig ist, einen Computer zu Rate zu ziehen. Die Druckergebnisse sind in der Regel hervorragend. Gedruckt wird mit dem so genannten Thermosublimationsverfahren ↻, wobei wächserne Druckfarben thermisch auf das Papier übertragen werden. Diese erscheinen wischfest auf dem Papier und erinnern sehr an die klassischen Fotos. Die Verbrauchskosten sind allerdings sehr hoch. Daher eignen sich diese Geräte nur für jene, die zu bestimmten Zwecken mal ein Foto ausdrucken möchten, ansonsten aber auf digitale Medien zurückgreifen. Wer größere Mengen an Fotos auf Papier haben möchte, der nutzt besser den entsprechenden Service der Fotolabors.

↻ s. Kapitel 3.1.4

Multimedia-Center

Hinter diesem Begriff verbergen sich einfache Geräte, die auch ohne angeschlossenen PC in der Lage sind, vielfältige Bild- und Videoformate zu lesen und anzuzeigen. Hinzu kommt, dass diese Multimedia-Center mit einer großzügig bemessenen Festplatte ausgestattet sind, so dass Bilder aus der Kamera sofort gespeichert werden können. Ebenfalls mit Kartenlesern für die verschiedenen Kartenformate ausgestattet, erlauben es die Multimedia-Center, die Daten direkt von der Speicherkarte der Kameras zu übertragen. Die Fotos werden auf der eingebauten Festplatte gespeichert und können mit Hilfe eines USB-Anschlusses ↻ später auf jeden beliebigen PC übertragen werden.

↻ s. Kapitel 1.1.3.3

Bis dahin erlaubt ein eingebautes farbiges LCD-Display es, die Bilder direkt anzuzeigen. Diese Displays sind zwar nicht besonders groß, aber oft deutlich größer, als die in den Kameras eingebauten Monitore.

Wer kein Notebook im Urlaub mit sich herumtragen möchte, aber trotzdem Wert darauf legt, geknipste Bilder zu sichten und zu verwalten, ist mit einem solchen Gerät gut bedient. Die recht kompakten Geräte kosten je nach Ausstattung ab ca. 100 Euro aufwärts.

9.5.5 Der Kauf einer digitalen Kamera

Digitale Kameras werden mittlerweile in einer sehr großen Produktvielfalt angeboten. Auch die Preise variieren von knapp hundert Euro bis hin zu mehreren tausend Euro. Oft genug steht der interessierte Anwender vor dieser Auswahl und fragt sich, welches Gerät für ihn wohl am besten ist.

Es ist unmöglich, an dieser Stelle konkrete Produktempfehlungen zu liefern. Es ist indessen viel wichtiger, die eigenen Ansprüche zu überprüfen und danach auszuwählen. Ein Profifotograf möchte die bestmögliche Qualität für seine Fotos erzielen und wählt daher mit großer Wahrscheinlichkeit ein sündhaft teures Modell. Wer ohne großen Aufwand Kindergeburtstage oder dergleichen im Bild festhalten möchte, verwendet ein eher preiswertes und leicht bedienbares Modell. Die Zwischenabstufungen können indessen vielfältiger nicht sein. Daher wird dieser Abschnitt lediglich in Vertiefung der Abschnitte am Anfang dieses Kapitels jene Kriterien zusammenfassen, die für die Kaufentscheidung wichtig sind.

9.5.5.1 Die ganz billigen Kameras

Die ganz billigen Kameras sind jene Geräte, die gar nicht erst über ein Farbdisplay zur Anzeige der gemachten Fotos verfügen, sondern lediglich ein kleines LCD-Display aufweisen, das neben ein paar mehr oder minder deskriptiven Piktogrammen die Anzahl der gemachten Bilder anzeigt.

Solche Kameras taugen bestenfalls als Spielzeug für die Kinder oder für eindeutig anspruchslose Aufgaben. Auch die Auflösung ist sehr mager - moderne Fotohandys bieten da oft schon wesentlich mehr. Die Kaufpreise für solche Geräte liegen mittlerweile deutlich unter hundert Euro, sie werden immer seltener angeboten.

9.5.5.2 Die unteren Preisklassen

In den unteren Preisklassen lassen sich oft schon Kameras erwerben, die eine gute Qualität und eine gute Auflösung liefern. Die eingebaute Elektronik ist im Allgemeinen nicht das preistreibende Merkmal - hier werden meist nur Cent-Beträge verbaut. Ausschlaggebend ist, wie bei der analogen Fotografie auch, die Qualität der Optik. Daher muss bei den preiswerteren Modellen der eine oder andere Abstrich bei der Qualität der verwendeten Optik hingenommen werden. Für die private Nutzung sind diese Einbußen eher marginal und ein Laie würde wahrscheinlich überhaupt keine nennenswerten Qualitätsunterschiede erkennen. Im Gegenzug zeichnen sich diese Kameras durch besondere Benutzerfreundlichkeit aus.

9.5.5.3 Die mittleren bis oberen Preisklassen

Wer sicher gehen möchte, dass seine Fotos auch gehobeneren Ansprüchen genügen, der gibt lieber einige Euro mehr aus. Kameras in der mittleren Preisklasse verfügen meist über ein gutes Zoom-Objektiv und über eine recht hohe Bildauflösung. Oft wird auch zusätzlich ein digitaler Zoom angeboten, der in der Praxis allerdings wenig brauchbar ist.

Einige Hersteller bieten in diesen Preisklassen gar Bundlings an. Neben dem Fotoapparat gibt es noch einen Thermosublimationsdrucker und eine Dockingstation nebst reichhaltigem Software-Paket dazu. Diese Angebote sind sehr interessant und oftmals auch verlockend. Darin steckt die Gefahr, dass voreilig eine Kamera gekauft wird, die den Ansprüchen vielleicht nicht allzu sehr genügt. Aus diesem Grunde empfiehlt es sich, all das Zubehör außer Acht zu lassen und statt dessen die technischen Daten der Kamera gezielt mit denen der Konkurrenzprodukte der selben Preisklasse zu vergleichen. Generell gilt die Faustregel: je umfangreicher die Beigaben, desto sorgfältiger sollte man die Kamera selbst unter die Lupe nehmen.

Abbildung 9.5.8 Die EOS-1Ds erschließt die Digitalfotografie mit 11,1 Megapixel, ultrahoher Auflösung und Aufnahmen im vollen Kleinbildformat (Foto: Canon)

Richtig teure Geräte gehen mit den dargebotenen Beigaben eher bescheiden um. Der Käufer interessiert sich gezielt für die Qualität der Kamera und nimmt das mitgelieferte Zubehör zwar dankbar an, macht davon aber in der Regel nicht den Kauf abhängig. Wichtig ist hier vor allem die Frage, ob alle Anschlüsse mit Standard-Zubehör kompatibel sind und eventuell vorhandenes Zubehör ebenfalls passt. Darüber hinaus ist die Entscheidung für eine bestimmte Marke eher eine Glaubensfrage.

9.5.5.4 Checkliste

Abschließend wird nochmals als kleine Checkliste zusammengefasst, worauf beim Kauf einer Digitalkamera zu achten ist, damit ein Fehlgriff vermieden wird.

- **Auflösung**: Moderne Kameras arbeiten mit einer Auflösung von mehreren Megapixel. Bei billigen Modellen sind 5 Megapixel bereits Standard. Darunter sollte man nur noch sehr preiswerte Modelle oder Auslaufmodelle finden.
- **LCD Farbdisplay**: Diese Displays sind bei guten Kameras jeder Preisklasse bereits Standard. Kameras ohne Farbdisplays sind meist nur ganz billige Modelle, die bestenfalls als Spielzeug zu gebrauchen sind. Daher sollten Modelle ohne Farbdisplay im Regal bleiben, wenn die Kamera mehr können soll, als das bereits vorhandene Fotohandy.

- **Auswechselbare Speichermedien**: Auch diese sind bei guten Kameras Standard. Diese Technik erlaubt das problemlose Übertragen von Fotodaten auf die unterschiedlichen Geräte. Kameras ohne auswechselbare Speichermedien sind daher nur selten eine gute Option.
- **Zubehör**: Behalten Sie immer im Hinterkopf, dass Sie in erster Linie eine Kamera kaufen. Viele Hersteller versuchen, mit Hilfe reichhaltigen Zubehörs den Käufer auf ihre Seite zu ziehen. Das ist per se erst einmal nicht verkehrt und oft erhält man neben einer guten Kamera auch einen beachtlichen Mehrwert an **OEM**-Software und ähnlichem. So etwas nimmt man gerne mit, aber dessen ungeachtet sollten immer die technischen Daten der Kamera im Mittelpunkt des Interesses stehen.

Was ist OEM (Original Equipment Manufacturer)

Original Equipment Manufacturer ist ein Hersteller, der Teile anderer Hersteller zukauft, integriert und unter eigenem Namen auf den Markt bringt

9.5.6 Ausblick

Die Entwicklung der digitalen Fotografie hat in den letzten Jahren bereits mehrere Quantensprünge gemacht. Aus zunächst nur bedingt brauchbaren, sehr teuren Geräten entwickelte sich eine Technologie, die immer mehr Anhänger findet und viel stärker unser Leben prägt, als zunächst angenommen.

Die Technik in einer Digitalkamera lässt sich auf kleinstem Raum unterbringen. Daraus sind bereits Fotohandys entstanden. Auch Webcams sind inzwischen bei guter Leistung immer kleiner geworden. Dem entgegen steht, dass der Megapixel-Wahn noch gar kein Ende gefunden hat. Die Auflösungen der Kameras steigen immer weiter und die Preise für diese Technologie fallen bei zunehmendem Absatz. Einige Geräte sind schon längst in der Lage, Videos in guter Qualität anzufertigen. Speicherplatzprobleme sind bei den stetig wachsenden Größen der Festplatten und Speichermedien fast schon ausgeschlossen. Die Kluft zwischen billigen und teuren Geräten wird ebenfalls immer kleiner.

So wie bei Webcams in rudimentären Ansätzen praktiziert, entwickelt sich die digitale Fotografie immer mehr zu einem Bestandteil unserer modernen multimedialen Kommunikation. Bildtelefone, wie sie in diversen Science-Fiction-Filmen dargestellt werden, sind im Prinzip bereits Realität. Es wird auch in diesem Bereich nicht mehr lange dauern, bis die technische Infrastruktur so weit entwickelt ist, dass solche Produkte ein Bestandteil des täglichen Lebens werden.

Es bleibt nur zu hoffen, dass diese so rasch fortscheitende Technologie auch die daraus resultierenden Gefahren in den Griff bekommt. Als Beispiel sei hier der „gläserne Mensch“ erwähnt.

9.6 Digitale Camcorder

9.6.1 Geschichtlicher Rückblick

Eigene Filme zu drehen war schon seit jeher ein hochinteressantes Hobby. Seit Jahrzehnten bedient die Industrie die Bedürfnisse der Hobbyfilmer in vielfacher Hinsicht.

Es begann mit Schmalfilmen. Je nach Größe des Geldbeutels filmten passionierte Hobbyregisseure mit 8- oder 16-mm-Formaten. Seinerzeit hatte sich das legendäre Super-8-Format durchgesetzt. Wie bei der klassischen Fotografie barg dieses Format eine Reihe von Nachteilen in sich. Geräte und Verbrauchsmaterialien waren sehr teuer. Eine Super-8-Filmkassette kostete etwa doppelt so viel wie heutzutage eine Videokassette für den Camcorder und konnte bei sparsamer Verwendung maximal dreieinhalb Minuten Film speichern. Die Filme mussten zur Entwicklung und erst danach konnte man sehen, was man gefilmt hatte. Oft mit einer Reihe von Enttäuschungen, denn jeder Fehler musste noch teuer mit zusätzlichem Filmmaterial bezahlt werden.

Auch der Filmschnitt war eine filigrane Angelegenheit und erforderte zumindest ein Minimum an manuellem Geschick. Die Filme wurden tatsächlich zerschnitten, unerwünschte Filmschnipsel landeten auf dem Müll und der Rest wurde mit einem Spezialkleber und speziellen Geräten wieder zusammengeklebt.

Mit der Einführung der Videokameras war ein Ende dieser Ära in Sicht. Die ersten Videokameras waren selbstredend furchtbar teuer und hatten bei weitem nicht die Aufnahmequalitäten, wie man sie heutzutage bei digitalen Camcordern kennt. Der Bildsensor bestand noch aus einer Röhre, die eine

Abbildung 9.6.1
Ein VHS-Camcorder aus dem Jahr 2003 (Foto: JVC)

Reihe an Nachteilen in sich barg - allem voran der so genannte Blooming-Effekt, der entstand, wenn man von einer Lichtquelle weg schwenkte. Das Licht zog dann im Film noch eine Art Kometenschweif hinter sich her.

Bei den ersten Modellen waren die Videorekorder noch nicht in den Kameras integriert. Vielmehr trug der Videofilmer einen tragbaren Videorekorder an einem Schultergurt mit sich herum. Die Akkus der Geräte hielten höchstens 45 Minuten. Die Geräte selbst waren aufgrund ihres hohen Gewichts auch nicht sonderlich flexibel einsetzbar.

Es wurde eifrig an der Entwicklung der Videokameras gearbeitet. Die Geräte wurden nach und nach kleiner und billiger. Die Bildröhre der Videokamera wich einem kleinen Chip, der CCD-Bildwandler genannt wurde, und schließlich war es dem ersten Hersteller gelungen, Videokamera und Videorekorder in einem handlichen Gerät zusammenzufassen. Aufgrund dieser Eigenschaften wurde das Kunstwort Camcorder (von Camera und Recorder) geprägt.

Abbildung 9.6.2
Die heutigen Camcorder bieten schon eine sehr gute Videoqualität (Foto: Sony)

Im Laufe der Jahre griff dann die Digitalisierung immer weiter um sich und machte auch vor den Videokameras nicht Halt. Mit der Einführung der digitalen Camcorder erfolgte ein wahrer Quantensprung im Hobbyfilmer-Bereich. Mittlerweile rückt die Qualität der Geräte für den Heimanwender-Bereich und für den professionellen Bereich so weit zusammen, dass die Grenzen immer fließender werden.

9.6.2 Vorteile der digitalen Camcorder

Wer sich einen digitalen Camcorder kauft und damit in die Video-Welt einsteigt, wird eine Vielzahl an Vorteilen bereits als gegeben hinnehmen. Dabei ist es besonders für ambitionierte Hobbyfilmer wichtig zu wissen, welche Stärken das verwendete Gerät aufzuweisen hat.

9.6.2.1 Digitale Aufzeichnung und Wiedergabe

Früher wurden Videofilme auf Magnetband analog aufgezeichnet. Die Magnetfelder wurden direkt zu Bildsignalen umgewandelt und auf dem Bildschirm des Fernsehers ausgegeben. Diese Methode war vor allem sehr verschleißanfällig. Bedingt durch Abrieb wurden die Bänder immer schlechter und auch die Bildkopftrommeln gaben im Laufe ihres Lebens eingelegte Videos immer schlechter wieder.

Digitale Camcorder speichern die Filme auch digital. Die eingelegte Videokassette dient nunmehr als Datenträger. Der Verschleiß durch Abrieb fällt bei weitem nicht mehr so ins Gewicht. Mit dem Speichern digitaler Videodateien sind die Kameras deutlich flexibler in der Wahl der Speichermedien. Eingebaute Festplatten und DVD-Aufzeichnungsgeräte machen der klassischen Videokassette zunehmend den Rang streitig.

9.6.2.2 Digitaler Schnitt gedrehter Videos

Wer zu analogen Zeiten einen Videofilm schneiden wollte, war auf ein wahres Konvolut zusätzlicher Gerätschaften angewiesen. Diese Geräte waren furchtbar teuer und so mancher Videofilmer hatte rasch den Gegenwert eines Kleinwagens in seinem Hobbyraum stehen. Videoschnitt hieß seinerzeit gezieltes Kopieren von Videosegmenten auf eine neue Kassette. Mit jedem Kopiervorgang nahm die Qualität der fertig geschnittenen Filme rapide ab.

Abbildung 9.6.3
Die Videoschnitt-Software Adobe Premiere wird auch bei Profis für Kino oder Werbeaufnahmen verwendet (Foto: Adobe)

Digitale Videos werden einfach auf den Computer überspielt. Videoschnitt-Software wird im Fachhandel für jeden Geldbeutel angeboten. Einsteiger-Software bekommt man schon für 30-40 Euro, Profis verwenden indessen teure Produkte, wie etwa Adobe Premiere.

9.6.2.3 Die Größe der Kameras

Im Vergleich zu den riesigen und unhandlichen Geräten der Ära der analogen Video-Filmerei sind die digitalen Kameras mittlerweile sehr klein und kompakt geworden, ohne dabei nennenswert an Funktionsvielfalt zu verlieren. Oft ist das schwerste Teil an diesen Geräten nur noch der Akku. Somit haben sich digitale Videokameras einen Stammplatz im Reisegepäck vieler Urlauber gesichert.

9.6.2.4 Die Funktionsvielfalt

Ein weiterer Segen digitaler Videokameras ist die Funktionsvielfalt, die viele Geräte von sich aus mitbringen. Das viel zitierte Bildformat 16:9 ist bei den meisten Geräten genau so wenig ein Problem, wie die vielfältigen Filter und optischen Effekte. Letztere - Fluch und Segen gleichermaßen - verleiten übereifrige Video-Amateure leicht dazu, ihre Zuschauer mit einer wahren Orgie an psychedelischen Bilderfluten zu traktieren, können aber bei sinnvoller Anwendung ein hervorragendes kreatives Werkzeug sein.

Besonders hervorzuheben ist die Möglichkeit, digitale Camcorder auch als digitale Fotoapparate zu verwenden. Bis zu drei Megapixel sind hier durchaus möglich. Die Bilder lassen sich dann mit Hilfe geeigneter Software auf den heimischen PC zur weiteren Verwendung übertragen.

9.6.3 Von der Kamera in den PC - Die Firewire-Schnittstelle

Das Urlaubsvideo ist fertig und soll nun am PC adäquat nachbearbeitet werden. Zu diesem Zweck muss das Video zunächst einmal auf den PC übertragen werden. Aber wie?

Abbildung 9.6.4
Über die Firewire Schnittstelle kann man die digitalen Videos auf den PC übertragen (Foto: CDA Verlag)

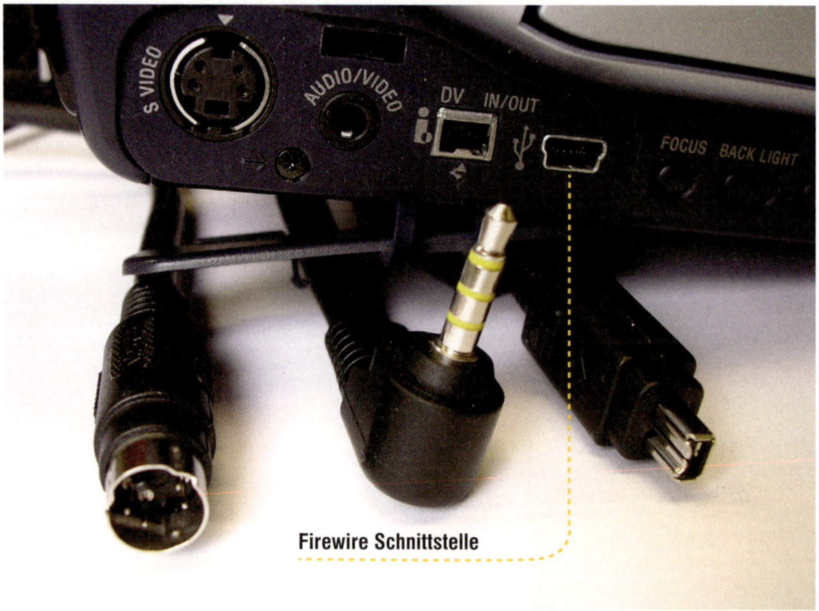

Während bei analogen Kameras mit teuer zu erwerbenden Videokarten und allerlei Kabelsalat die Videos mühsam und mit deutlich niedrigerer Bildqualität auf den PC kopiert wurden, bieten digitale Camcorder eine eigene Schnittstelle an. Die Schnittstellennorm hört auf den klangvollen Namen IEEE1394. Als handhabbarere Synonyme verwendet man allerdings die Begriffe Firewire ↻ oder i.Link.

↻ s. Kapitel 1.1.3.3

Über die Firewire-Schnittstelle lassen sich große Datenmengen in kurzer Zeit übertragen. Videos können dank des hohen Datendurchsatzes in Echtzeit übertragen und dabei gesichtet werden. Aufgrund seiner Eigenschaften, wird Firewire mittlerweile auch für externe Peripherie-Geräte verwendet, die ebenfalls auf schnelle Datenübertragung angewiesen sind.

Ein Firewire-Kabel wird entweder beim Kauf digitaler Camcorder mitgeliefert oder kann für wenige Euro im Fachhandel erstanden werden. Einen entsprechenden Anschluss findet man am digitalen Camcorder. Bei einigen Modellen ist der Anschluss zum Schutz vor Verschmutzungen hinter einer Klappe versteckt oder mit einem Gummistopfen verschlossen.

Computer, die noch nicht über eine Firewire-Schnittstelle verfügen, können rasch mittels einer Adapterkarte nachgerüstet werden. Auch für Notebooks existieren geeignete Lösungen für den PCMCIA-Slot.

9.6.4 Die Steuerung von digitalen Videos am PC

Begriffe und Normen

Im Zusammenhang mit der digitalen Videoaufzeichnung sind eine Vielzahl an Begriffen und Normen eingeführt worden, die der ambitionierte Hobbyfilmer zumindest kennen sollte, um effizient mit diesem Medium arbeiten zu können.

9.6.4.1 Frames

Dieser englische Begriff bedeutet übersetzt nichts weiter als „Rahmen". Damit gemeint sind die Einzelbilder eines Videofilms. Dieser setzt sich nämlich wie der klassische Film aus einer Vielzahl einzelner Bilder zusammen und die scheinbare Bewegung resultiert aus der in rascher Abfolge stattfindenden Anzeige dieser Bilder.

9.6.4.2 Framegröße

Die Framegröße definiert die Größe eines einzelnen Bildes. Diese Zahlen sollte man dann im Hinterkopf behalten, wenn man vor der Entscheidung steht, auf welchem Medium und in welchem Format man das fertige Video ausgeben möchte. Für die Wiedergabe auf DVD sollte man daher die für den verwendeten Videostandard vorgesehene Framegröße verwenden.

9.6.4.3 Framerate

Hinter diesem Begriff verbirgt sich die Frequenz, in der die Bilder wiedergegeben werden. Ein PAL-Video gibt etwa 25 Frames pro Sekunde wieder. Oft wird die Abkürzung FPS (**f**rames **p**er **s**econd) verwendet.

9.6.4.4 Die Videostandards

↺ s. Seite 122

Zwischenzeitlich haben sich zwei Videostandards durchgesetzt: Das europäische PAL-System und die amerikanische NTSC-Norm ↺. Üblicherweise werden beide Varianten von Camcordern und Schnittsoftware gleichermaßen unterstützt. Um eine DVD fertigzustellen, die mit den europäischen Playern kompatibel ist, sollte man der PAL-Norm den Vorzug geben. Es ist aber sicherlich kein Fehler, beide Varianten zu kennen.

Die PAL-Norm

Die in Europa übliche PAL-Norm verwendet eine Framerate von 25 Frames pro Sekunde. Die Framegröße beträgt 720 x 576 Bildpunkte.

Die NTSC-Norm

Die NTSC-Norm findet primär in Nordamerika Verwendung. NTSC-Videos werden mit einer Framerate von 29,97 Frames pro Sekunde und eine Framegröße von 720 x 480 Bildpunkten ausgegeben.

Widescreen

Das Seitenverhältnis eines klassischen Fernsehbildes beträgt 4:3. Neuere Geräte werden dem Blickwinkel des menschlichen Auges eher gerecht, indem diese ein deutlich breiteres Seitenverhältnis verwenden, nämlich 16:9. Dieses Format wird auch mit dem englischen Begriff „Widescreen" (in deutsch etwa: „Breitbild") bezeichnet. Digitale Camcorder verfügen im Allgemeinen über eine Einstellung für die Breitbildaufzeichnung.

Abbildung 9.6.5
Ein Vergleich von 4:3 und 16:9 Widescreen Fernsehern (Foto: Samung)

↺ s. Kapitel 6.3.1.4

MPEG ↺

Diese Abkürzung beschreibt ein Kompressionsverfahren, das standardmäßig bei Videodateien angewandt wird. Die beiden wichtigen Formate werden mit MPEG-1 und MPEG-2 bezeichnet. Das MPEG-1-Format findet primär im Internet oder auf CD-ROM Verwendung. Die Qualität kann entfernt mit der Ausgabequalität einer VHS-Kassette verglichen werden. MPEG-2-Dateien sind von deutlich besserer Qualität - etwa einer S-VHS-Kassette entsprechend. Eine Variation des MPEG-2-Formats liefert die Grundlage für die Definition des DVD-Formats ↺.

↺ s. Kapitel 4.3.3

Der Timecode

Digitale Videokameras zeichnen einen so genannten Timecode auf. Mit dessen Hilfe lassen sich einzelne Frames eindeutig zuordnen. Dieser Timecode darf aber nicht mit dem analogen Zählern alter Videorecorder verwechselt werden. Selbst jene dieser Videorecorder, welche die Laufzeit vorgeblich in Echtzeit anzeigen, verwenden lediglich einen Näherungswert. Der Timecode digitaler Videos identifiziert permanent bestimmte Frames. Das Darstellungsformat bei PAL-Videos ist üblicherweise „Stunde : Minute : Sekunde : Frame". Bestimmte Frames eines Videos lassen sich somit gezielt ansteuern.

Keyframes

Übersetzt man den Begriff „Keyframes", so erhält man das Wort „Schlüsselbilder". Keyframes lassen sich für vielfältige Verwendungszwecke definieren. So lassen sich Schnittmarken ansteuern und Effekte passgenau einsetzen. Dank des Timecodes sind Keyframes ein präzises Werkzeug der Video-Postproduktion.

9.6.5 Der digitale Camcorder am PC

Der digitale Camcorder lässt sich dank der umfassenden Schnittstellennorm problemlos am PC fernsteuern. Videoschnitt-Programme verfügen daher über ein kleines Vorschaufenster, das neben einem kleinen Videomonitor auch noch über eine Vielzahl an Steuerelementen verfügt. Mit deren Hilfe lassen sich digitale Videoaufnahmen punktgenau vom Camcorder auf den PC übertragen.

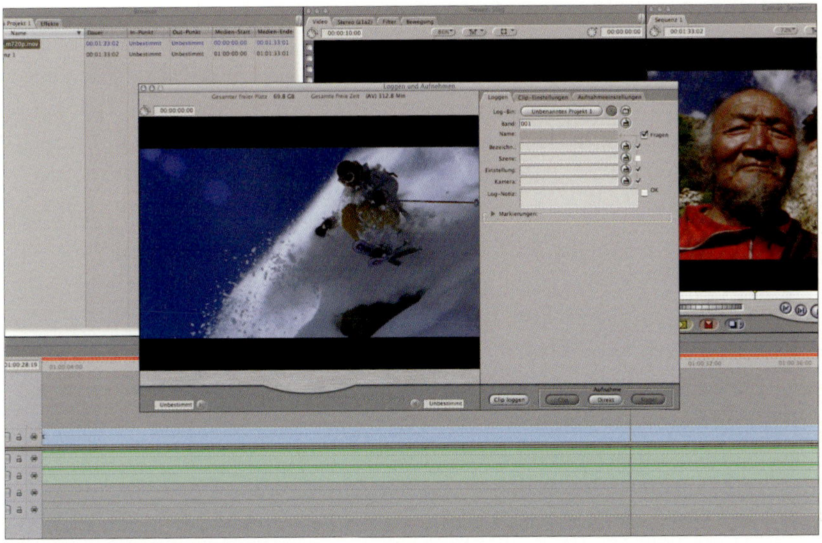

Abbildung 9.6.6
Am PC kann man die Aufnahmen vom Camcorder kontrollieren und dann die einzelnen Clips speichern (Foto: CDA Verlag)

Ton

Nicht immer ist der aufgezeichnete Ton erwünscht. Dank besonderer Mechanismen ist es möglich bei der Übertragung der Videos den Ton vom Bild zu trennen. Bei der Aufnahme ist es also nicht unbedingt nötig, das Mikrofon zu deaktivieren.

Sicherheitsmechanismen der Kamera

Auch bei digitaler Videoaufzeichnung gibt es bei manchen Kameras Teile der Kassettenlaufwerke, die durch dauerhafte mechanische Belastung verschleißen. Daraus resultierende Reparaturen sind oft sehr teuer. Aus diesem Grunde sind viele Kameras mit Schutzschaltungen ausgestattet, die nach längerer Nichtbenutzung in den Standby-Modus schalten, um unnötigen Bandabrieb und weitere Verschleißerscheinungen zu minimieren. Da digitale Camcorder mitunter auch als Webcams eingesetzt werden, ist es nötig, durch bestimmte Vorkehrungen diesen Schutzmodus zu deaktivieren.

Leere Stellen auf dem Band

Wer bereits lange mit einer analogen Videokamera gearbeitet hat, hat sich sicherlich eine Unsitte angewöhnt, die bei digitalen Camcordern unerfreulich viel Ärger einbringen kann: Um zwei verschiedene Aufnahmen voneinander zu trennen, ließ man zu analogen Zeiten einfach das Band ein kleines Stück mit der Schnellvorlauftaste vorspulen. Da digitale Camcorder mit Timecodes arbeiten, gehen sie davon aus, dass zu dem Zeitpunkt, an dem das Band keinen Timecode mehr sendet, die Aufnahme vorbei ist. Die Wiedergabe und damit auch die Übertragung auf den PC wird angehalten. Was nun folgt, ist eine zermürbende Suche nach dem Startpunkt der neuen Aufzeichnung, wobei der Timecode wieder bei null beginnt und niemand mehr die genaue Restaufzeichnungszeit des eingelegten Videobandes genau bestimmen kann.

Digitale oder analoge Aufzeichnung

Auch digitale Camcorder bieten die Möglichkeit, Videodaten analog zu übertragen. Der Hintergrund liegt darin, dass viele Benutzer keinen PC besitzen oder aber den Videoschnitt auf dem PC scheuen und statt dessen sich lieber darauf beschränken, die aufgezeichneten Videos direkt auf dem heimischen Fernseher auszugeben. Theoretisch ist es auch möglich, diesen analogen Ausgang zu verwenden, um digitale Videos über eine bereits vorhandene Video-Capture-Karte auf den PC zu übertragen. Das wäre jedoch ganz eindeutig am falschen Ende gespart. Mit dem Kauf eines digitalen Camcorders sollten analoge Capture-Karten einer Firewire-Schnittstelle weichen, da nur so die größtmögliche Qualität der finalen Videos erreicht werden kann.

Die eingebaute Fotofunktion

Digitale Camcorder besitzen in den meisten Fällen auch eine Fotofunktion. Durch einen speziellen Schalter wird ein Einzelbild aufgezeichnet und auf Videoband gespeichert. Diese Bilder lassen sich anschließend am PC vom

Band extrahieren und speichern. Die Qualität der Bilder, die durchaus um die drei Megapixel groß sein können, hält durchaus einem Vergleich mit Digitalkameras ↺ der mittleren Preisklasse stand.

↺ s. Kapitel 9.5

Erschütterungsschutz

Aus analogen Zeiten ist so manchem noch der unerfreuliche Effekt in Erinnerung, dass fertige Filme und Videos so verwackelt waren, dass man beim Betrachten fast seekrank wurde. Schon vor der Einführung digitaler Camcorder tüftelten findige Entwickler ein System aus, das eine unruhige Kameraführung elektronisch ausglich. Die perfektionierte Variante ist nun bei digitalen Camcordern mittlerweile Standard. Allerdings konnten sich die Hersteller nicht immer auf einen einheitlichen Begriff einigen und verkaufen dieses Feature ihrer Produkte mit recht blumigen Begriffen. Der gängigste Begriff lautet „Anti-Ground".

Digitaler Zoom

Wie auch bei Digitalkameras werben digitale Camcorder mit Zoomfaktoren, die entweder nur mit einer gigantischen Optik oder eben digital erreicht werden können. Auf die Optik braucht niemand zu setzen - es sei denn, es ist von einem professionellen oder semi-professionellen Gerät die Rede, das dann allerdings auch entsprechend teuer ist. Camcorder für den Heimanwender-Bereich besitzen zwar eine durchaus brauchbare Optik, aber 40- bis 200-facher Zoom kann nur mit Hilfe des digitalen Zooms erreicht werden. Das klingt alles ganz toll, ist aber in der Praxis kaum zu gebrauchen. Die Bilder pixeln auf - etwa so, als würde ein kleines Bild mit Hilfe einer Grafiksoftware auf die zehnfache Größe aufgeblasen werden. Daher sollte als eines der wichtigsten Kaufkriterien nicht der digitale, sondern der optische Zoom im Mittelpunkt des Interesses stehen.

9.6.6 Ausblick

Die technische Entwicklung digitaler Camcorder ist bereits sehr weit fortgeschritten, aber noch nicht am Ende. Die Qualität der Videos wird immer besser und tastet sich immer weiter an gängige TV-Formate heran. Oft werden diese Geräte auch schon für Fernsehsendungen eingesetzt, zum Beispiel, wenn eine kompakte Kamera für versteckte Aufnahmen benötigt wird.

Videoamateure aus aller Welt übertrumpfen sich gegenseitig mit selbstgedrehten Filmen, die sich oft sehen lassen können. Nicht selten entstehen mit Hilfe eines digitalen Camcorders und des heimischen PCs beachtliche Werke. Hard- und Softwarehersteller haben diesen Trend erkannt und liefern immer umfassendere Werkzeuge für kreative Amateure. Selbst Greenscreen-Aufnahmen mit nachträglich gerenderten Landschaften und weiteren digitalen Effekten werden immer häufiger im Internet feilgeboten. Es entsteht bereits jetzt eine hochinteressante Subkultur, die sich im Internet rasend verbreitet. Ein bekannter Hollywood-Regisseur hat bereits in einem Interview die Vermutung geäußert, dass die vielversprechendsten Filme der Zukunft nicht mehr für Multimillionen-Dollar-Budget in den großen Studios, sondern von kreativen Einzelgängern in irgendwelchen Garagen produziert werden. Die Fortentwicklung der digitalen Camcorder spielt hierbei sicherlich eine entscheidende Rolle.

Dank der zwischenzeitlich sehr kompakten Ausmaße werden diese Geräte auch einen wesentlichen Teil unserer modernen Telekommunikation erobern. Handys mit integrierten Kameras gibt es bereits - auch kurze Videos sind bereits möglich. Viele Hersteller entwickeln Systeme, die eine audiovisuelle Telekommunikation zum Standard machen sollen. Digitale Videoaufzeichnung ist dabei ein wichtiger Meilenstein geworden. Ob allerdings digitale Camcorder lediglich einen Weg in die Zukunft weisen und irgendwann zugunsten polyfunktionaler Telekommunikationsgeräte gänzlich vom Markt verschwinden, bleibt abzuwarten.

9.7 Beamer (Datenprojektoren)

Beamer sind Projektoren, die dazu dienen, den Bildschirminhalt eines PCs auf eine Wand oder Leinwand zu projizieren. Sinn macht der Einsatz eines Beamers, wenn Informationsinhalte, Bilder oder Videos einer größeren Anzahl von Personen gleichzeitig präsentiert werden sollen. Angeschlossen wird ein Beamer je nach Einsatzgebiet entweder an die Grafikkarte eines PCs oder an eine passende Schnittstelle eines DVD-Players beziehungsweise eines Digitalreceivers (SAT, Kabel, Terrestrik).

Abbildung 9.7.1
Beamer haben sich sowohl im beruflichen Vortrags- und Schulungswesen, als auch im Heimkinobereich etabliert (Foto: Dell)

Typische Einsatzgebiete am PC sind Präsentationen ↻ mit entsprechender Software, wie etwa Microsoft PowerPoint als Begleitung zu Vorträgen oder Schulungen, während Beamer im Bereich der Unterhaltungselektronik hauptsächlich zur großformatigen Wiedergabe von Filmen oder Digitalfotos Verwendung finden. Je nach Ausstattung der Videoquelle und des Beamers selbst ist eine Anbindung auf analoger oder digitaler Basis mit TV- oder PC-typischen Anschlüssen möglich, wobei mit digitaler Anbindung gewöhnlich eine höhere Bildqualität erwartet werden kann.

↻ s. Kapitel 2.4.1.3

Entsprechend der vielfältigen Einsatzgebiete werden Beamer nicht nur in unterschiedlichen Leistungsklassen angeboten, sondern basieren auch auf verschiedenen technischen Konzepten. Deren nachfolgende Erläuterung soll helfen, die technischen Grundlagen und den daraus resultierenden Einsatzzweck einzelner Modelle besser zu verstehen.

9.7.1 Lichtstärke

Das wichtigste Kriterium für die Leistungsfähigkeit eines Datenprojektors ist seine Lichtstärke oder Helligkeit, die in der Einheit ANSI-Lumen angegeben wird. Welche Helligkeit für den jeweiligen Einsatzzweck eines Projektors ausreicht, hängt sowohl vom Umgebungslicht des Präsentationsraums als auch vom Abstand des Projektors zur Projektionsfläche und damit von der angestrebten Bilddiagonale beziehungsweise der Zuseherzahl ab. Zusätzlich spielt auch das subjektive Helligkeitsempfinden des Einzelnen eine Rolle, weshalb eine genaue Empfehlung nicht seriös erscheint. Zum Zeitpunkt der Entstehung dieses Buches wurden praktisch keine Neugeräte unter 700 **ANSI-Lumen** angeboten. Die Mehrzahl der Basismodelle verfügte über eine Lichtstärke um 1.200 ANSI-Lumen. Der erstgenannte Wert reicht für eine Kleingruppenpräsentation oder einen Heimkinoabend im Wohnzimmer bei einigermaßen abgedunkelten Räumen. Im zweiten Fall kann der Projektionsabstand und damit die Zuseherzahl entsprechend vergrößert werden. Bei gleicher Bildgröße lässt sich der Projektor alternativ in helleren Räumen einsetzen, woduch auch ein Mitschreiben bei Präsentationen problemlos möglich wird.

Was ist ANSI-Lumen

ANSI-Lumen ist ein Messverfahren zur Bestimmung der Helligkeit von digitalen Projektoren. ANSI ist die Abkürzung für **A**merican **N**ational **S**tandards **I**nstitute.

9.7.2 Auflösung

Die Auflösung eines Projektors spielt sowohl für dessen Einsatz zur Projektion der Inhalte eines PC-Desktops als auch im Heimkinobereich eine wichtige Rolle. Einstiegsgeräte verfügen über eine Auflösung im SVGA-Modus (800 x 600 Pixel), die für einfache Präsentationen ausreicht, für die Darstellung einer grafischen Oberfläche mit mehreren geöffneten Fenstern und kleinen Schriftgrößen aber sicher weniger geeignet ist, als eine XGA-Auflösung (1.024 x 768 Pixel), die sich auch bei größeren Bilddiagonalen als Mindeststandard empfiehlt.

Im Heimkino-Bereich beträgt die Basisauflösung 854 x 480 Pixel, was dem US-amerikanischen NTSC Fernsehstandard entspricht. Für die europäische PAL-TV-Norm (720 x 576 Pixel) wird das Bild per Interpolation umgerechnet. Während für heutige Ausstrahlungen im PAL-Format, sowie für eine Standard-DVD-Wiedergabe eine Auflösung im WSVGA- oder WVGA-Format ausreicht (siehe Tabelle S. 273), ist für künftige HDTV-Übertragungen (High Definition TV) ↻ mindestens eine Auflösung im WXGA-Format nötig. Daneben muss ein HDTV-kompatibler Projektor noch weitere Kriterien erfüllen.

↻ s. Kapitel 10.1.2.5

Ähnlich einem LCD Panel besitzt jeder Projektor eine bauartspezifische Auflösung, die ein Maximum an Darstellungsqualität ermöglicht. Daneben kann durch mathematische Verfahren (Interpolation) auf andere Auflösungen umgerechnet werden, was jedoch stets mit einer Qualitätsminderung verbunden ist, die meist umso stärker ausfällt, je mehr die interpolierte Auflösung von der Grundauflösung abweicht.

9.7.3 Seitenverhältnis

Dieses Kriterium unterscheidet am deutlichsten einen Office-Beamer von Home-Cinema-Projektoren. Im ersten Fall beträgt das Seitenverhältnis 4:3, was etwa bei einer Auflösung von 800 x 600, 1.024 x 768 oder 1.400 x 1.050 Pixel zutrifft. Heimkino-Beamer stellen ein Bild im 16:9-Format dar. Die entsprechenden Auflösungen lauten 854 x 480, 964 x 544, 1.280 x 720 oder 1.366 x 768 Pixel.

Abbildung 9.7.2 Klassische Office-Beamer (links) für betriebliche und schulische Vortragszwecke bieten eine Anzeige im 4:3 Verhältnis, während Home Cinema Beamer (rechts) im 16:9 Format in erster Linie für den Filmgenuss im Wohnzimmer bestimmt sind (Foto: Canon, Sony)

Gebräuchliche Auflösungen von Videoprojektoren

	4:3 [Pixel]	16:9 [Pixel]
SVGA	800 x 600	Office-Beamer
XGA	1.024 x 768	
SXGA+	1.400 x 1.050	
WVGA	Home-Cinema-Beamer	854 x 480
WSVGA		964 x 544
WXGA		1.280 x 720 (HDTV)
WXGA		1.366 x 768 (HDTV)

Auch bezüglich des Seitenverhältnisses ist eine Interpolation möglich. Man kann also auch mit einem Office-Beamer Filme im 16:9-Format ansehen und umgekehrt einen Breitbild-Projektor am PC im 4:3-Modus betreiben. Qualitätswunder sollte man sich von solchen Lösungen aber nicht erwarten.

9.7.4 Kontrastverhältnis

Diese Kennzahl ist aus der Welt der LCD-Panels bekannt. Sie sagt aus, wie groß der Unterschied zwischen dem hellsten und dem dunkelsten darstellbaren Punkt des projizierten Bildes ist. Mit steigendem Kontrastverhältnis ist eine bessere Erkennbarkeit des Bildes bei höherer Umgebungshelligkeit verbunden.

9.7.5 Zubehör

Um die Licht- und Schärfeleistung des Projektors voll ausnutzen zu können empfiehlt es sich, nicht auf eine weiße Wand, sondern auf eine geeignete Leinwand zu projizieren. Allgemein sollte der Lichtstrahl des Beamers möglichst im rechten Winkel auf die Projektionsfläche treffen, damit das Bild nicht verzerrt wird und elektronische Entzerrungsfunktionen (Keystone-Korrektur, etc.) erst gar nicht zur Anwendung kommen müssen. Besonders in eigenen Vortragsräumen oder bei einem Dauereinsatz im heimischen Wohnzimmer ist eine Wandmontage als Alternative zur Tischaufstellung vorteilhaft. In diesem Zusammenhang werden von manchen Herstellern passende Montage-Kits angeboten.

9.7.6 Objektiv

Durch das Objektiv eines Projektors ist über eine bestimmte Brennweite die Bilddiagonale festgelegt. Durch die Änderung der Projektionsdistanz kann die Bildgröße angepasst werden. Verfügt das Objektiv zudem über einen Zoom-Modus (variable Brennweite), so ist auch auf diesem Weg eine Bildgrößenanpassung möglich.

9.7.7 Panel-Technologie

Das wichtigste Unterscheidungskriterium eines Beamers betrifft seine Panel-Bauweise. Ohne auf die Besonderheiten von früheren Technologien, wie Kathodenröhren-Beamer eingehen zu wollen, sollen an dieser Stelle die drei wichtigsten Bauarten vorgestellt werden.

9.7.7.1 LCD-Beamer (Liquid Crystal Display)

Wie der Name verrät, basiert diese Geräteklasse auf Panels in LCD-Bauweise (**L**iquid **C**rystal **D**isplay), die nach dem Anschluss an eine Datenquelle PC- oder TV-Bilder anzeigen und mit einer leistungsfähigen Projektionslampe durchleuchtet werden. Über ein Linsensystem wird der entstehende Lichtstrahl auf eine weiße Wand oder eine Leinwand gelenkt. Drei-Panel-Projektoren besitzen für jede Grundfarbe (Rot-Grün-Blau) ein eigenes Panel. Ein System von Ablenkspiegeln sorgt in diesem Fall dafür, dass der Lichtstrahl der Projektionslampe gleichmäßig auf alle drei Panels verteilt wird. Speziell bei höheren Auflösungen wird diese letztere Variante eingesetzt.

9.7.7.2 LCoS-Beamer (Liquid Crystal on Silicon)

Bei dieser Variante befindet sich eine Flüssigkeitskristallschicht auf einem verspiegelten Siliziumträger. Die Projektionslampe befindet sich nicht hinter der LC-Anzeige, sondern davor. Das Licht der Projektionslampe wird durch die Anzeige hindurch auf die verspiegelte Fläche gerichtet und von dieser so reflektiert, dass es direkt durch das ebenfalls vor der Anzeige positionierte Linsensystem geleitet wird und danach auf der Projektionsfläche auftrifft.

8.6.7.3 DLP-Beamer (Digital Light Processing)

Bei dieser Projektorklasse wird das Licht zunächst über ein Linsensystem durch ein Farbrad oder ein Farbprisma mit den drei Grundfarben Rot, Grün und Blau geleitet, das mit einer hohen Drehzahl rotiert. Danach trifft der Lichtstrahl auf spezielle DMD-Chips (DMD = **D**igital **M**irror **D**evices) mit einer großen Anzahl von winzigen Mikrospiegeln, die jeweils einen Bildpunkt repräsentieren. Diese Spiegel werden über die Datenleitung des Projektors angesteuert und können somit ein Fernsehbild oder das Monitorbild eines PC-Desktops auf der Projektionsfläche abbilden. Auch bei der DLP-Technik sind Ein-Chip- und Drei-Chip-Ausführungen (ein Chip pro Grundfarbe) möglich.

Abbildung 9.7.3 Ein Mikrospiegel-Chip von Texas Instruments für HDTV-fähige DLP-Projektoren (Foto: Texas Instruments)

9.7.8 Ausblick

Künftig können in besonders kompakten Beamern auch LEDs (**L**ight **E**mitting **D**iodes / Leuchdioden) anstatt von Projektionslampen eingesetzt werden. Dies hat den Vorteil, dass der Beamer wenig Strom verbraucht und auch mit Akkus betrieben werden kann. Noch wichtiger ist die Möglichkeit einer kompakten Bauweise. Außerdem ist die Lebensdauer von LEDs gegenüber herkömmlichen Projektionslampen um ein Vielfaches höher. Mit dem Modell Pocket Imager hat Samsung bereits ein Gerät dieser Klasse verwirklicht und Ende 2005 auf den Markt gebracht.

Abbildung 9.7.4 Dieser kompakte Beamer funktioniert mit LEDs; dadurch ist er besonders sparsam im Stromverbrauch (Foto: Samsung)

9.8. Media Center PC (HTPC)

Nicht nur die Branche der klassischen Unterhaltungselektronik arbeitet an der Digitalisierung von Musik, TV, Filmen und Fotos für den Heimanwender. Auch die PC-Sparte peilt seit Jahren die Wohnzimmertauglichkeit ihrer Produkte an. Das viel zitierte „Verschmelzen von PC und Unterhaltungselektronik" ist bereits weit fortgeschritten und könnte demnächst auch bis zu den Anwendern vordringen.

Auf dem Markt ist der Startschuss für die Media Center PC-Systeme jedenfalls bereits gefallen. Die technologischen Barrieren sind großteils überwunden, mit Kinderkrankheiten und unterschiedlichen Standards muss man allerdings noch leben, ebenso wie mit äußerst unterschiedlichen Lösungs-Ansätzen einzelner Systeme.

Abbildung 9.8.1
Für den Wohnzimmer-PC gelten andere Kriterien als für den Schreibtisch-PC
(Foto: Shuttle)

Ob sich der PC im Bereich Home Entertainment durchsetzen wird und mit welchem System, muss sich also erst entscheiden.

9.8.1 Vor- und Nachteile

Media Center PCs (= **H**ome **T**heater **PC** oder HTPC) übernehmen Abspiel-, Aufzeichnungs- und Speicherfunktionen für digitale Videos, Fotos, Musik und TV im Haushalt. Der Vorteil dabei: der PC bündelt die Funktionen zahlreicher Geräte der Unterhaltungselektronik. Die Palette reicht vom TV- und Radioempfang über den DVD-/Festplattenrekorder bis hin zum Film-, Musik- und Fotoarchiv. Netzwerkfähigkeit, Internet-Anschluss und weitere Vorzüge des PCs eröffnen zusätzliche Möglichkeiten der PC-Welt, die dann auch im Wohnzimmer genutzt werden können. E-Mail-Empfang über den Fernseher, ein EPG (**E**lectronic **P**rogram **G**uide ↻), Wetterdaten, Weckfunktion oder Online-Lexikon lassen sich relativ leicht nachrüsten.

↻ s. Kapitel 9.8.6

Voraussetzung bleibt allerdings immer, dass eine einfache Bedienung mit der Fernbedienung möglich ist. Dazu muss die Darstellung für das TV-Gerät optimiert werden, wo im Vergleich zum Computermonitor nur relativ unscharfe Bilder möglich sind. Es fallen also zahlreiche PC-Funktionen von vorneherein weg, da deren Bedienung nur für die Tastatur am Schreibtisch geeignet ist.

Künftige und zusätzliche Funktionen und Technologien lassen sich durch Software-Updates oft relativ leicht nachrüsten.

Kernfunktionen

- TV auf Festplatte aufzeichnen (analog, digital)
- Fernsehen
- Timeshift = Pausen bei Live-TV-Sendung, der Inhalt wird gespeichert und kann jederzeit weiterverfolgt werden
- DVDs und CDs abspielen (Filme, Musik, Fotos)
- Film und Musik-Dateien archivieren und abspielen
- Radio hören (wenn der Empfang auf dem PC möglich ist)
- Radiosendungen aufzeichnen
- Fotos speichern, abrufen, Diashows anzeigen

Erweiterte Funktionen

- CDs und DVDs brennen
- Beschränkte Bearbeitungsfunktionen (z.B. Werbepausen schneiden)
- Media Server - verteilt Musik, Filme und Fotos auf Clients im ganzen Haus
- Internet-Zentrale
- Bildtelefon
- Internet Terminal
- Videospiel-Konsole
- News, Wetterinformationen, etc.
- Diverse weitere Steuerungen im Haus sind grundsätzlich möglich, aber noch nicht üblich (z.B. Heizung, Türöffner etc.)

9.8.2 Problemzonen

Problematisch ist derzeit noch die Geräuschentwicklung. Leistungsstarke Komponenten erfordern ausreichend Kühlung, die Lüfter erzeugen Lärm und der wiederum stört den Musik- oder Filmgenuss im Wohnzimmer.

Abhilfe schaffen spezielle Kühltechniken, wie z.B. passive Kühlung, Wasserkühlung oder besonders leise Ventilatoren für CPU, Netzteil und Grafikkarte. Die Anordnung der Komponenten im Gehäuse spielt ebenfalls eine große Rolle und hier entstehen Konflikte mit dem Design des Geräts. Denn für die Aufstellung im Wohnzimmer muss auch das Aussehen stimmen. Es dominieren kleine, kompakte Gehäuse oder Media-PCs in der Form eines HiFi-Gerätes.

Manche Hersteller setzen auf Strom sparende Bauteile, wie sie auch in Notebooks ↻ verwendet werden. Entsprechende „Mobile CPUs" beispielsweise setzen weniger Hitze frei und reduzieren damit auch die Lautstärke beträchtlich, sind aber teurer.

↻ s. Kapitel 9.8.6

Zurzeit müssen Lösungen wie diese allerdings eigenhändig nachgerüstet werden oder man greift auf relativ teure Spezialprodukte zurück. Für den breiten Massenmarkt setzen die PC-Hersteller im Moment eher auf Leistung als auf Minimierung der Betriebsgeräusche.

Nachteilig wirkt sich auch das langsame Hochfahren des PCs aus. Der „Ruhemodus", wie ihn etwa Windows 2000/XP und aktuelle Hardware unterstützen, verringert dieses Problem. Andere Lösungen setzen auf ein eigenes Boot-Programm, das unabhängig vom regulären PC-Betriebssystem startet und so die wichtigsten Abspielfunktionen ohne nennenswerte Verzögerung verfügbar macht.

9.8.3 Hardware-Komponenten für den Media Center PC

Grundsätzlich lässt sich jeder PC aktueller Bauart zum Media Center PC aufrüsten, da Festplattengröße und Leistungsniveau ausreichen. Eventuell ist der zusätzliche Einbau einer TV-Tunerkarte nötig.

Neben den wesentlichen Voraussetzungen für den Media Center PC schadet ein Mehr an Leistung und möglichst aktuelle Hard- und Software nie. Denn kleinere Problemchen werden nach und nach mit neuen Entwicklungen aus der Welt geschafft, und dabei steigen auch die Systemanforderungen stetig.

9.8.3.1 TV-Tunerkarte

Eine TV-Tunerkarte ist eine Steckkarte, die entweder digitale oder analoge TV-Signale für den PC aufbereitet. Neuerdings nehmen „Hybrid-Karten" zu, die sowohl digitales als auch analoges TV verarbeiten.

Abbildung 9.8.2
TV-Tunerkarten mit eingebauter Encoding-Funktion entlasten den PC (Foto: Hauppauge)

Hardware-Encoder-Funktion

TV-Karten mit Hardware-Encoder-Funktion entlasten die zentrale Recheneinheit des PCs. Das rechenaufwändige Encodieren von analogen TV- und Videosignalen in das MPEG-Format wird dabei von der Karte selbst durchgeführt und nicht von der CPU des PCs. Das Encodieren ist grundsätzlich immer nötig, um Bild- und Tonmaterial auf eine bewältigbare Dateigröße zu reduzieren, gleichzeitig besetzt es einen Großteil der Rechenleistung des PCs. Übernimmt allerdings der Hardware-Encoder einer TV-Tunerkarte diese Aufgabe, können auch weniger leistungsfähige PCs für die Aufzeichnung verwendet werden.

↻ s. Kapitel 1.1.4.4

9.8.3.2 Grafikkarte ↻

Die Grafikkarte benötigt einen Ausgang für das Videosignal zum TV-Gerät, der üblicherweise über die S-Video-Buchse zur Verfügung gestellt wird. Im Handel finden sich auch einige Grafikkarten mit Scart-Buchsen, wie sie von Video-, DVD- und TV-Geräten seit Jahren verwendet werden.

↻ s. Kapitel 1.1.4.5

9.8.3.3 Surround-Soundkarte ↻

Für Mehrkanal-Ton (z.B. Dolby Digital 5.1) muss die Soundkarte ausgerüstet sein. Ideal ist ein digitaler Ausgang (SPDIF). TV-Aufzeichnungen im Mehrkanal-Ton sind nur über digitalen TV-Empfang und entsprechende Software möglich. Für Stereo genügt eine Standard-Soundblaster-Soundkarte.

Abbildung 9.8.3
Surround-Sound auch via PC (Foto: Creative)

9.8.3.4 Fernbedienung

↻ s. Kapitel 1.1.3.3

Die Fernbedienung steuert über einen Infrarot-Empfänger den PC. Der Empfänger wird in der Regel über die USB-Schnittstelle ↻ an den Computer angeschlossen und in Sichtweite positioniert.

Üblicherweise wird die Fernbedienung mit der TV-Tunerkarte oder mit dem Media Center-System mitgeliefert. Alternativ kann auch eine Universalfernbedienung verwendet werden, sofern die verwendete Software diese unterstützt.

Gelegentlich wird auch mit alternativen Eingabegeräten experimentiert, um die Bedienung der zahlreichen Funktionen zu erleichtern. Hier kommen verkleinerte Infrarot-Tastaturen zum Einsatz, aber auch Tablet-PCs oder Handheld-Computer ↻ mit spezieller Software.

↻ s. Kapitel 1.3

Abbildung 9.8.4
Beim Media Center PC ist vor allem die universelle Fernbedienung wichtig (Foto: Hauppauge)

9.8.3.5 Netzwerk

Üblicherweise ist der Media Center PC direkt mit dem TV- bzw. HiFi-Gerät verbunden. Befindet sich der PC selbst jedoch in einem anderen Raum, lassen sich die Dateien auch über ein Netzwerk an Fernseher und Verstärker senden. Dann ist allerdings ein Adapter-Gerät nötig. Dieses bereitet Daten, die vom PC via Streaming über das Netz übertragen werden, für die Heimelektronik auf. Die wesentlichen Funktionen für das Abspielen können über das Adapter-Gerät gesteuert werden. Produkte dieser Art sind beispielsweise von Hauppauge oder Pinnacle auf dem Markt, aber auch die Xbox 360 ↻ kann in Verbindung mit der Windows XP Media Center Edition diese Funktion übernehmen.

↻ s. Kapitel 9.2.2

Die Übertragung erfolgt idealerweise über ein LAN-Netzwerk, das jedoch eine Verkabelung voraussetzt. Alternativ können auch Funksignale über ein WLAN-Netzwerk ↻ genutzt werden. Die Leistung des aktuell verbreiteten Standards 802.11g reicht mit einer maximalen Übertragungsrate von 54 Mbit/s auch für höherwertige Videodateien aus, zumindest in der Theorie. In der Praxis muss man allerdings mit geringeren Werten rechnen, denn Zimmerwände, andere Funksignale (Schnurlostelefon) oder gleichzeitige Mitbenutzer stören und reduzieren die tatsächliche Übertragungsrate beträchtlich. Real beträgt sie oft nur einen Bruchteil von 54 Mbit/s.

↻ s. Kapitel 1.2.9.1

9.8.4 Software

Eine der wesentlichsten Aufgaben von Media Center-Software ist die Vereinfachung der Benutzerführung. Alle Funktionen sollen bequem mit der Fernbedienung via TV-Bildschirm bedient werden. Die einzelnen Menüs dieses so genannte „Frontends" sind daher in ihrer Zahl reduziert und großflächig angeordnet. Wenn möglich entfallen Texteingaben gänzlich, die Auswahl erfolgt über vorgegebene Optionen und nummerische Eingaben der Fernbedienung. Nur für die Grundkonfiguration sind in manchen Programmen Maus und Tastatur nötig. Von der Software hängt es auch ab, welche Funktionen und Technologien genutzt werden können. Nach und nach unterstützen die verschiedenen Hersteller die digitalen TV-Standards (DVB-T, DVB-S, DVB-C ↻) Gravierende Unterschiede sind bei den unterstützten und mitgelieferten Kodierungsverfahren (MPEG, MP3, WMA...) festzustellen, aber auch bei der Einbindung des EPG (**E**lectronic **P**rogram **G**uide), bei der Unterstützung für TV-Tunerkarten anderer Hersteller oder bei Zusatzfunktionen außerhalb der Kernaufgaben.

↻ s. Kapitel 10

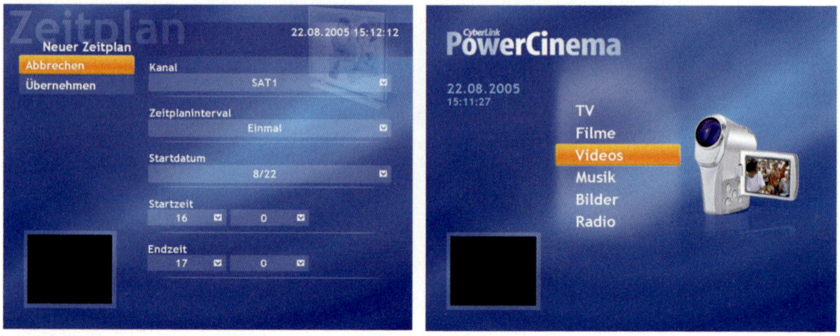

Abbildung 9.8.5
Der Media Center PC ersetzt den Videorecorder
(Foto: CDA Verlag)

Die aktuellen Technologien werden laufend verbessert, erweitert, erneuert und mit Software-Updates oder Neuversionen regelmäßig eingebunden.

9.8.4.1 Microsoft Media Center PC

Mit Windows XP Media Center Edition hat Microsoft eine spezielle Variante seines Betriebssystems auf den Markt gebracht, die alle wesentlichen Funktionen bereitstellt. Die Software wird nur gemeinsam mit PCs vertrieben, die alle Hardware-Anforderungen erfüllen, was Fehler aufgrund von Konflikten und technischen Unvereinbarkeiten vermeiden soll.

9.8.4.2 Andere Anbieter von Media Center-Software

Andere Software-Entwickler setzen zum Teil auf hauseigene Hardware. So liefert z.B. Pinnacle ein umfangreiches Paket, das aber vor allem in Kombination mit Pinnacle Grafikkarten, dem Showcenter oder anderen Komponenten zusammenarbeitet.

Eine äußerst flexible Software für viele verschiedene Hardware-Komponenten ist TV Central, das in puncto Funktionalität voran liegt, dafür aber bei der Konfiguration etwas komplexer gehalten ist. Weitere Software-Produkte aus diesem Bereich sind Power Cinema von Cyberlink oder Media Portal, sowie für Linux VDR oder Freevo.

9.8.5 Power Management

Windows XP und 2000 unterstützen das moderne Power Management ACPI, das für Media Center PCs wesentliche Funktionen wie „Ruhezustand" oder

„automatisches Aufwecken“ ermöglicht. Auch die Hardware und das BIOS müssen ACPI unterstützen. PCs ab dem Jahr 2001 sind in der Regel bereits mit ACPI ausgestattet.

9.8.6 EPG (= Electronic Program Guide)

Der elektronische Programmführer ersetzt die Fernsehzeitschrift und spielt die Daten via Internet ein. Beschränkungen bei Umfang und Tiefe der Informationen sind mit Hilfe von Hyperlinks praktisch nicht vorhanden. Häufig ist eine begrenzte Anzahl an Sendern kostenlos nutzbar, für zusätzliche wird dann eine Abo-Gebühr verlangt.

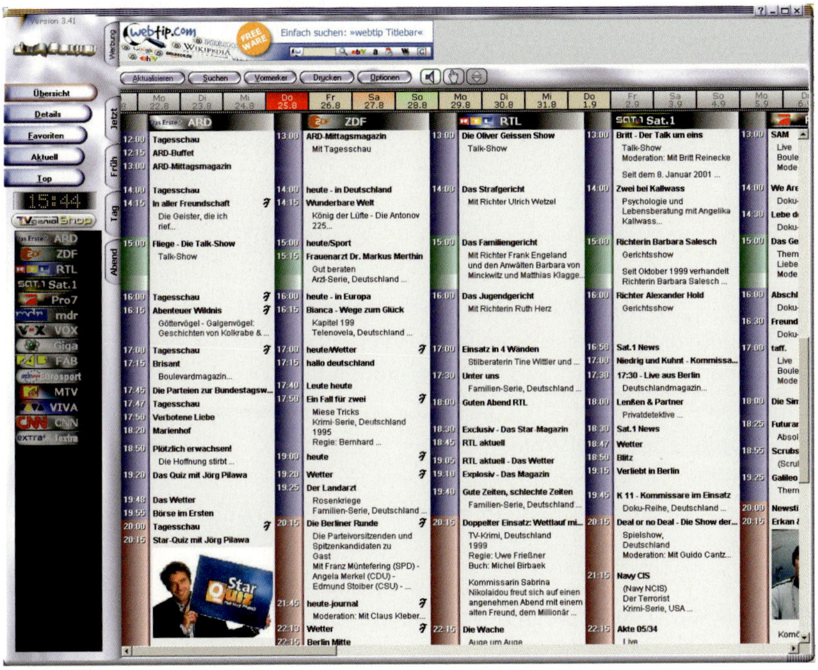

Abbildung 9.8.6
Elektrische Programmführer sorgen für Komfort und sind daher meist kostenpflichtig (Foto: CDA Verlag)

EPG-Programme werden entweder mit der Media Center-Software vertrieben oder sie sind als eigenständige Anwendungen erhältlich, die über Schnittstellen wiederum in Aufzeichnungs- oder Media Center-Programme eingebunden werden können.

Mit einem EPG vereinfacht sich die Eingabe für die Planung einer Aufzeichnung. Im Idealfall genügt die Auswahl einer Sendung im EPG und das Aufzeichnungsmodul programmiert die Aufnahme vollautomatisch.

9.8.7 Timeshift

Große Festplatten erlauben die Zwischenspeicherung von Live-TV-Sendungen. Die Timeshift-Funktion ermöglicht es, die Sendung anzuhalten und nach einer Pause vollständig wieder aufzunehmen. Die Videodatei wird dabei aus dem Zwischenspeicher abgespielt, während das gerade laufende Live-Material weiter aufgezeichnet wird. Wie auch bei Festplatten-Rekordern zählt Timeshift zu den wichtigsten Komfortfunktionen von Media Center PCs.

Abbildung 9.8.7
Gute Software sorgt für Ordnung im Programmdschungel (Foto: Buhl Data)

9.8.8 Ausblick

Trotz einiger kleinen Schwachstellen erfüllt der Media Center PC schon heute zahlreiche Anforderungen des TV-, Video- und HiFi-Konsumenten und bietet darüber hinaus einige Vorteile. Ob der PC die Unterhaltungselektronik tatsächlich aus dem Wohnzimmerverbau verdrängen wird, bleibt offen. Sicher ist jedenfalls, dass der Heimcomputer zunehmend mehr Funktionen im Haus übernehmen wird und hat er es einmal in das Wohnzimmer geschafft, kann dieses Gerät eben auch die medialen Belange abdecken. Neben Microsoft startete auch Intel Anfang 2006 mit einer groß angelegten Kampagne und einem eigenen technischen Konzept für den Media Center PC. Das Engagement der großen Player am Markt ist also beträchtlich.

Was die zunehmende Verbreitung von Digital-TV betrifft, ist der Media Center PC in seinem ureigensten Element. Hier wird auch das Internet als Vertriebskanal dieser Inhalte ein Thema sein. Doch ebenso wie bei Video on Demand halten sich die Medienkonzerne noch zurück, solange bis die Bedenken bezüglich Kopierschutz ausgeräumt sind, wobei die technischen Voraussetzungen dafür bereits geschaffen wurden.

9.9 MP3-Player

Stellte in den 90er-Jahren die Einführung digitaler Musikinhalte auf CD eine Art Revolution im Audiobereich dar, so lässt sich dieses Phänomen im ersten Jahrzehnt des dritten Jahrtausends auf MP3-Dateien und Abspielgeräte übertragen. Bei MP3 ↻ handelt es sich um ein komprimiertes Dateiformat zur Speicherung von Audiofiles, das ein vergleichsweise gutes Hörerlebnis gewährleisten kann. Die Kompressionsrate, sowie die damit verbundene Audioqualität sind bei der Aufzeichnung in verschiedenen Stufen frei wählbar.

↻ s. Kapitel 6.2.2.1

9.9.1 Vielseitige Speicherung und Wiedergabe

Aufgrund der Dateikompression benötigen MP3-Dateien wenig Platz auf einem Datenträger, so dass sich - je nach Kompressionsrate - mehrere Stunden Musik auf einer CD unterbringen lassen. Zum Abspielen solcher CDs ist allerdings ein spezieller CD- oder DVD-Player mit MP3-Unterstützung notwendig.

Abbildung 9.9.1
MP3-Player bieten je nach Speicherkapazität mehrere Stunden Hörerlebnis in (annähernder) HiFi-Qualität. Trotzdem sind vor allem Geräte mit Halbleiterspeicher äußerst kompakt und finden auch in kleinen Taschen Platz (Foto: Samsung)

MP3-Dateien lassen sich allerdings nicht nur auf optischen Datenträgern speichern, sondern auch auf Speicherkarten ↻ und PC-Festplatten. Über Internet oder lokale Netzwerke ist zudem ein unproblematischer Transport möglich. Schließlich stehen als Abspielgeräte nicht nur die bereits erwähnten MP3-CD- und MP3-DVD-Player, sondern vor allem spezielle MP3-Player im Pocket-Format zur Verfügung, die als Speichermedium entweder Memory-Cards oder kompakte Festplatten einsetzen und via USB-Port ↻ in der Lage sind, Daten mit jedem modernen PC auszutauschen. Geräte auf Memory-Card-Basis bieten zwar weniger Speicherkapazität als Harddisk-Player, dafür sind sie oft mit einem zusätzlichen Kartenslot ausgestattet, der den einfachen Austausch von Speicherkarten erlaubt.

↻ s. Kapitel 4.4

↻ s. Kapitel 1.1.3.3

Schließlich kann man MP3-Files mit geeigneter Player-Software natürlich auch auf jedem Windows-, Apple- und Unix/Linux-PC abspielen. Vor allem aber aufgrund des einfachen Datenaustauschs über die USB-Schnittstelle lassen sich die meisten Player auch als externe Datenspeicher für PCs nutzen.

9.9.2 Hörerlebnis mit allen Sinnen

Wer mit solchen Geräten MP3-Musik genießt, profitiert außerdem von einer Reihe komfortabler Features. Auf dem Display eines MP3-Players kann sich dessen Besitzer nicht nur die Spielzeiten eines Musikstückes anzeigen lassen, sondern auch dessen Titelbezeichnung und den Interpreten - immer vorausgesetzt, dass diese Informationen beim Abspeichern zur Verfügung standen.

9.9.3 Rechtliche Einschränkungen

Die oben genannten Austauschmöglichkeiten von MP3-Files mögen technisch kein Problem darstellen, in juristischer Hinsicht jedoch bisweilen schon. Schließlich handelt es sich bei Musikstücken um geistiges Eigentum des jeweiligen Urhebers und dieses ist in vielen Fällen gesetzlich geschützt und darf nicht beliebig auf Datenträgern oder im Internet vervielfältigt werden. Sowohl Betreiber von Tauschbörsen als auch deren Nutzer haben sich um diesen Umstand in der Vergangenheit nicht besonders gekümmert und auch die Urheber selbst sahen oft keine Bedrohung in den Umtrieben des digitalen Musiktausches. Nachdem es im internationalen Musikgeschäft allerdings um große Geldsummen geht, verstehen vor allem große Musikvermarkter und Studios keinen Spaß, wenn es um die Umgehung ihrer Einnahmen aus Musiklizenzen geht.

9.9.4 Ausblick

In jüngster Zeit wurden die Funktionen klassischer MP3-Player – nicht zuletzt aufgrund ihrer großen Beliebtheit – ständig erweitert. Moderne Geräte mutierten so zu universellen Mediaplayern, die auch in der Lage sind, Digitalbilder und sogar Videodateien von Spielfilmen in voller Länge zu speichern und abzuspielen.

10

Digitales Fernsehen und Radio

Foto: Sony

10.1 Digitalisierung von Fernsehen

10.1.1 Geschichtlicher Rückblick

Während der Radio- und TV-Empfang im Laufe der Jahrzehnte durch umfangreiche Features, wie, 16:9-Breitbildformat, Teletext, Fernbedienung, Stereo- oder Mehrkanalton immer komfortabler wurde, hat sich an der eigentlichen Übertragungstechnik vergleichsweise wenig geändert. Im Bereich der Rundfunkübertragung setzte sich in den 50er-Jahren des 20. Jahrhunderts zusätzlich zur **A**mplituden**m**odulation (AM) das Verfahren der **F**requenz**mo**dulation (FM) durch, das eine wesentlich störungsfreiere und hochwertigere Tonübermittlung möglich machte. Im Bereich des Fernsehens kann man andererseits die Umstellung von Schwarzweiß- auf Farb-TV in den 60er-Jahren als entscheidenden Technologiesprung der Vergangenheit ansehen.

Bevor auf die eigentliche Digitalisierung des Fernsehens eingegangen wird, ist es aus Verständnisgründen notwendig, einen Blick auf deren Vorgeschichte zu werfen, weil viele Elemente der analogen Technik auch für die Digitaltechnik relevant sind.

10.1.1.1 Analoges terrestrisches Fernsehen

Die Technik der TV-Übertragung basierte Jahrzehnte lang ausschließlich auf analogen, terrestrischen (= erdgebundenen) Rundfunksignalen nach dem Prinzip der **Frequenzmodulation**, die über herkömmliche Stabantennen empfangen wurden. In Österreich war diese Empfangsart lange Zeit auf die beiden öffentlich rechtlichen Programme des Österreichischen Rundfunks beschränkt. Seit einigen Jahren verbreiten an verschiedenen Orten auch Regionalsender, sowie der Privatfernsehkanal ATV + (bundesweit) ihre Programme analog via Antenne. In Summe sind auf diese Weise aber in der Regel nicht mehr als ungefähr fünf Programme zu empfangen. In Deutschland waren neben ARD, ZDF und jeweils einem öffentlichen Regionalprogramm diverse Privatsender empfangbar.

Die Ausstrahlung erfolgt in der PAL-Sendenorm mit einer Auflösung von 576 (sichtbaren) Bildzeilen und einer Frequenz von 50 Halbbildern pro Sekunde (interlaced). Bei optimal eingerichteten Antennen ist im Falle handelsüblicher Röhrenfernsehgeräte mit Bilddiagonalen bis etwa 32 Zoll (82 Zentimeter) eine recht gute Bildqualität erreichbar.

Was ist Frequenzmodulation

Bei diesem Übertragungsverfahren wird ein sinusförmiges Trägersignal von einem zweiten Übertragungssignal in seiner Frequenz verändert, während der Signalpegel (Amplitude) konstant bleibt.

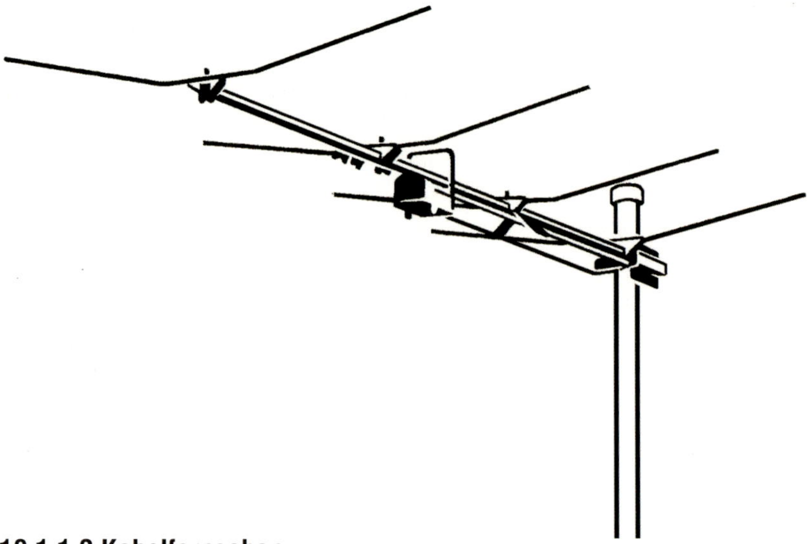

Abbildung 10.1.1
Klassische TV-Antenne für den terrestrischen Empfang (Foto: Hirschmann)

10.1.1.2 Kabelfernsehen

In Laufe der 80er-Jahre konnte sich im deutschsprachigen Raum - ausgehend von urbanen Ballungsräumen - allmählich analoges Kabelfernsehen etablieren. Wenngleich diese Empfangsalternative im Vergleich zu einem einwandfreien terrestrischen Antennensignal keine qualitative Verbesserung bieten konnte - oft war eher das Gegenteil der Fall - so erfreute sie sich doch aufgrund der für damalige Verhältnisse großen Anzahl empfangbarer Kanäle bald einer großen Beliebtheit.

Für analoges Kabelfernsehen ist kein Zusatzgerät notwendig. Dafür erhält man für eine monatliche Gebühr nur eine begrenzte Anzahl von Kanälen in einer Qualität, die vor allem für größere Bilddiagonalen nicht immer zufriedenstellend ist.

Auch die Programme von Kabelfernsehstationen müssen von einer Quelle eingespeist werden. Dabei handelt es sich in der Regel um spezielle Satelliten, welche die Programminhalte eigens für Kabelbetreiber abstrahlen.

10.1.1.3 Satellitenfernsehen

Seit etwa 1990 wollten sich auch ländliche Haushalte nicht mehr mit der begrenzten Programmvielfalt des analogen Antennenempfangs zufrieden geben und begannen vermehrt mit der Installation kompakter Parabolspiegel auf Ihren Hausdächern und Balkonen. Diese Spiegel bündeln hochfrequente Signale im Gigahertz-Bereich, die von TV-Satelliten seit Ende der 80er-Jahre in verschiedenen **geostationären** Positionen aus dem All ausgesandt werden.

Was ist geostationär

Der Begriff „geostationär" bedeutet, dass ein Satellit oder eine Gruppe von Satelliten mit einer Geschwindigkeit um die Erde rotiert, die so beschaffen ist, dass sich der Satellit im Verhältnis zur Erdoberfläche immer auf der selben Position befindet. Damit der Satellit nicht von seiner Bahn abweicht, kann er gegebenenfalls durch Triebwerke in seiner Position korrigiert werden.

Abbildung 10.1.2
Ein handelsüblicher Parabolspiegel zum Empfang von Satellitensignalen im Haushalt. An der Trägerschiene ist ein Empfangsmodul oder LNB (Low Noise Block) befestigt.
(Foto: Nokia)

Receiver

Das gebündelte Signal wird von einer Empfangseinheit (**L**ow **N**oise **B**lock oder kurz LNB) aufgenommen und in seiner Frequenz herabgesetzt. Danach wird das Signal zu einem analogen SAT-Receiver (auch: Set-Top-Box) weitergeleitet, der über eine Audio/Video-Schnittstelle (meist SCART) mit dem Fernsehgerät verbunden wird.

Abbildung 10.1.3
Mit einem analogen SAT-Receiver sind über die ASTRA-Position 19,2 Grad Ost etwa 40 Programme empfangbar. Dieses Programmangebot wird allerdings voraussichtlich ab dem Jahr 2010 sukzessive abgeschaltet werden.
(Foto: Kathrein)

SAT-Transponder und -Programme

Jedem Satelliten steht ein bestimmter Frequenzbereich zur Aussendung von Signalen auf einer vorgegebenen Anzahl von Kanälen (so genannten Transpondern) zur Verfügung. Grundsätzlich kann ein Satellit sowohl analoge als auch digitale Programme übertragen. Jeder Transponder bietet Platz für ein analoges Programm oder mehrere digitale Programme, womit bereits ein Nachteil analoger Satellitenübertragung genannt ist. Die Sendekapazität eines Satelliten wird also durch digitale Programme wesentlich besser ausgenutzt, weil sich digitale Informationen über mathematische Algorithmen komprimieren lassen. Trotzdem bietet analoges Satellitenfernsehen in Verbindung mit dem für den deutschsprachigen Raum relevanten ASTRA1-Satelliten (Position 19,2 Grad Ost) bis heute eine mit dem analogen Kabel-TV vergleichbare Programmvielfalt bei allgemein besserer Bildqualität. Abgesehen von den recht geringen Investitionskosten für eine analoge SAT-Anlage wird der Seher im Gegensatz zu den laufenden Gebühren beim Kabelanschluss mit keinen weiteren finanziellen Aufwänden belastet.

10.1.2 Übergang ins digitale TV-Zeitalter

Die bereits angesprochene Bandbreitenknappheit von TV-Satelliten setzte der Sendervielfalt auf analoger Basis schon bald nach Beginn des Satellitenzeitalters Grenzen. So hat man bereits 1995 mit Astra 1E den ersten für digitale Abstrahlungen kommerziell genutzten TV-Satelliten für den deutschen Sprachraum in Betrieb genommen. Inzwischen werden nicht nur über eine ganzen Reihe von Astra-Satelliten, sondern von der überwiegenden Anzahl aller Fernsehsatelliten digitale Programme abgestrahlt, während man mehr und mehr analoge Sender aus Kosten- und Kapazitätsgründen abschaltet und damit Transponderkapazitäten für eine ungleich größere Anzahl zusätzlicher Digitalprogramme freigibt. Nach einem eher schleppenden Start werden im Kabel-, besonders aber im SAT-Bereich zunehmend mehr Digitalreceiver verkauft.

Wie beim analogen Fernsehen gibt es auch beim Digital-TV (DVB = **D**igital **V**ideo **B**roadcasting) verschiedene Arten der Übermittlung (siehe Box).

Übersicht: Digitales Fernsehen (DVB = Digital Video Broadcasting)

DVB-C	Digitales Kabelfernsehen (DVB via Cable)
DVB-S	Digitales Satellitenfernsehen (DVB via Satellite)
DVB-T	Digitales terrestrisches Fernsehen (DVB Terrestrial)
DVB-H	Digitales Mobilfernsehen (DVB for Handhelds)

Vor- und Nachteile von DVB

Vielfach ist in Informationsmaterialien der Hersteller von DVB-Equipment von einer überragenden Bildqualität die Rede. Diese Behauptung bedarf einiger Anmerkungen. Tatsächlich ist das Bild- und Tonsignal digitaler Satelliten- und Kabelreceiver unter Idealbedingungen von hoher und vor allem störungsfreier Qualität. Dazu bedarf es jedoch einiger Voraussetzungen. Zunächst muss der Programmanbieter zumindest in der höchstmöglichen Auflösung des heute vorherrschenden PAL-Fernsehstandards (720 x 576 Pixel) senden. Viele kleinere Programmanbieter senden aus Kostengründen jedoch in einer niedrigeren Auflösung. Um bei der genannten Auflösung auch flüssige Bewegungen ruck- und störungsfrei übertragen zu können, bedarf es außerdem einer bestimmten Datenübertragungsrate, die bei manchen Anbietern aus finanziellen Gründen ebenfalls reduziert ist. Bei geringer Datenrate treten im Bild kurzzeitig digitale Artefakte („Klötzchen") oder Verwischungseffekte auf, sobald schnellere Bewegungen (z.B. Sport, Action-Szenen, etc.) übertragen werden.

Schließlich ist seitens des Konsumenten - wie beim analogen Empfang - eine korrekt auf den gewünschten Satelliten ausgerichtete, hochwertige Parabolantenne mit ebensolcher Empfangseinheit für einen störungsfreien Empfang unabdingbar. Dabei sollte auch an eine gewisse „Signalreserve" gedacht werden, denn bei stark bewölktem Himmel, Regen oder Schnee, kann die Stärke des zugeführten Signals vorübergehend deutlich abnehmen. Allgemein kann DVB gegenüber dem analogen TV-Signal den Vorteil einer subjektiv größeren Störungsresistenz verbuchen. Während sich bei einem analogen TV-Signal bereits bei leichten Störungen ein Bildrauschen (so genannte „Fischchen"-Bildung) bemerkbar macht, das bei schwächer werdendem Signal allmählich stärker wird, bis das Bild nicht mehr erkennbar ist, bleibt ein Digitalbild auch bei schlechter werdender Signalqualität lange Zeit stabil, um schließlich bei einem bestimmten Signalwert - begleitet von Artefakten - vergleichsweise rasch „in sich zusammenzufallen".

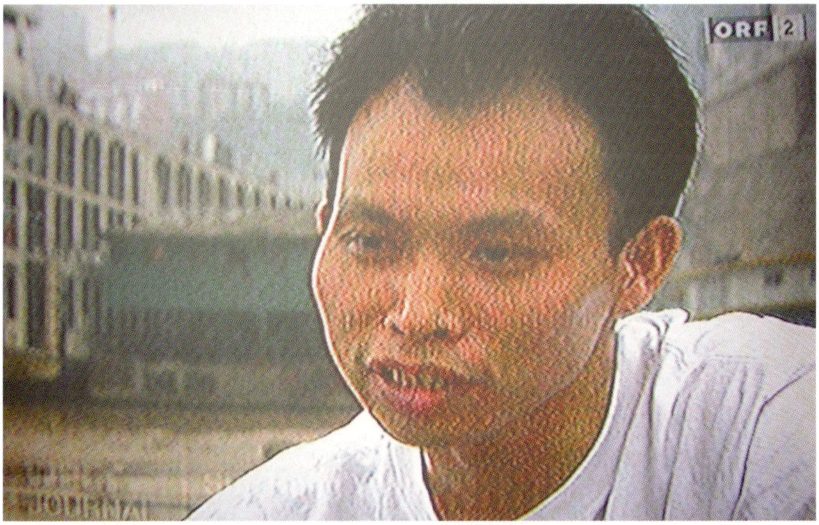

Abbildung 10.1.4
Bei analogen TV-Übertragungen machen sich - wie im Bild ersichtlich - bereits geringfügigere Signalschwächen als Bildstörungen bemerkbar, während digitale TV-Bilder erst bei sehr schlechter Signalqualität Störungen aufweisen (Foto: CDA Verlag)

Unbestreitbare Vorteile der DVB-Technologie sind Komfort-Features in der Form editierbarer und sortierbarer Programmlisten, eine „Elektronische Programmzeitschrift" (EPG) ↻ mit der Anzeige aktuell laufender Sendungen, Inhaltsangaben, Beginn- und Startzeiten, sowie der Möglichkeit, angeschlossene Video- oder DVD-Rekorder direkt über den Digitalreceiver zu programmieren (was in der Praxis nicht immer problemlos funktioniert).

↻ s. Kapitel 9.8.6

Für Programmanbieter bedeutet die Möglichkeit einer Komprimierung der gesendeten Daten einen entscheidenden Vorteil. Jede Sendung bewegter Bilder muss sich der Betrachter als eine Folge von Einzelbildern (Frames) vorstellen.

Vereinfacht gesprochen werden im Rahmen der eingesetzten Komprimierungsverfahren gleich bleibende Bildinhalte nicht für jeden Frame neu übertragen, sondern nur jene Daten, die sich seit dem vorangegangenen Frame geändert haben. Durch die eingesparte Datenmenge lässt sich die bisher von einem analogen Kanal genutzte Sendekapazität eines Satelliten für mehrere digitale Kanäle nutzen. Der Sender spart dadurch Kosten, während für den Konsumenten die Möglichkeit einer größeren Sendervielfalt gegeben ist.

Kompressionsverfahren und digitale Übertragungstechnik

DVB-C	SDTV(PAL): MPEG2	HDTV: künftig MPEG4/H.264
DVB-S	SDTV(PAL): MPEG2	HDTV: MPEG2 und MPEG4/H.264
DVB-T	SDTV(PAL): MPEG2	HDTV: künftig MPEG4/H.264
DVB-H	MPEG4/H.264	

10.1.2.1 Digitales Kabelfernsehen (DVB-C)

Die meisten Kabelbetreiber speisen mittlerweile neben ihrem herkömmlichen Analogsender-Bouquet parallel auch digitale Satellitenprogramme in ihr Kabelnetz ein. Um diese Programme empfangen zu können, ist auf Kundenseite zusätzlich ein digitaler Kabelreceiver zur Signalaufbereitung erforderlich, der den analogen TV-Tuner des Fernsehers ersetzt und vor den Antenneneingang des TV-Geräts geschaltet wird.

Zusatznutzen durch Pay-TV via Kabel

Zum Empfang freier Digitalprogramme - auch als **F**ree-**t**o-**A**ir (FTA) Programme bezeichnet - sind abgesehen von einem digitalen Kabelreceiver keine weiteren Investitionen erforderlich. Für die Nutzung von Pay-TV Angeboten benötigt man besondere Receiver, die vom Kabelbetreiber oder am freien Markt angeboten werden. Zu beachten ist lediglich, dass der Receiver das Verschlüsselungssystem unterstützt, in dem der Kabel-TV Provider selbst oder ein via Kabel empfangbarer Pay-TV-Drittanbieter seine Programme verschlüsselt. Über einen angeschlossenen Video-, DVD- oder Festplattenrekorder lassen sich Sendungen digital empfangener Kanäle auch aufzeichnen. Alternativ werden Digitalreceiver mit eingebauter Festplatte angeboten, die ein eigenes Aufzeichnungsgerät überflüssig machen.

Abbildung 10.1.5
Zum Empfang von verschlüsselten Pay-TV-Inhalten wird ein geeigneter Digitalreceiver mit integriertem Kartenleser oder Kartenlese-Modulschacht benötigt (Foto: PREMIERE)

Pay TV

Neben FTA-Inhalten werden von länderspezifischen und internationalen Betreibern auch kostenpflichtige Inhalte in verschlüsselter Form abgestrahlt. Pay-TV-Inhalte werden ohne die sonst üblichen Werbeunterbrechungen gesendet. Außerdem handelt es sich in der Regel um aktuelles Filmmaterial, das im Free-TV zum Sendezeitpunkt noch nicht ausgestrahlt wurde oder aber auf eine spezielle Zielgruppe (Kinderfernsehen, Krimis, Serien, Musik, Reisen, Kultur,...) abgestimmt ist. Für den Empfang solcher Inhalte, die sowohl über digitales Kabel-TV als auch über digitales Satelliten-TV abgestrahlt werden, sind abgesehen von einem digitaltauglichen Kabel- oder SAT-Anschluss folgende Voraussetzungen erforderlich:

- Digitaler Kabel- oder SAT-Receiver mit **C**ommon **I**nterface (CI) Slot oder eingebautem Kartenlesegerät. Bei manchen Anbietern muss dieser Receiver zusätzliche Funktionen erfüllen, um für den Empfang von Pay-TV-Inhalten zugelassen zu werden. So erhalten Receiver bei dem in Österreich und Deutschland aktiven Anbieter PREMIERE nur dann eine solche Zertifizierung, wenn sie über eine nicht abschaltbare Jugendschutzfunktion, sowie eine Fernbedienung mit speziellen Optionstasten zur Nutzung anbieterspezifischer Funktionen verfügen.
- CI-Modul (Kartenlesemodul) für die Verschlüsselungsnorm des Pay-TV-Anbieters (bei Receivern mit eingebautem Kartenlesegerät für die passende Verschlüsselungsnorm nicht notwendig).
- Freigeschaltete Entschlüsselungskarte des Pay-TV Betreibers (so genannte Smartcard). Auf einem Chip dieser Smartcard sind die Informationen zur Entschlüsselung der Angebote gespeichert.

Vor- und Nachteile von DVB-C

Neben einer guten Bildqualität bieten die Provider von digitalem Kabel-TV ihren Sehern hierzulande gegenüber dem analogen Pendant eine im Durchschnitt etwa doppelt so große Anzahl von Programmen. Spezielles Wissen für die Installation ist nicht erforderlich, außerdem lässt sich eine Kabelbox verhältnismäßig einfach installieren. Hinsichtlich der Verbreitung von digitalem Kabel-TV gilt der bereits beim analogen Kabelfernsehen angeführte Verfügbarkeitsvorteil in städtischen Ballungsräumen. Als Nachteil ist wie bei analogem Kabel-TV anzuführen, dass der Kabelbetreiber die Auswahl jener Programme trifft, die er in sein Netz einzuspeisen gedenkt, und die Sendervielfalt gegenüber dem Satellitenempfang wesentlich geringer ist. Nachdem bei einer solchen Auswahl zwangsläufig ein Massengeschmack Berücksichtigung findet, bleiben besonders Seher mit individuellen Interessen oft auf der Strecke (z.B. Programme für seltene Sportarten und Interessensgebiete, Kanäle aus fremden Kulturen oder in fremden Sprachen). Neu über Satellit verbreitete Programme werden darüber hinaus oft erst mit Verspätung ins Kabelnetz aufgenommen.

10.1.2.2 Digitales Satellitenfernsehen (DVB-S)

Wer abseits von Ballungsräumen in einem eigenen Haus wohnt oder eine Wohnung mit südseitig gelegenem Balkon besitzt, wird in der heutigen Zeit entweder wegen fehlender Kabelversorgung oder wegen der spezifischen Vorteile des Satellitenfernsehens auf DVB-S setzen. Ist bereits eine analoge SAT-Anlage im Haushalt vorhanden, kann der Einstieg ins digitale Fernsehzeitalter ebenso einfach bewerkstelligt werden, wie bei Besitzern eines analogen Kabelanschlusses. Voraussetzung dafür ist ein „digitaltauglicher" Empfangsteil (LNB) der besagten Anlage - der LNB muss also in der Lage sein, das gesamte, für digitales Fernsehen notwendige Frequenzspektrum zu empfangen. In diesem Fall ist lediglich der bisher verwendete analoge SAT-Receiver gegen einen digitalen auszutauschen. Der Preisunterschied zwischen Analog- und Digitalreceiver ist mittlerweile praktisch nicht mehr vorhanden. Teilweise werden überhaupt keine analogen Receiver mehr angeboten. Wie bei DVB-C Receivern gibt es auch im Bereich des Satellitenfernsehens unterschiedliche Geräteklassen und Besitzer von Satellitenantennen können zwischen Free-To-Air (FTA)-Receivern zum ausschließlichen Empfang freier Programme, Pay-TV tauglichen Receivern mit Common Interface Slots und/ oder eingebauten Smartcard-Lesern, Festplattenreceivern zur Programmaufzeichnung oder Kombigeräten aus den letztgenannten Alternativen wählen, die alle Ausstattungsmerkmale aufweisen.

Mit dem PDR-9700 von Humax hat der Pay-TV Anbieter PREMIERE einen Digitalreceiver mit eingebautem Kartenleser für seine eigenen Smartcards, sowie zusätzlichen CI-Slots zur Aufnahme von Kartenlesemodulen anderer Pay-TV Betreiber im Programm. Außerdem ist das Gerät mit einer eingebauten Festplatte zur Programmaufzeichnung ausgestattet. Es wird jeweils ein eigenes Modell für Kabel- und SAT-Empfang angeboten. Das alternative Modell PDR-9800 beherrscht zusätzlich den Download von verschlüsselten „Premiuminhalten" (etwa aktuelle Filmproduktionen oder Sport-Events) auf die Festplatte des Receivers, die der Konsument gegen Bezahlung selektiv freischalten kann.
(Foto: Humax)

Warum werden Programme verschlüsselt?

In noch größerem Umfang als über Kabel werden verschlüsselte Inhalte verschiedener Pay-TV-Betreiber über Satellit abgestrahlt. Während sich das

Angebot eines Kabelbetreibers immer nur an eine regional begrenzte Zuseherzahl wendet, sind Satelliteninhalte über die gesamte technische Sendereichweite eines Satelliten (so genannter Footprint) in mehreren Staaten empfangbar. Daraus resultiert ein ungleich größeres, nach demografischen Gesichtspunkten internationaler ausgerichtetes Zielpublikum, das auch über eine größere Programmvielfalt angesprochen wird. Wie beim analogen Satellitenfernsehen sind bestimmte digitale SAT-Programme gebührenfrei zu empfangen. Weil deutsche Sendeanstalten ihre Sendelizenzen nicht für ein begrenztes Publikum ihres jeweiligen Bundesgebietes, sondern europaweit einkaufen, kommen die deutschen Fernsehzuseher - und mit ihnen Österreicher sowie Deutsch-Schweizer - in den Genuss eines frei empfangbaren deutschen Programmbouquets, das im Vergleich zu dem anderer Sprachen beziehungsweise Nationen ziemlich umfangreich ist. Der öffentlich-rechtliche Österreichische Rundfunk (ORF), sowie der österreichische Privatsender ATV+ gehen wie viele andere nationale Anbieter bei der digitalen SAT-Verbreitung aufgrund ihres kleineren Zielpublikums einen anderen Weg. Ausstrahlungen werden nur für die eigene Bevölkerung lizenziert. Damit andere Seher am Empfang solcher Inhalte gehindert werden, muss man diese - ähnlich wie kommerzielle Pay-TV-Inhalte - verschlüsselt ausstrahlen, obwohl es sich bei diesen Sendern nicht um Pay-TV im engeren Sinn handelt, weil österreichische Besitzer von TV-Geräten ungeachtet des Einsatzes von digitalem Empfangs-Equipment zur Zahlung von Rundfunkgebühren verpflichtet sind. Diese Lizenzierungsart spart für die Sender aufgrund des kleineren Zielpublikums durchaus Kosten, macht allerdings andererseits die Ausgabe von (teuren) Smart-Cards zur Entschlüsselung auf Kundenseite notwendig - vom zusätzlichen Verwaltungsaufwand ganz zu schweigen. Bezüglich des Einsatzes von Pay-TV auf Konsumentenseite gilt das im letzten Kapitel Gesagte.

Vor und Nachteile von DVB-S

Allgemein kann man dem digitalen Satellitenfernsehen das beste Preis-Leistungsverhältnis aller DVB-Varianten attestieren. Aus den im vorangegangenen Punkt genannten Gründen ist besonders im deutschen Sprachraum schon die Anschaffung einer digitalen Free-TV-SAT-Anlage für eine einzelne SAT-Position interessant, die für einen Komplettpreis von etwa 150 Euro den Empfang von weit über hundert Kanälen ermöglicht und das Budget des Sehers, anders als beim Kabelfernsehen, nach dem Kauf nicht weiter belastet. Mit Pay-TV-fähigen Receivern oder Anlagen für den Empfang mehrerer Satellitenpositionen lassen sich mehrere hundert Programme dutzender Nationen in vielen verschiedenen Sprachen empfangen - eine Fülle, die mit keiner anderen DVB-Variante zu realisieren ist.

Andererseits ist der Konsument für die gesamte Installation der Anlage selbst verantwortlich. Ist er technisch nicht in der Lage, diese selbst durchzuführen, fallen hier weitere Kosten an. Ein weiterer Nachteil liegt in der ästhetisch begründeten Weigerung vieler Wohnungsvermieter, die Anbringung von Parabolantennen für einzelne Wohneinheiten zu erlauben. Dieser Umstand schließt - ebenso wie die schlicht unzugängliche Empfangslage vieler Gebäude - einen Großteil der Bevölkerung von der Möglichkeit des SAT-Empfangs schon von vorneherein aus.

Abbildung 10.1.6
Die ideale Ergänzung zu jeder digitalen SAT-Anlage stellt neben einem Home Cinema Audiosystem ein modernes Flat-TV-Panel mit großer Bilddiagonale, wie das hier gezeigte Modell KLV-W40A10 dar
(Foto Sony)

10.1.2.3 Terrestrisches Digitalfernsehen (DVB-T)

Während weite Gebiete Deutschlands, Großbritanniens und Frankreichs bereits den regulären Sendebetrieb für digitales terrestrisches Fernsehen aufgenommen haben, ist man in Österreich bis zum Redaktionsschluss dieses Buches noch nicht über ein Stadium der Feldversuche hinausgekommen. Im Jahr 2004 wurde basierend auf einer Kooperation von ORF, Siemens Österreich, Rundfunk & Telekom Regulierungs GmbH. (RTR), sowie der Telekom Austria im Stadtgebiet von Graz ein erster Probebetrieb für DVB-T und **MHP** gestartet.

Was ist MHP (Multimedia Home Platform)

Unter MHP versteht man eine offene Schnittstelle zur Nutzung von digitalen Inhalten. Es handelt sich um eine europäische Entwicklung eines gemeinsamen Standards für Programmanbieter, Endgerätehersteller und Netzbetreiber als Basis für interaktive Conusmer-Anwendungen. Beispiele sind etwa elektronische TV-Programmführer, Zuschauer-Abstimmungssysteme im Rahmen von Fernsehsendungen oder interaktive Bestellsysteme auf der Basis einer TV-Plattform.

Ab 2006 soll nach den Plänen der RTR der Aufbau eines digitalen Sendenetzes zunächst im städtischen Bereich beginnen und etwa 2010 bis 2012 bundesweit abgeschlossen sein. Sobald DVB-T überall zur Verfügung steht, wird man die analogen terrestrischen Sendeanlagen sukzessive abschalten. Für den Konsumenten ist dann ein TV-Empfang nur noch mit entsprechender Zusatzhardware (DVB-T Digitalreceiver) möglich.

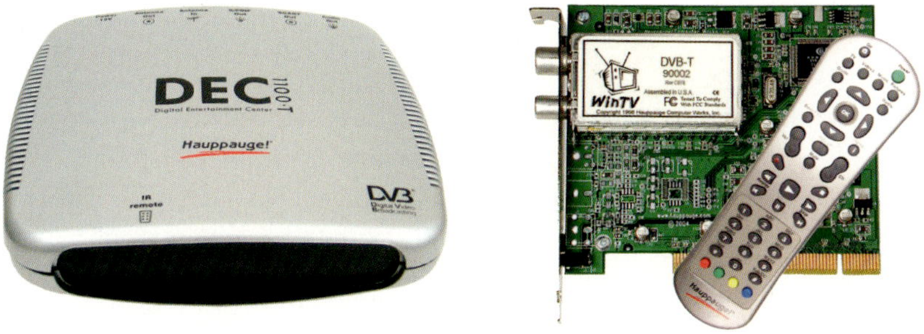

Abbildung 10.1.7
Auf dem linken Foto sieht man einen DVB-T-Receiver im klassischen Set-Top-Box Format, während die rechte Abbildung eine Erweiterungskarte mit Digitaltuner-Modul zeigt (Fotos: Hauppauge)

In anderen europäischen Staaten ist die beschriebene Entwicklung bereits im Gange. So wird in zahlreichen Regionen Deutschlands kein analoges Antennenfernsehen mehr angeboten, weil dort eine so gut wie flächendeckende DVB-T-Versorgung gewährleistet ist.

Abbildung 10.1.8
Ein besonders flexibel einsetzbarer terrestrischer Digitalreceiver für den PC-Einsatz (Fotos: Terratec)

Neben konventionellen Digitalreceivern werden auch im DVB-T Bereich Lösungen für PCs angeboten. Im Bild ist ein besonders flexibel einsetzbarer terrestrischer Digitalreceiver von Terratec (Cinergy T USB XS) zu sehen, der mit einer mobilen Antenne ausgeliefert wird, zur Steigerung der Empfangsqualität mittels Adapter aber auch an eine Hausantenne angeschlossen werden kann. Den Stick selbst steckt man einfach in die freie USB-Schnittstelle eines Desktop- oder Notebook-PCs.

Drucker für Digital-TVs

Canon plant vereinzelten Presseberichten zufolge im Jahr 2006 zeitgleich mit der Einführung des terrestrischen Digitalfernsehens in Japan spezielle Inkjet-Drucker zur direkten Ausgabe von Bildinhalten ohne eigenen PC anzubieten. Gleichzeitig sollen mit diesen Geräten auch Informationen zu laufenden Sendungen, wie Inhaltsangaben oder Sendezeiten ausgedruckt werden können. In Europa und den USA wird man auf derartige Geräte voraussichtlich noch längere Zeit warten müssen.

10.1.2.4 Digitales Mobilfernsehen (DVB-H)

In Zeiten immer leistungsfähigerer mobiler Endgeräte entwickelt sich mit DVB-H gegenwärtig eine neue Spielart des digitalen Fernsehens.

Technik

Die Technik der europäischen DVB-H Versuche basiert auf dem terrestrischen Digitalfernsehen DVB-T, also auf einer terrestrischen Funkübertragung mit Antennenempfang. Überlegt wird, vor allem brachliegende DVB-T Funkfrequenzen für die Übertragung zu nutzen. Im Rahmen von Pilotprojekten testet man derzeit, inwieweit digitales Mobilfernsehen vom Benutzer akzeptiert wird und ob diese Verbreitungsform für verschiedene Content-Anbieter auch wirtschaftlich nutzbar ist. Nur in diesem Fall ist wohl damit zu rechnen, dass sich mobiles Digital-TV auf breiterer Basis durchsetzt. Zum Redaktionszeitpunkt stand allerdings aufgrund einer bislang nicht erfolgten Vergabe von Funkfrequenzen noch eine wichtige Voraussetzung zur praktischen Konkretisierung von DVB-H aus.

Geräte

Als Empfangsgeräte eignen sich entsprechend ausgestattete Mobiltelefone oder Pocket-PCs. Prinzipiell sind UMTS- und GPRS-Telefone für den DVB-H Einsatz geeignet. Denkbar sind aber auch speziell für den Zweck des Mobilfernsehens entworfene, kompakte Empfangsgeräte. Bei Mobiltelefonen steht praktischerweise auch ein Rückkanal für potenzielle interaktive Anwendungen zur Verfügung. Durch die geringere Bildgröße kommt man im Gegensatz zur konventionellen TV-Übertragung mit einer kleineren Auflösung aus, außerdem werden die Videodaten mit der MPEG4/H.264 Kompression übertragen, die im Vergleich zu MPEG2 bei fast unmerklichen Qualitätsverlusten wesentlich effektiver arbeitet.

Abbildung 10.1.9
DVB-H geeignete Endgeräte, wie das Nokia N92 lassen sich nicht nur als multifunktionales Mobiltelefon, sondern auch als mobiles TV-Gerät einsetzen (Fotos: Nokia)

Herausforderung für Benutzer und Anbieter

Trotz des interessanten Ansatzes werden Konsumenten im Rahmen des mobilen TV-Empfangs mit einer völlig neuen Rahmensituation konfrontiert sein. Zunächst betragen die Bilddiagonalen aufgrund der kompakten Mobilgeräte nur einige Zentimeter, was sich trotz der kürzeren Betrachtungsdistanz in einem Verlust wahrgenommener Details niederschlägt. Auch wird man Sendungen - unabhängig von den künftig angebotenen Inhalten - in Situationen wahrnehmen, die sich von der bisher gewohnten Position im Fernsehsessel gravierend unterscheiden dürften. Fernsehen im Wartezimmer, in der Straßenbahn oder in der Kassenschlange des Supermarkts wird zudem helfen, (scheinbar) sinnlose Zeitspannen zu überbrücken. Damit der TV-Konsum in diesem Umfeld auch akustisch wahrnehmbar bleibt, gilt es wohl oder übel auf kabelgebundene oder drahtlose Kopfhörer zurückzugreifen. Eine Herausforderung an die Entwickler künftiger Geräte sind die derzeit für Videoanwendungen noch recht begrenzten Akku-Kapazitäten heutiger Mobile-Devices. Sendeanbieter werden eine alternative Darstellung von Textinhalten überlegen müssen, weil übliche Info-Laufschriften auf Mini-Bildschirmen wohl kaum erkennbar wären. Schließlich steht auch für die Wirtschaft, die Ihre Werbebotschaften an trendige und kaufkräftige Nutzer kommunizieren möchte, viel auf dem Spiel. Herkömmliche Spots in der Länge mehrerer Minuten scheinen eher nicht geeignet, die Aufmerksamkeit von Benutzern in einer mobilen Situation auf sich zu lenken, weshalb man wohl neue Werbeformate ausarbeiten wird.

Echtes und unechtes „DVB-H"

Was landläufig mitunter in Österreich als DVB-H verkauft wird, hat mit der obigen Definition wenig zu tun. Manche Mobilfunkprovider bieten lediglich Fernsehsendungen als Live-Stream über das konventionelle UMTS-Mobilfunknetz an. Die Inhalte werden bei einer Übertragung im Streaming-Format nicht auf dem Mobiltelefon gespeichert. Es handelt sich also um eine normale Mobilfunkverbindung, über die auch Gespräche oder etwa Picture-SMS-Sendungen abgewickelt werden. Solange Videoübertragungen nicht im großen Stil erfolgen, funktioniert diese Methode gut. Ab einem gewissen Umfang erfolgt allerdings eine unverhältnismäßig hohe Belastung des Telefonnetzes.

10.1.2.5 HDTV (High Definition TV)

Was versteht man unter HDTV?

Hoch auflösendes Fernsehen - besser bekannt unter der englischen Entsprechung **H**igh **D**efinition **TV** oder kurz HDTV - ist eine gegenüber dem klassischen europäischen PAL-Standard (und der amerikanischen Konkurrenznorm NTSC) deutlich erhöhte Bildschirmauflösung für den TV-Bereich, die etwa den Detailreichtum einer Auflösung moderner PC-Monitore bietet. Während für das seit den 60er-Jahren in Europa, aber auch vielen Ländern

Asiens und Afrikas eingesetzte PAL-System eine Auflösung von 576 sichtbaren Bildzeilen beziehungsweise - im Zuge digitaler Übertragung - von 720 x 576 Pixel im Seitenverhältnis 4:3 und 50 Hertz-Halbbildverfahren verwendet wird (beim US-System NTSC: 720 x 480 Pixel / 60 Hertz), beträgt diese Auflösung beim „HDTV 720p" Standard 1.280 x 720 Pixel und bei „HDTV 1080i" sogar 1.920 x 1.080 Pixel - jeweils im Seitenverhältnis 16:9. In Europa wird die geringere Auflösung im 50 Hertz Vollbildmodus („Progressive Mode") gesendet, während die höhere Auflösung zur Reduktion der Übertragungsdaten im 50 Hertz Halbbildverfahren („Interlaced Mode") ausgestrahlt wird. (In den USA verwendet man 60 Hertz „progressive" beziehungsweise „interlaced"). Beim „Progressive Mode" wird bei 50 Hertz tatsächlich fünfzig mal in der Sekunde ein Vollbild übertragen, während im „Interlaced Mode" oder Halbbildverfahren abwechselnd jeweils nur jede zweite Bildzeile gesendet wird. HDTV-fähige Wiedergabegeräte müssen in der Lage sein, alle genannten Auflösungsvarianten zu unterstützen, zumal die jeweiligen Sendeanstalten selbst entscheiden können, welche Variante sie für ihre künftigen HDTV-Programme einsetzen wollen. Weil durch die Vervielfachung der Bildauflösung erheblich mehr digitale Videoinformationen pro Zeiteinheit übertragen werden müssen, hat man sich in Europa entschlossen, anstatt des bisher im Digitalfernsehbereich verwendeten Kompressionsstandards MPEG2 die effizientere MPEG4/H.264 Kompression mit kaum merklichen Qualitätseinbußen einzusetzen. Im Zuge der Bildkompression werden nicht alle Einzelbilder (engl.: „Frames") einer Bildfolge übertragen, sondern - vereinfacht gesprochen - nur die Änderungen seit dem jeweils letzten Bild.

HDTV-Standards

Sendenorm	Auflösung	Frequenz	Verbreitung
HDTV 720p / 50	1.280 x 720 Pixel 16 : 9	50 Hertz progressive	vorwiegend Europa
HDTV 720p / 60	1.280 x 720 Pixel 16 : 9	60 Hertz progressive	vorwiegend USA
HDTV 1080i / 50	1.920 x 1.080 Pixel 16 : 9	50 Hertz interlaced	vorwiegend Europa
HDTV 1080i / 60	1.920 x 1.080 Pixel 16 : 9	60 Hertz interlaced	vorwiegend USA

Gründe für einen Bedarf an höheren Bildauflösungen

Als im Jahre 1967 der PAL-Standard für westeuropäische Fernsehübertragungen festgelegt wurde, gab es keine Röhrenfernsehgeräte mit größeren Diagonalen als etwa 65 Zentimeter. Gemessen an dieser Bildschirmgröße erlaubte die PAL-Auflösung ein feines Bildraster mit scharfen Konturen, falls die Voraussetzung eines guten analogen Antennenempfangs gegeben war.

Abbildung 10.1.10
Großformatige Plasma TV Geräte mit hoher Displayauflösung, wie das abgebildete Modell 42PF 9830 von Philips, aber auch gleichwertige LCD-Fernseher oder Beamer eignen sich zur Darstellung von hoch aufgelösten Bildinhalten (Foto: Philips)

Mit der Einführung des Digitalfernsehens, sowie dem Angebot von Großbild-TV-Geräten und Home-Cinema-Projektoren wurden erstmals die Grenzen dieser Technik deutlicher sichtbar. Der Grund ist einfach: Kleine Bildfehler oder Unschärfen werden mit steigender Bilddiagonale schlichtweg deutlicher und das menschliche Auge empfindet diese Unzulänglichkeiten ab einem gewissen Ausmaß als unangenehm und störend. Abgesehen davon wird das TV-Bild bei unveränderter Auflösung mit steigender Diagonale allgemein grobkörniger, weil die Anzahl der dargestellten Bildzeilen beziehungsweise Pixel (Digitalfernsehen) nicht zunimmt. Das klassische TV-Signal wird aber im PAL-Standard eben nur mit einer maximalen Auflösung von 768 x 576 Pixel übertragen. Viele TV-Sender strahlen ihre Inhalte aus Sparsamkeitsgründen auf digitalem Weg sogar in noch niedrigerer Auflösung aus. Gerade das digitale Fernsehen bietet aber die technischen Voraussetzungen für eine Übertragung von Inhalten in höherer Auflösung, wofür freilich auf Empfängerseite geeignete Geräte zur Verfügung stehen müssen.

Neben einem geeigneten Fernseher oder Beamer ist auch ein HDTV-geeignetes Zuspielgerät für den Genuss von hoch auflösendem Bildmaterial erforderlich. Neben bereits verfügbaren digitalen SAT-Receivern, wie dem abgebildeten Humax PR-HD1000 werden künftig auch DVD-Player in neuen Formaten, wie „Blue-Ray" mit hoher Kapazität, sowie geeigneten Übertragungsschnittstellen auf den Markt kommen.
(Foto: Humax)

Technologische Entwicklung im Ausland

Vor allem in den USA und Japan gehört hoch auflösendes Fernsehen bereits seit Jahren zum Alltag. Natürlich nutzt selbst beim Vorreiter USA, wo man sich bereits seit den 70er-Jahren auf Forschungsebene mit dem Thema auseinandersetzt und bereits in den 90er-Jahren erste Geräte auf den Markt brachte, erst ein kleiner Teil der Bevölkerung die neue Technologie. Eine Ende 2004 veröffentlichte Studie von Philips spricht davon, dass 10 Prozent der 100 Millionen TV-Haushalte - also immerhin beachtliche 10 Millionen Haushalte - in den USA HDTV-Programme empfangen konnten. Bis 2007 wird jedoch bereits ein Anteil von 30 Prozent vorausgesagt.

In Japan gibt die Studie unter den TV-Haushalten etwa 4 Prozent HDTV-Nutzer an, während diese Zahlen in anderen Nationen mit HDTV-Empfang - wie etwa Südkorea und Australien - eher noch gering sind.

Abbildung 10.1.11
Mit einem HDTV-fähigen LCD-Panel, wie dem Sony KLV-W40A10 wird das Wohnzimmer endgültig zum Heimkino schlechthin (Foto: Sony)

HDTV bereits vor seiner Einführung veraltet?

Von einem veralteten Status muss man bei HDTV zwar noch nicht ausgehen, trotzdem wurden bereits Meldungen lanciert, dass in Japan - wo HDTV bereits seit längerer Zeit am Markt ist - schon wieder an einem neuen TV-Standard namens Hi-Vison gearbeitet wird. Die Auflösung eines Hi-Vision Bildes soll etwa 7.680 x 4.320 Pixel betragen und die Gesamtauflösung dürfte damit ungefähr sechzehn mal so hoch sein, wie bei HDTV. Bis zu einer endgültigen Marktreife des neuen Standards dürfte aber noch mindestens ein Jahrzehnt vergehen.

Entwicklung von HDTV in Österreich und Deutschland

Europa hat sich des Themas HDTV, das seit den 90er-Jahren im Gespräch ist, mit der zu erwartenden Vorgangsweise angenommen. Man investierte

Geld in die Forschung, entwickelte selbst eine Menge Standards, anstatt gemeinsam mit Asien und den USA an kompatiblen Lösungen zu arbeiten, versuchte EU-intern eigene Wege zu gehen und legte die meisten Projekte mehr oder weniger aus finanziellen Gründen auf Eis. In den letzten Jahren wurde der Druck von internationaler Seite zur Einführung eines neuen Fernsehstandards jedoch größer.

Der belgische Programmanbieter HD1 (früher Euro1080) startete über die Satellitenposition ASTRA 19,2 zunächst einen ersten Testkanal für HDTV-Übertragungen in MPEG2-Komprimierung, für dessen Empfang spezielle SAT-Receiver erforderlich sind. MPEG2 wird bereits seit längerer Zeit für digitale TV-Übertragungen in PAL-Auflösung (SDTV) eingesetzt, jedoch fallen bei hoch auflösendem MPEG2-Videomaterial hohe Datenraten an. Aus diesem Grund entwickelte man HDTV in eine andere Richtung weiter und entschied sich für das effizientere Kompressionsverfahren MPEG4/H.264, bei dem wesentlich geringere Mengen an Übertragungsdaten entstehen. Damit tappte man allerdings in eine Kompatibilitätsfalle, denn marktgängige Digitalreceiver können - unabhängig ob DVB-C, DVB-S oder DVB-T - nur MPEG2-komprimierte Übertragungsdaten verarbeiten. Deshalb mussten in der Folge MPEG4-Encoder-Chipsätze für neue Digitalreceiver entwickelt werden, wobei man sich zunächst auf digitale SAT-Receiver konzentriert. Digitale Kabel- und Terrestrik-Receiver für HDTV sollen etwas später folgen.

Abbildung 10.1.12
HDTV-Beamer, wie der Epson EMP TW 600 stellen für Cineasten mit dem Wunsch nach großen Bilddiagonalen eine interessante Alternative zu Plasma- und LCD-Displays dar (Foto: Epson)

In Deutschland werden seitens des Pay-TV-Betreibers PREMIERE seit Jahresende 2005 drei zusätzlich zum Standard-Programmbouquet abonnierbare Themenkanäle (Film, Sport, Dokumentation) in echtem High Definition Format ausgestrahlt. Bereits zuvor hatte die ProSiebenSat.1 Media AG Ende Oktober 2005 eigene, frei empfangbare High Definition Versionen der Kanäle Pro 7 und Sat.1 gestartet und dadurch für ein weltweites Kuriosum gesorgt, weil diese Kanäle zu diesem Zeitpunkt mangels fehlender Zuspielgeräte (geeignete digitale HDTV-SAT-Receiver) von niemandem zu empfangen waren. Wann auch die öffentlich rechtlichen Programme, wie ORF, ARD oder ZDF sowie private Konkurrenten, wie etwa die RTL-Gruppe entsprechende Kanäle anbieten, ist derzeit noch offen, weil die genannten Akteure derzeit nur wenig Engagement in diese Richtung erkennen lassen.

Technische Voraussetzungen für den Empfang von HDTV

Mit konventionellen Röhrenfernsehern ist es nicht möglich, höhere Auflösungen als PAL darzustellen und auch Plasma-TVs, LCD-Panels, Rückprojektionsfernseher und Video-Beamer müssen bestimmte Voraussetzungen erfüllen, die der Europäische Verband für IT, Kommunikations- und CE-Industrie (EICTA) im so genannten HD-ready Gütesiegel zusammengefasst hat.

Was ist HD ready

HD ready ist ein europaweit anerkanntes Gütesiegel, um HDTV fähige Geräte zu kennzeichnen. Ziel ist es, HDTV interessierten Kunden den Kauf eines dementsprechenden Gerätes zu erleichtern; außerdem sollen Produkte, die den Anforderungen von HDTV nicht gerecht werden, herausgefiltert werden.

HD ready bedeutet lediglich, dass ein Gerät die Mindestanforderungen erfüllt, um HDTV darzustellen. Über die Bildqualität gibt dieses Gütesiegel keinerlei Auskunft.

HD ready Anforderungen:

- Eine Mindestauflösung von 720 Bildzeilen im Breitbildformat
- Analoge Signale müssen über Komponentenkabel eingespeist werden können
- Es muss mindestens ein digitaler Eingang (HDMI bzw. DVI) vorhanden sein, der den HDCP Kopierschutz unterstützt
- Über die Eingänge müssen Vollbilder mit 1.280 x 720 in 50 und 60 Hz progressive (720p) und Halbbilder mit 1.920 x 1.080 in 50 und 60 Hz interlaced (1080i) darstellbar sein

Eine Mindest-Bildschirmgröße von Displays ist nicht Teil dieses Gütesiegels. Damit man allerdings einen (subjektiv) wahrnehmbaren Unterschied zwischen PAL und HDTV erkennen kann, sollte die Bilddiagonale nicht unter 30 Zoll betragen.

Wie aus diesen Anforderungen ersichtlich ist, muss ein Display weder die volle Auflösung von HDTV 1080i (1.920 x 1.080 Pixel), noch jene von 720p (1.280 x 720 Pixel) aufweisen. Schon 1.024 x 768 Pixel - mit dieser Auflösung findet man etwa bereits heute viele Plasma-TVs am Markt - sind für eine interpolierte Darstellung des HDTV-Signals ausreichend, wenngleich höhere Werte natürlich einen weiteren potenziellen Qualitätsgewinn mit sich bringen. Eine Alternative zu Plasma-TVs bieten LCD-Geräte, die derzeit allerdings noch nicht die Helligkeit und Farbbrillanz von Plasma-Bildschirmen besitzen und auch hinsichtlich der Reaktionszeit bei der Darstellung schnell bewegter Bildinhalte noch geringe Defizite aufweisen. Bei kleineren

Bildschirmgrößen bis etwa 26 Zoll verkaufen sich LCD-Schirme trotzdem gut, weil Plasma-Schirme bauartbedingt nicht in dieser Größe zur Verfügung stehen. Cineasten können schließlich auch zu HDTV-fähigen Video-Beamern im 16:9 Format greifen, mit denen sehr große Bilddiagonalen zu erzielen sind.

Wie bereits erwähnt, werden die Inhalte der HD-Kanäle von PREMIERE, Pro Sieben und Sat.1 im MPEG4-Kompressionsstandard übertragen. Dafür sind neue digitale MPEG4-SAT- und -Kabelreceiver als Signalquelle notwendig, die auch geeignete Schnittstellen für die Übertragung von HDTV-Signalen besitzen (siehe „HD ready" Definition). Konventionelle Digitalreceiver können nicht zur Einspeisung von HDTV-Signalen an Displays oder Beamer verwendet werden.

Die nächste DVD-Generation

Weil man HDTV-Inhalte nicht ausschließlich live empfangen möchte, werden künftig auch geeignete DVD-Player (und -Recorder) eine Rolle spielen. Auch diese Geräte müssen mit einem MPEG4-Datenstrom zurechtkommen und mit geeigneten HDMI- oder DVI-Schnittstellen ausgestattet sein. Aufgrund der höheren Auflösung sind zur Speicherung der umfangreichen Videodaten DVD-Standards höherer Kapazität, wie die neuen Formate HD-DVD und Blue-Ray-Disc nötig, so dass dem Konsumenten die Anschaffung neuer DVD-Player und Aufnahmegeräte nicht erspart bleiben wird.

DVD-Rekorder mit 1.000 Gigabyte Speicherplatz

Während sich in Europa auch HDTV-Seher in der Regel mit kombinierten Hardddisk-DVD-Rekordern der 160 bis 250 Gigabyte-Klasse zufrieden geben müssen, ist in Japan bereits ein Gerät von Hitachi mit 1.000 Gigabyte Festplatte, sowie einem DVD-Writer für den DVD-R(W)/DVD-RAM-Standard auf dem Markt erhältlich. Aufgrund seiner Schnittstellen eignet sich der Rekorder mit der Bezeichnung DV-DH1000W auch für die Aufnahme von HDTV-Sendungen, was aber zumindest bei Premium-Inhalten an den strengen Kopierschutzauflagen der Film- und Sportindustrie scheitern dürfte.

Strikte Kopierschutz-Auflagen

Weil die Filmindustrie das ungehemmte Kopieren von hoch auflösendem Material um jeden Preis verhindern möchte, wurde bereits in der Entwicklungsphase die Auflage einer digitalen Kopierschutzfunktion in der HD ready Definition festgeschrieben. Nur wenn die HDMI- oder DVI-Schnittstelle eines HDTV-Receivers und eines HDTV-fähigen Anzeigegerätes (Display, Beamer) den Kopierschutz-Standard HDCP unterstützt, wird der hoch aufgelöste Bildinhalt korrekt dargestellt. Analog gilt diese Festlegung auch für künftige HD DVD und Blue-Ray-Player oder Rekorder mit HDMI- und DVI-Schnittstelle. Eine Speicherung von Spielfilmen oder aktuellen Sportereignissen wird im HDTV-Format damit höchstwahrscheinlich nie möglich sein, womit der Anwender auch von der Sorge entbunden ist, dass für solche Aufzeichnungen enorm viel Speicherplatz notwendig wäre.

10.2 Digitalradio

Grundsätzlich gelten die in den vorangegangenen Kapiteln dargelegten Einzelheiten zum Thema Digitalfernsehen auch für die reine digitale Audioübertragung (DAB), die als eine Art Nebenprodukt der DVB-Technik betrachtet werden kann, weil auch im Zuge einer TV-Übertragung immer Ton mit übertragen werden muss. Natürlich ist das Thema Radioübertragung auch als selbständiges Themengebiet interessant, weil der digitale Audioempfang mit zahlreichen Vorteilen verbunden ist. So kann der Konsument in Verbindung mit vielen Rundfunktechnologien CD-Qualität ohne Sendestörungen erwarten. Wie bei der TV-Übertragung lässt sich die Bandbreite bei digitaler Rundfunkübertragung außerdem besser nutzen. Übertragungen nach DAB-Standard erlauben zum Beispiel sieben verschiedene Rundfunkprogramme auf einer Frequenz.

10.2.1 Empfang über Set-Top-Boxen

In der Praxis ist der reine Rundfunkempfang für Besitzer von DVB-C-, DVB-S- oder DVB-T-Digtalreceivern nicht schwierig. Über eine Optionstaste der Receiver-Fernbedienung kann der Hörer in der Regel zwischen TV- und Radiomodus wechseln. Im Radiomodus zeigt das TV-Gerät ein Standbild, während über den elektronischen Programmführer (EPG) ↻ neben dem Sendernamen auch eine Kurzinformation zur laufenden Sendung mit deren Beginn- und Schlusszeit angezeigt wird, sofern der Sender EPG-Dienste unterstützt. Auch für die nachfolgende Sendung sind diese Informationen verfügbar. Reiner Audioempfang über ein Fernsehgerät ist nicht nur Energieverschwendung, sondern liefert aufgrund der meist wenig hochwertigen, eingebauten TV-Lautsprecher auch kaum zufrieden stellende Klangergebnisse. Aus diesem Grund sind digitale Empfangsboxen nicht nur mit konventionellen sondern meist auch mit optischen Digitalausgängen ausgestattet, die eine verlustfreie Weiterleitung des digitalen Audiosignals an einen Raumklang-Verstärker oder an eine Home Cinema Anlage erlauben, die natürlich gleichzeitig einen akustisch hochwertigen TV-Konsum gewährleisten.

↻ s. Kapitel 9.8.6

So gut wie alle Digitalreceiver sind nicht nur für den TV-Empfang, sondern auch zur Nutzung digitaler Radioprogramme geeignet. Weil die meisten Receiver (noch) nicht über Displays mit einer Anzeige des Sendernamens verfügen, benötigt man zur Auswahl der Programme ein Fernsehgerät, auch wenn der Receiver an einen gesonderten Audioverstärker angeschlossen ist.

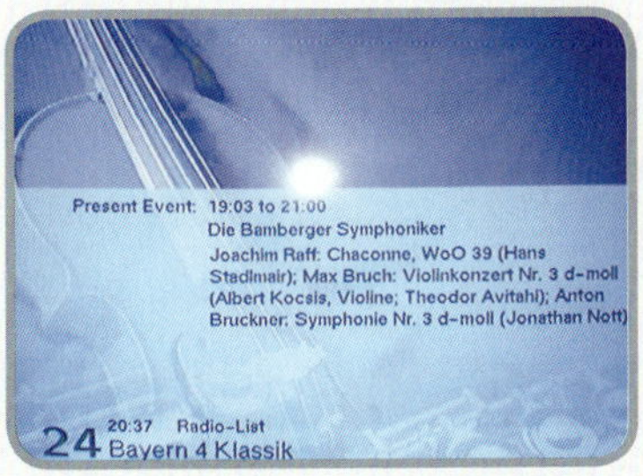

Digitales ASTRA-Radioangebot

Mehr als 90 Rundfunk-Kanäle aus Österreich und Deutschland sind auf den Digital-Transpondern der ASTRA Satellitenposition „19,2 Grad Ost" aufgeschaltet. Da auch der ORF mit all seinen Radios präsent ist, ist es möglich, etwa in Wien den Regionalsender Radio Vorarlberg in bester Qualität zu empfangen. Der Kultursender Ö1 strahlt über ASTRA auch einzelne Programme im Tonformat Dolby-Digital aus. Welche Ö1-Inhalte mit Raumklang gesendet werden, kann man via Internet unter ***http://oe1.orf.at/programm/suche/form*** erfahren (Eingabe des Suchbegriffs „Surround"). Solche Raumklang-Übertragungen stehen nur über Satellit zur Verfügung. Im Vergleich zur herkömmlichen UKW-Ausstrahlung im Analogformat klingen außerdem auch digitale Hörfunkprogramme in Stereo via Satellit hörbar besser. Neben den ORF-Sendern gibt es auch erste österreichische Privatradiostationen auf Astra, wie Truck Radio für Berufskraftfahrer oder den katholischen Sender Radio Maria Österreich.

Seit September 2005 strahlt zudem die ARD beinahe alle deutschen öffentlich-rechtlichen Radioprogramme über Astra aus. Auf 63 Kanälen werden verschiedene Klassik-, Unterhaltungs-, Nachrichten- und Wort-Programme, sowie Pop-, Jugend- und Service-Wellen geboten. Daneben sind viele fremdsprachige Programme vor allem aus dem europäischen Raum zu hören. Neben den frei empfangbaren Kanälen gibt es - analog zu Pay-TV - auch verschlüsselte Radiosender, die über eine Smartcard und das passende Common Interface Modul entschlüsselt werden können. Der Pay-TV Betreiber PREMIERE hat zusätzlich zu seinen Fernsehprogrammen ein auf Wunsch abonnierbares Bouquet mit verschiedenen Radiosendern im Angebot und auch der SAT-Hardwareanbieter Technisat bietet ein Radiopaket mit themenbezogenen Sendern an. (Quelle: SES ASTRA)

10.2.2 DAB (Digital Audio Broadcasting / „Digital Radio")

Unter dem Begriff **D**igital **A**udio **B**roadcasting oder „Digital Radio" wird eine grundsätzlich terrestrische Empfangstechnik im Frequenzbereich zwischen 30 Megahertz und 3 Gighertz beschrieben, die vom konventionellen digitalen Rundfunkempfang über DVB-C/S/T-Digitalreceiver zu unterscheiden ist. Eine Signalverbreitung ist aber auch via Satellit und Kabel möglich. Diese Technik soll künftig den konventionellen analogen Hörfunk ersetzen.

Auch stationäre Empfangsgeräte, sowie DAB-fähige Autoradios sind in ausreichender Stückzahl am Markt erhältlich. Zusatzinformationen, wie Kanalbezeichnung, aktuelles Programm, sowie aktuell gespielte Musiktitel oder Interpreten lassen sich über das Display von DAB-Endgeräten anzeigen. Im Großteil Deutschlands und Teilen der Schweiz, sowie anderen Teilen Europas ist „Digital Radio" bereits Realität. Daneben arbeitet man an der Übermittlung weiterer Daten parallel zu Audioübertragungen. Während sich diese

Abbildung 10.2.1
Der „Digital Radio" oder DAB Standard soll künftig herkömmliche analoge FM-Rundfunkübertragungen ersetzen. Vor allem im mobilen Bereich setzt man große Erwartungen in den störungsfreien DAB-Empfang, aber auch für den stationären Einsatz sind bereits Endgeräte verfügbar (Foto: Blaupunkt)

Technologie in Österreich noch im Versuchsstadium befindet, existiert etwa in Südkorea bereits ein Regelbetrieb. Der um die genannten Informationen erweiterte „Digital Radio" Standard wird als DMB (**D**igital **M**edia **B**roadcasting) bezeichnet. Auch an eine Übertragung von Videodaten auf der Basis von DMB ist gedacht, wodurch diese Technologie ein Alternativkonzept zu DVB-H darstellen könnte.

10.2.3 DRM („Digital Radio" Mondiale)

Während der DAB / „Digital Radio"-Standard längerfristig vor allem den Rundfunkempfang im Nahbereich ersetzen soll, setzt man auch im internationalen Empfang über längere Stecken große Hoffnungen in die Digitaltechnik. DRM funkt exakt im Frequenzbereich zwischen 150 Kilohertz und 30 Megahertz und deckt damit die Frequenzbereiche der klassischen Langwelle, der Mittelwelle und der analogen Kurzwelle ab. Entgegen den bisherigen qualitativen Gegebenheiten auf diesen Frequenzbereichen soll es den hier aktiven Hörern im Vergleich zum analogen Pendant stabilere Empfangsbe-

Abbildung 10.2.2
Receiver für den Empfang von „Digital Radio" Mondiale (Foto: coding technologies)

dingungen und eine bessere Qualität bei niedrigen Datenraten bieten, die allerdings nicht mit anderen Digitalradiostandards vergleichbar ist. Das ist auch nicht notwendig, da sich DRM weniger als Unterhaltungsmedium, sondern eher als Informationsdienst versteht.

10.2.4 ADR (ASTRA Digital Radio)

ADR ist ein (technologisches) Auslaufmodell. Obwohl es sich ASTRA Digital Radio nennt, stammt es historisch aus der analogen Zeit. ADR wird im Tonunterträger eines analogen Satellitentransponders gesendet. Dieser Dienst wurde von ASTRA und den Öffentlich-rechtlichen Programmanbietern gemeinsam entwickelt um die „Füllsender" der Öffenlich-rechtlichen Rundfunkanstalten per Satellit zu versorgen. Die Rundfunkbetreiber konnten dadurch Leitungskosten bei der Telekom einsparen. ADR wird es nach einer kompletten digitalen Umstellung vermutlich nicht mehr geben. Es wird seit Jahren bereits durch DVB-S Übertragungen ersetzt. Zur IFA 2005 hatten sowohl die ARD-Anstalten als auch der ORF ihr komplettes Radioangebot per DVB-S in der Verbreitung. Also auch alle Radioprogramme, die bisher über ADR liefen.

11

Satellitenkommunikation

Foto: ASTRA Deutschland

11.1 Urahn von Astra und Co

11.1.1 Was ist ein Satellit?

Ein Satellit ist ein künstlicher von Menschenhand erschaffener Flugkörper, der Planeten oder auch Monde auf einer elliptischen oder kreisförmigen Umlaufbahn umrundet. Künstliche Himmelskörper werden normalerweise Satelliten genannt, die ihre Umlaufbahn um die Erde bereits im Weltraum haben. Alle anderen künstlichen Flugobjekte, die das Gravitationsfeld eines Himmelskörpers durch die Flucht- oder Entweichgeschwindigkeit verlassen können, nennt man Raumsonden. Ziel dieser Sonden ist es meist, einen entfernten Planeten im Weltraum zu erreichen (z.B. Marssonde), um eine Menge auswertbarer Daten zur Erde zu übermitteln.

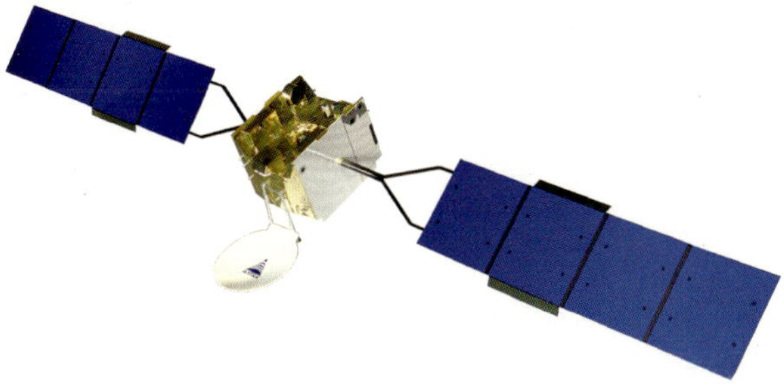

Abbildung 10.2.2
Ein Satellit mit ausgebreiteten Sonnensegeln für die Stromversorgung (Foto: ASTRA Deutschland)

11.1.2 Erste künstliche Signale aus dem Weltraum

Der erste künstliche Satellit in einer Erdumlaufbahn war Sputnik 1 (Sputnik = Weggefährte). Er wurde in der UdSSR unter der Leitung von Sergej Pawlowitsch Koroljow hergestellt und in der Nacht zum 5. Oktober 1957 mit einer Trägerrakete ins All gesandt.

Die hohle, glänzende Aluminiumkugel mit ihren 4 charakteristischen Antennen hatte einen Durchmesser von ca. 58 cm und wog fast 84 kg. Da dieser Satellit nicht für wissenschaftliche Zwecke gebaut wurde und noch vor den Amerikanern ins All sollte, hatte er nur einen kleinen Radiosender eingebaut, der auf der Frequenz von 20,002 und 40,005 MHz Impulse aussendete, die auf der Erde als Pieptöne zu hören waren. Nach einigen Wochen waren die Batterien des Senders leer, wodurch keine Ausstrahlung der Frequenz mehr möglich war. Sputnik 1 verließ durch die Anziehungskraft der Erde nach ca. 40 Millionen zurückgelegten Weltraum-Kilometern seine Umlaufbahn und verglühte im Januar 1958 in der Atmosphäre. Dieser künstliche Satellit wird wohl immer ein Symbol für die erste unbemannte Raumfahrt und die gleichzeitige Eroberung des nahen Weltalls verkörpern.

11.1.3 Modernste Kommunikationssysteme im Weltraum

10.1.3.1 Die SES-Global-Flotte

Der Satelliten-Dienstleister SES (**S**ociété **E**uropéenne des **S**atellites) GLOBAL ist durch die Zusammenführung von SES ASTRA in Europa und SES AMERICOM in den USA entstanden. SES GLOBAL besitzt weltweit Beteiligungen an führenden, regionalen Satelliten-Dienstleistern: AsiaSat in Asien, NSAB in Europa, Nahuelsat und Star One in Lateinamerika. Darüber hinaus ist das Unternehmen Teilhaber an ORBCOMM, einem Anbieter von drahtloser Datenübermittlung über ein erdnahes LEO Satelliten-Netzwerk (LEO = **l**ow **e**arth **o**rbiter) sowie an dem Satellitenunternehmen ND Satcom.

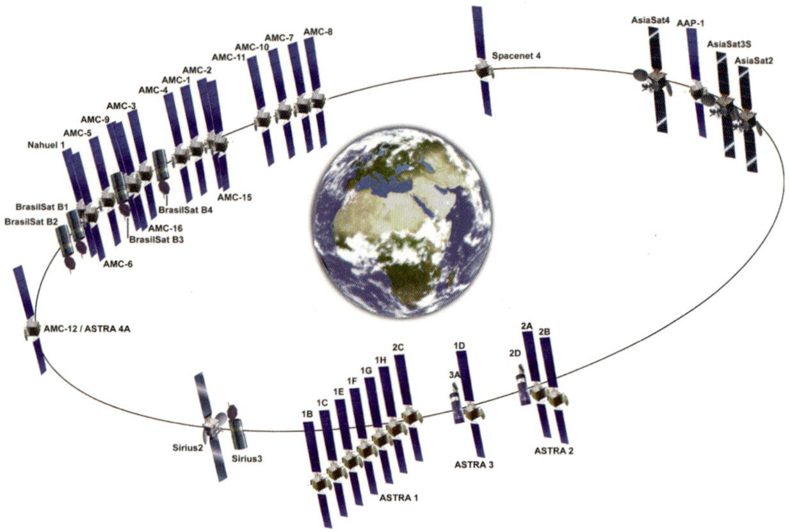

Abbildung 10.2.2
Die Flotte von SES GLOBAL bestehend aus 38 Satelliten auf ausgewählten Orbitalstationen (Foto: ASTRA Deutschland)

↻ s. Seite 291

Die Flotte von SES GLOBAL besteht derzeit aus 38 Satelliten auf verschiedenen geostationären Orbitalpositionen ↻ (Satelliten-Flugbahn) und bietet eine weltweite Abdeckung, denn 95% der Weltbevölkerung leben in den Ausleuchtzonen der Satelliten dieser Betreiber- und Beteiligungsgesellschaften.

10.1.3.2 SES ASTRA-Satellitensystem

Das ASTRA-Satellitensystem ist ein System für den Direktempfang in Europa und versorgt rund 103 Millionen Satelliten- und Kabelhaushalte in Europa. Die ASTRA Satellitenflotte besteht gegenwärtig (Stand Dez. 2005) aus 13 Satelliten, die mehr als 1.400 analoge und digitale Fernseh- und Radiokanäle bzw. Multimedia- und Internetdienste übertragen.

Die zwei Hauptorbitalpositionen von ASTRA für den Direktempfang sind auf 19,2° Ost und 28,2° Ost. Zusätzliche professionelle Dienste wie Kabel- und Zubringerdienste oder **S**atellite **N**ews **G**athering (SNG = Berichterstattung über Satellit) werden von der Orbitalposition 23,5° Ost angeboten.

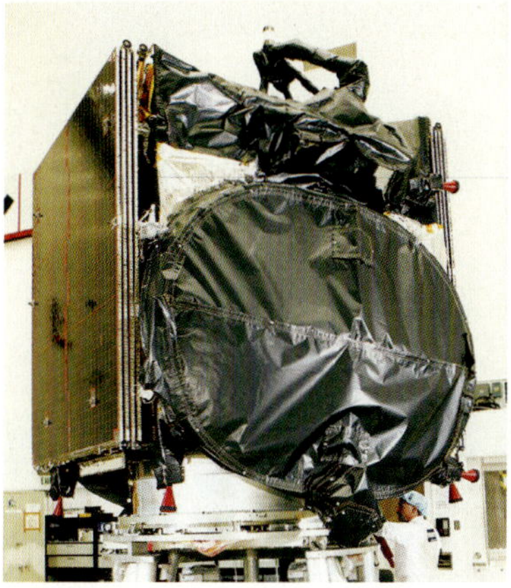

Abbildung 10.2.2
Links: Ein Satellit vor seinem Transport ins All;
Rechts: Der Satellit wird mit einer Trägerrakete ins All gebracht
(Foto: ASTRA Deutschland)

Neben der Übertragung von TV- und Radioinhalten wird über ASTRA auch ein wachsendes Angebot an IP-Breitband- und Multicast-Diensten verbreitet. Zudem ermöglicht die Breitband-Technologie von ASTRA-NET die Übertragung von interaktiven Zwei-Wege-Breitbanddiensten unter Verwendung von Ka-Band-Frequenzen (26,5 GHz bis 40 GHz). Zu den angebotenen Diensten von ASTRA zählen das Hochgeschwindigkeits-Internet, die IP-Dateienübermittlung, IP-Streaming- und Webcast-(Online Meeting) Dienste. Die ASTRA-NET Technologie bietet globale Verfügbarkeit und punktuelle Einspeisung für Multicast (Nachrichtenübertragung an eine ausgewählte Gruppe) sowie DSL-Satelliten- und Breitbanddienste von verschiedenen Orten in der ganzen Welt an.

10.1.3.3 Was bieten die Sendezentren in Europa?

Von den europäischen Sendezentren werden analoge und digitale TV- und Radioprogramme sowie Datendienste per Uplink zum Satelliten übertragen. Die modernen Anlagen bieten ein umfassendes Spektrum an Dienstleistungen rund um die Sendeabwicklung. Dazu zählen unter anderem die Aufbereitung der Signale gemäß MPEG-2-Standard und MPEG-4 sowie die Ausspielung von Applikationen und Softwaredownloads. Darüber hinaus werden auch Verschlüsselungsdienste auf absolut neutraler und diskriminierungsfreier Basis angeboten.

Neben dem Pay-TV-Anbieter PREMIERE nutzen beispielsweise die TV-Sender der ProSiebenSat.1 Media AG, Home Shopping Europe HSE 24, Deutsches Sportfernsehen DSF, Tele 5, 9Live und viele andere TV- und Radioprogramme das Sendezentrum München. Mit dem ip-sat Network bietet man darüber hinaus ein satellitenbasiertes Multicast Datenübertragungs-System für Geschäftsdaten und breitbandige Multimediainhalte an.

Internet via Satellit

Eine Internetverbindung via Satellit kann mit einer terrestrischen Telefonleitung, aber auch ohne (über Handy) durchgeführt werden. Die Installation

Abbildung 10.2.2
Die Informationen werden von SES-ASTRA per Uplink (Parapolspiegel) zu den Satelliten im All gesendet. Erst dann können die Daten empfangen werden (Foto: ASTRA Deutschland)

und Inbetriebnahme sind auch von Laien problemlos zu bewältigen. Den Kunden erwarten Downloads mit mindestens 768 kBits/s, je nach Diensteanbieter auch sehr viel mehr. Neben den High-Speed-Angeboten aus dem Internet bekommt man auch mehr als 260 digitale TV- und Radioprogramme auf den PC.

Wie funktioniert Internet via Satellit?

Hohe Bandbreite erhält man immer dann, wenn diese benötigt wird, zum Beispiel beim Surfen und Downloaden größerer Datenmengen. Während der Highspeed-Verbindung dient der herkömmliche Telefon-Anschluss als Rückkanal ins Internet.

Was braucht man dazu?

- Eine handelsübliche Parabolantenne (mind. 60 cm Durchmesser) mit Universal-LNB (Low Noise Block Converter zum Senken des Eingangssignals). Auch bestehende Einzel- oder Gemeinschaftsanlagen können genutzt werden.
- Eine PC-Karte (oder externe Boxen) für das „Digital Video Broadcasting per Satellite" (DVB-S). Diese PC-Karte entspricht einem digitalen Sat-Empfänger und wird in den Computer entsprechend eingesteckt.
- Der Internetzugang erfolgt über einen frei wählbaren Provider.

Entertainment on Demand- EoD

Entertainment on Demand via ASTRA bietet Unterhaltung über Satellit. Angeboten wird eine große Auswahl aktueller Spielfilme (auch in HDTV), Musiktitel, Games, interaktive TV-Angebote, e-Books, „Pay-per-View" sowie „Download to Own".

Abbildung 10.2.2
DVB-S USB-Box für den Internetzugang via Satellit (Foto: Hauppauge)

Video- und Audio Multicast Push-Services

Die abonnierten Filme oder Musikdateien werden regelmäßig via ASTRA per Satellit gesendet (gepusht), ergänzt und erneuert. Die Daten stehen danach direkt und in voller Qualität auf der Festplatte des PCs oder des Festplatten-Receivers zum Abruf zur Verfügung.

Video on Demand

Per Internet, SMS oder per Telefon können besondere Inhalte wie neueste Blockbuster oder spezielle Inhalte zusätzlich angefordert werden. Nach kurzer Zeit sind diese Daten frei geschaltet und in voller Qualität verfügbar.

Content to Own

Man kauft einen Film und/oder eine Musik-CD und hat das Recht, sich daraus eine eigene CD oder DVD zu brennen. Der Vorgang der Anforderung verhält sich wie bei „Video on Demand". Mit der Freischaltung erhält man eine Signatur die belegt, dass der Inhalt rechtmäßig erworben wurde.

Vorteile von Entertainment on Demand via ASTRA

- Mit Entertainment on Demand via ASTRA werden Filme, Musik und Spiele offline via Satellit direkt auf den PC gepusht - für den Download benötigt man keinen Internet-Zugang
- Breitbandiger Empfang via ASTRA in voller Film- und Musikqualität
- EoD spart Online-Gebühren und den DSL-Anschluss
- Automatische Updates mit neuen Inhalten
- Täglich werden per Abonnement neue Inhalte auf die Festplatte übertragen
- EoD via ASTRA wird per Telefon, per Internet oder per SMS geordert

IPTV - Fernsehangebot der Zukunft bereits heute

Über IPTV, dem Fernsehangebot über das Internetprotokoll, wird heute nicht mehr nur diskutiert, seine Nutzung nimmt weltweit rapide zu. Die Zuführung ist mit einer schnellen DSL-Leitung über das Internet technisch kein Problem. Ab einer Datenrate von 1,5 bis 2,0 MBit/s erreicht das übertragene Video etwa DVD-Qualität und schnelle DSL-Anschlüsse bieten Downloadgeschwindigkeiten von 5 MBit/s und mehr. Allerdings haben die deutschen HDTV-Kanäle eine fünfmal so hohe Auflösung wie Standard-PAL-Fernsehen. Entsprechend höher ist auch die HDTV-Datenrate: 6 bis 8 MBit/s oder gar noch mehr. Engpässe bei der Zuführung könnten am Streamingserver auftreten, der jeden einzelnen Zuschauer direkt mit Datenpaketen beliefern muss. Dabei gibt es noch konkurrierende Streaming-Formate von Microsoft, Apple oder Real Networks. Um möglichst alle Angebote nutzen zu können, muss der Zuschauer Player für Quicktime, Real Video und Windows Media installiert haben. Ob sich Fernsehen über Internet durchsetzt, hängt aber auch davon ab, ob die Bild- und Tonqualität stimmt. Hier ist entweder bei der Zuführung Bandbreite gefragt oder später ein leistungsfähiger Rechner für die Wiedergabe der datenreduzierten Inhalte.

Die Frage ist, welches Netz bietet zur Verbreitung die besten Vorteile? Bei der Beantwortung wird oft verkannt, dass nicht nur DSL-Netze tauglich sind, sondern auch das Satellitennetz mit seiner breitbandigen Zuführung bestens dazu geeignet ist.

Und für Provider ist eine schnell wachsende Anzahl von PCs, die bereits beim Kauf mit einer DVB-S Karte ausgerüstet werden, interessant. Experten gehen davon aus, dass dies bereits heute mehr als zwei Millionen sind. Fakt ist auch, dass bereits PCs im Handel erscheinen, mit denen direkt via ASTRA Spielfilme - auch in HD-Qualität - auf die Festplatte des Rechners geladen werden können. Inhaltlich beschränken sich die meisten der IPTV-Anbieter auf ein ganz bestimmtes thematisches Segment. Vorteil für den Konsumenten: Er muss sich nicht mehr nach dem Fernsehprogramm richten, sondern das Fernsehprogramm lässt sich nach den Wünschen des Kunden gestalten.

GIGA TV: Das andere Fernsehen

Ein typischer IPTV-Dienst via Satellit ist GIGA TV (Frequenz 12,6695 GHz; Vertikal; SR 22; FEC 5/6). GIGA TV ist das Modell eines modernen Fernsehsenders, bei dem die Konvergenz zwischen TV und PC bereits intensiv gelebt wird. Über ASTRA sendet Giga derzeit die Formate GIGA\\GAMES, GIGA (GREEN), GIGA eSports, GIGA PLAY, und GIGA REAL aus. Zum Empfang sind eine DVB-S Karte und ein PC erforderlich.

Welche Möglichkeiten für den Nutzer bestehen, zeigt das Beispiel GIGA\\GAMES. Neben dem TV Programm bietet GIGA\\GAMES über den IP-Stream via Satellit weitere Dienste, die sich um das „normale" Fernsehbild gruppieren. Sämtliche Daten kommen über Satellit direkt auf die Rechner. Dabei werden mehrmals täglich ausgewählte Softwarepakete, wie zum Beispiel die aktuellen Demos und Movies zu den besten Games automatisch auf den PC übertragen. Außerdem kann der PC-Nutzer während der Sendung, die Kameraperspektive wechseln und so entscheiden, ob eher die Spiel-Sequenzen oder eher die Moderatoren zu sehen sein sollen. Zusätzlich können exklusive Inhalte freigeschaltet und speziell auf den Nutzer zugeschnittene Informationen angefordert werden. Resultat sind schnelle Downloads ohne Wartezeiten.

11.2 Globalstar

Globalstar ist ein mobiler Telekommunikations-Service über Satellit. Das Satellitenkommunikations-System wurde von der Globalstar Corporation, zu der die Firmen Qualcomm, Space Systems Loral etc. zählen, entwickelt. Vertrieben wird dieser Dienst von France Telecom Mobile Satellite Communications, einer Tochtergesellschaft der France Telecom. Telefon- und Datendienste werden von diesem Unternehmen über Satellit weltweit abgedeckt, wobei nicht nur Landflächen, sondern auch Weltmeere miteinbezogen sind. Dadurch kann die mobile Nutzung für den gesamten maritimen Markt, vom Segel- und Motorsport bis zur Handelsschifffahrt ausgeweitet werden. Die sehr großräumige Gebietsabdeckung in fünf Kontinenten gewährleistet eine Dienstverfügbarkeit bis weit über 300 Kilometer ab Landmassen.

11.2.1 Die Globalstar-Flotte

Die Globalstar-Satelliten bewegen sich in einer Höhe von 1.414 Kilometer und gehören somit in die Kategorie der LEO-Satelliten. Im Gegensatz zu den Satelliten im geostationären Orbit sind die Globalstar-Kleinsatelliten in einer relativ niedrigen Umlaufbahn. Dies hat den Vorteil, dass es durch den niedrigen Orbit zu einer Sprachübermittlung ohne wahrnehmbare Signalverzögerung kommt, es sind jedoch 48 Satelliten (+8 Reserve) notwendig, um die Erdoberfläche abzudecken. Da sich die Umlaufbahnen teilweise überkreuzen, kann mit mehreren Satelliten gleichzeitig kommuniziert werden. Dies ermöglicht eine hohe Übertragungsqualität.

11.2.2 Kommunikation von Globalstar-Satelliten

Die Globalstar-Satelliten kommunizieren nicht über ISL (**I**nter **S**atellit **L**ink). Die Anbindung an die terrestrischen Telekommunikationsnetze geschieht direkt über die nächste Bodenstation (Gateway), wo sich auch die aufwändige Technik befindet. Eingriffe in das System sind deswegen einfach zu verrichten und relativ billig. Weiterhin können die Satelliten mit dem Globalstar CDMA-Funknetz fast 3.000 Verbindungen herstellen. CDMA ist die Abkürzung für **C**ode **D**ivision **M**ultiple **A**ccess und ist eine Methode zur Kapazitätserweiterung analoger, zellular aufgebauter Funknetze.

11.2.3 Was bietet Globalstar?

Das Globalstar-System bietet eine weltweite Versorgung von besiedelten Gebieten mit qualitativ hochwertigen digitalen Mobilfunkdiensten. Mit Handys, Funktelefonzellen, mobilen oder ortsfesten Datenfunk-Terminals ist eine Übertragung von Sprach-, Text-, Daten-, Bild- und Kurznachrichten weltweit möglich. Neben diesen Diensten bietet Globalstar die Datenübertragung mit 9,6 Kbit/s und Navigationsdienste an.

Stichwortverzeichnis

A

B

C

D

E

F

G

H

I

J

K

L

M

N

O

P

Q

V

W

X

Z